大学预科教程系列教材

U0309694

计算机基础预科教程

主编　樊　玲　王学严　刘丽娜　曹　聪

北京邮电大学出版社
www.buptpress.com

内 容 简 介

　　本书主要内容包括绪论、计算机基础知识、Windows 10 操作系统基础、计算机网络、Word 2019 文字处理软件、Excel 2019 电子表格工具、PowerPoint 2019 文稿演示工具与信息检索。本书通过介绍我国的信息技术成就，如在超级计算机方面的迅猛发展、在量子计算机方面的卓越成就等，将课程思政的内容融入教材中。

　　本书取材合理，内容精炼，结构清晰，案例丰富，可作为高等院校本科生及大学预科生的计算机基础教材，也可供对计算机感兴趣的读者作为入门书籍。

图书在版编目(CIP)数据

　　计算机基础预科教程 / 樊玲等主编. -- 北京：北京邮电大学出版社，2021.4
　　ISBN 978-7-5635-6338-8

　　Ⅰ．①计… Ⅱ．①樊… Ⅲ．①电子计算机—高等学校—教材 Ⅳ．①TP3

　　中国版本图书馆 CIP 数据核字(2021)第 035810 号

策划编辑：姚　顺　刘纳新　　责任编辑：刘春棠　　封面设计：七星博纳

出版发行：北京邮电大学出版社
社　　　址：北京市海淀区西土城路 10 号
邮政编码：100876
发 行 部：电话：010-62282185　传真：010-62283578
E-mail：publish@bupt.edu.cn
经　　　销：各地新华书店
印　　　刷：唐山玺诚印务有限公司
开　　　本：787 mm×1 092 mm　1/16
印　　　张：16.75
字　　　数：437 千字
版　　　次：2021 年 4 月第 1 版
印　　　次：2021 年 4 月第 1 次印刷

ISBN 978-7-5635-6338-8　　　　　　　　　　　　　　　　　　　定价：45.00 元

前　言

信息技术蓬勃发展的今天,计算机的应用已经渗透到各行各业,Internet 已经覆盖全球,人们只要登录进入 Internet,就可以获取各种信息,从事网上交易,办理各种公务等。不会使用计算机以及利用计算机进行学习、交流和管理的人,已经被定义为"功能型文盲"。因此,作为一名大学预科生,掌握计算机的基础知识,学会利用计算机学习新知识,通过计算机网络获取信息、与人交流,使用计算机管理个人信息是很有必要的。为此,我们组织编写了这本《计算机基础预科教程》,力求紧跟计算机学科最新知识和软件流行版本,用简单易懂的语言,尽可能详细地介绍计算机基础知识、Windows 10 操作系统基础知识、计算机网络和 Internet 应用、Microsoft Office 2019 套件的使用方法、信息检索等,为大学预科生进入本科阶段学习打下一个良好的计算机基础。

本书共 8 章,第 1 章介绍信息技术基础知识、计算机与二进制的关系、信息在计算机中的编码。第 2 章介绍计算机的发展与分类、计算机的工作原理、计算机硬件系统、计算机软件系统等。第 3 章以 Windows 10 为例,介绍操作系统的基本概念、主要功能,以及 Windows 10 操作系统的常用操作。第 4 章介绍计算机网络基础知识、Internet 常见应用和网络安全的相关技术,使读者对计算机网络的概念和组成有所了解。第 5 章到第 7 章系统地介绍 Microsoft Office 2019 套件的内容和使用方法,使读者能够学会编辑文档、应用电子表格和制作演示文稿。第 8 章介绍信息检索,包括信息检索的原理、类型和方法,网络搜索引擎的发展历史、主要任务、查询技巧和国内外主要的搜索引擎,国内外的主要数据库。

另外本书将课程思政的内容融入教材中,介绍了我国的信息技术成就、"互联网+"国家战略和网络安全的意义。在计算机教材和教学中,思政教育内容的渗透有助于帮助同学们树立正确的价值观,在拓宽视野的同时,培养同学们的职业道德素养,希望可以对同学们未来发展起到一定作用。

本书通过一系列理论和实践操作讲解,使读者不仅掌握计算机的基础知识,而且在实际应用能力方面得到训练,实际动手能力得到提高。

本书由中央在京高校人才培养共建项目"人才培养共建-北京市属高校少数民族预科学生培养教育管理体系建设"资助出版。

由于编者水平有限,书中难免有不妥之处,敬请读者批评指正。

目 录

第1章 绪 论

当今人类社会已开始全面步入信息时代,昔日科幻小说中出现的宇宙飞行、海底探险已不是痴人说梦,信息高速公路、高清晰度数字电视、纳米机器人、区块链、智慧城市已进入我们的生活,产生这一切的根本原因是科学与技术的飞速跃进。在信息社会中,计算机技术和通信技术相结合形成的信息技术是信息社会最重要的技术支柱,信息技术不仅极大地推动了当今社会生产力的发展,而且还将创造出更加灿烂辉煌的人类文明。信息技术广泛应用于金融、物流、通信、娱乐、监控、科研、视频会议、网络教育、传媒、医疗、旅游、电子政务和电子商务等领域,它可以帮助我们完成更为复杂的工作,简化工作流程,节省大量工作时间,甚至改变我们的生活结构和社交方式。

1.1 信息技术概述

1.1.1 信息与信息技术

信息(Information)是一个既古老又新鲜,既复杂又简单的话题。人类社会的生存发展离不开接收信息、传递信息、处理信息和利用信息。

原始社会的"结绳记事"(图1-1),最早的快速、远距离传递信息的方式"烽火告警"(图1-2),语言和文字,人类用来表达和传递信息的最根本的工具造纸术和印刷术,以及今天的电报、电话、电视与计算机技术、移动通信技术、多媒体技术、新能源技术……都是信息的表达方式与传播媒介。

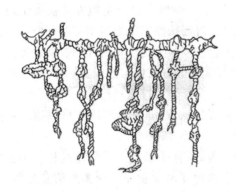

图1-1 结绳记事　　　　　　　　　　　　　图1-2 烽火告警

既然信息与我们的生活紧密相连,那么到底什么是信息呢? 信息就是事物运动的状态和状态变化的方式,就是关于事物运动的千差万别的状态和方式的知识。信息有着不同的表现形态和载体形态。具体来说,就是一些与信息关系特别密切、很容易混淆的相关概念,包括消息、信号、数据、媒体、情报等。

消息是信息的笼统概念,信息则是消息的精确概念。消息只有定性的描述,没有数值计量的方法;而信息则不仅可以定性刻画,而且还可以定量计算。可以说这是一个关于什么问题的消息,也可以说这是一个长消息还是短消息,是一个重要的消息还是一个一般的消息。而信息不仅有长短、重要与否和价值大小的区别,还有信息量大小的区别。由于信息可以定量测度,所以信息比消息更加精确。

信号是人们用来记录、表示、显示和承载信息的工具。信号是信息的载体,信号承载和表示的内容才是信息。从广义上讲,它包含光信号、音频信号和电信号等。例如,古代人利用点燃烽火台而产生的滚滚狼烟向远方军队传递敌人入侵的消息,这属于光信号;当我们说话时,声波传递到他人的耳朵,使他人了解我们的意图,这属于音频信号;遨游太空的各种无线电波、四通八达的电话网中的电流等,都可以用来向远方传达各种消息,这属于电信号。人们通过对光、声、电信号进行接收,才知道对方要表达的消息。对于同一个信息,既可以用这种信号来承载和表示,也可以用那种信号来承载和表示,至于具体采用哪一种信号来承载和表示,取决于具体的应用需要和当时所具备的条件。

数据的原意是以数字形式表达的信息。这种术语的由来与“数字”式计算机的应用有着非常密切的关系。在数字计算机领域通常不使用“信息”这一术语,把信息统统叫作“数据”。但是,数据实际是记录或表示信息的一种形式,不能把它等同于信息本身。当然,用数据来表达信息只是信息表示的一种形式,而不是唯一形式,世上存在着大量的非数据信息,如模拟信息、文本信息、语音信息、图像信息、图形信息等。不过,由于计算机的应用越来越普遍,数据的概念已经广泛化,变成了与信息一样的概念。

信息是一切生物进化的导向资源。生物生存于环境之中,而环境经常发生变化,如果生物不能得到这些变化的信息,就不能及时采取必要的措施来适应环境的变化,就可能被环境淘汰。信息是知识的来源。信息又是决策的依据,因为信息可以被提炼成为知识,而知识与决策目标结合在一起才可能形成合理的策略。信息是控制的灵魂。控制是依据策略信息来干预和调节被控对象的运动状态和状态变化的方式。没有策略信息,控制系统便会不知所措。信息是思维的材料。思维的材料只能是“事物运动的状态及其变化方式”,而不可能是事物本身。需要强调的是,在所有这些作用之中,最重要的作用是:信息可以通过一定的方法被加工成知识,并针对给定的目标被激活成为求解问题的智能策略,进而按照策略求解实际的问题。信息→知识→智能(策略),这是人类智慧的生长链,或称为智慧链。人类认识世界和改造世界的一切活动都是在这个智慧链的支配下展开的。因此,只要能够充分发挥信息的这一作用,人类就可以从信息科学技术的研究成果中受益无穷。虽然人类在漫长的进化过程中一直都没有离开过信息,但是只有到了信息时代的今天,人类对信息资源的认识、开发和利用才可以达到高度发展的水平。

信息技术的工作原理与信息过程是密不可分的。为此,首先来看一看信息过程。不言而喻,信息过程是多种多样的。在这里从研究信息技术的角度出发主要讨论典型信息过程,图1-3给出了典型信息过程模型。

图1-3所示的典型信息过程模型正好也是人类通过自己的信息器官(感觉器官、神经系统、思维器官、效应器官)认识世界和改造世界这一活动的信息模型。因此,图1-3所示的典型信息过程模型具有特别重要的意义:它把信息技术的研究和人类自身的信息过程天然地联系起来,使人类自身的信息过程和信息技术的研究两者交相辉映,相得益彰。

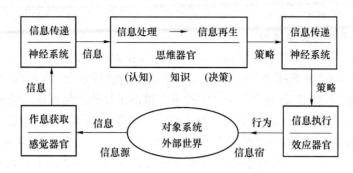

图 1-3 典型信息过程模型

1.1.2 中国的信息技术成就

我国信息通信产业通过改革开放,积极融入全球产业链。通过对先进信息技术的引进、消化吸收、再创新,信息技术企业的创新和技术储备能力稳步增强。目前,我国已构建完成包括信息通信制造业、软件业、服务业全覆盖的产业体系,从上游材料、核心器件到下游整机制造的全产业生态,以及由一批民族骨干企业主导的核心技术创新生态。2016 年我国信息技术领域申请 4.31 万件国际专利,位居全球第三。2019 年,中国通过 PCT 体系提交了 58 990 件申请,成为 PCT 体系的最大用户,终结了美国的统治地位。2019 年,中国电信企业华为技术有限公司以 4 411 件已公布 PCT 申请连续三年成为企业申请人第一名。

1. 基础通用技术领域取得重大突破

集成电路领域,我国已形成以 MIPS、ARM、ALPHA、SPARC、POWER、X86 等机构为代表的系列化处理器产品,10 纳米移动芯片产品成功研制并规模商用,桌面处理器性能接近全球中低端主流产品水平,中央处理器研发取得实质性突破并投入商用;28 纳米制造工艺规模量产,14 纳米刻蚀机、薄膜沉淀等 30 多种高端装备和靶材、抛光液等上百种材料产品成功研制,填补产业链空白。操作系统领域,已开发出能够满足用户基本办公需求的桌面操作系统和适配兼容的服务器操作系统,并在一定行业领域得到应用;华为、百度、阿里等企业研发的移动智能终端操作系统也已应用于智能手机、平板计算机、数字电视及机顶盒、智能穿戴设备等;浪潮、华为等企业研发的云操作系统产品形成了云计算整体解决方案,在电子政务及企业信息化领域得到应用;华为、中兴、浪潮、联想进入全球操作系统领域专利申请企业前 20 名。

2. 计算机技术形成多元路径发展的格局

高性能计算机保持世界领先水平,并在自主可控方面获得重大进步。我国超级计算机长期占据全球超算榜单前列位置,据最新排名,中国"神威·太湖之光"、中国"天河二号"位列全球超算排名第二和第四。"神威·太湖之光"的运算系统全面采用国产芯片,"天河三号"原型机 CPU 和操作系统均为自主研发,打破了技术封锁。高端服务器领域形成较强实力。中国拥有具备完全自主知识产权的高端服务器,是继美国、日本后第三个具备关键应用主机研制能力的国家。借助云计算的发展,国产品牌挺进高端服务器领域,本土企业服务器占据中国市场的 70%。存储器全面布局不断落地。紫光基本完成存储全版图布局,武汉新芯启动建设国家级存储芯片基地,长江存储成功研发 32 层 3D 闪存芯片,合肥长鑫和晋华集成的移动存储芯片和普通存储芯片有望在 2019 年实现量产。大数据、云计算领域部分关键技术达到国际先进水平。我国已在大数据内存计算、协处理器芯片、分析方法等方面突破了一些关键技术,特别是打破"信息孤岛"的数据互操作和互联网大数据应用技术达到世界领先水平。百度、阿里巴巴和腾讯在分布式数据库处理能力、分布式系统软件架构能力方面达到国际领先水平。

3. 通信技术领域的领跑地位

经历了"1G 空白、2G 跟随、3G 突破、4G 同步"后,我国移动通信正迈向"5G 引领"的新阶段。我国已成为全球第五代移动通信(5G)等标准制定的主导者之一,5G 研发有望进入全球领先梯队,华为、中兴、大唐、展讯等企业 5G 技术方案测试性能达到国际一流水平,华为 5G 预商用系统已与全球 30 多家运营商展开了联合测试。新型光纤接入技术、新型光交换技术设备、400G 光通信模块研发成功并投入应用,与国际先进水平同步。中国移动、中国电信与 AT&T 共同引领全球软件定义网络(SDN)和网络功能虚拟化(NFV)主流技术发展方向。窄带物联网(NB-IoT)基站超过 40 万座,覆盖全国主要城市。

4. 前沿性、颠覆性技术领域的发展

在量子通信方面,我国成功发射世界上首颗量子科学实验卫星"墨子"号并圆满实现了预定目标,世界首个远距离量子保密通信骨干网"京沪干线"顺利贯通。在人工智能方面,我国语音识别、自然语言处理、人脸识别等领域人工智能技术的应用达到国际领先水平,寒武纪、地平线等企业成功研制智能处理器,百度人工智能操作系统及自动驾驶开放平台已在全球推广。在类脑计算领域,目前已研发出具有自主知识产权的类脑计算芯片、软件工具链,中国科学院自动化研究所开发出的类脑认知引擎平台具备哺乳动物脑模拟的能力,并在智能机器人上实现了多感觉融合、类脑学习与决策等多种应用。

1.2　计算机与二进制

计算机所处理的信息必须经过信息数字化处理,也就是说人们日常使用的数据、文字符号、图形等各种信息都必须经过编码以后,才能成为计算机中可识别和处理的数字信号。因此,计算机采用哪种数字系统,如何表示数据,将直接影响计算机的性能和结构。

日常生活中我们最熟悉十进制数据,但在与计算机打交道时,会接触到二进制、八进制、十六进制系统。在二进制系统中只有两个数——"0"和"1"。不论是指令还是数据,若想存入计算机中,都必须采用二进制编码形式。即便是多媒体信息(声音、图形等)也必须转换成二进制编码的形式,才能存入计算机。

1.2.1　二进制与十进制之间的转化

进位制是一种计数方式,用有限的数字符号代表所有的数值。可使用数字符号的数目称为基数或底数,基数为 n,即可称 n 进位制,简称 n 进制。现在最常用的是十进制,通常使用 10 个阿拉伯数字 0~9 进行记数。对于任何一个数,我们可以用不同的进位制来表示。例如,十进制数 106,可以用二进制表示为 1101010,也可以用八进制表示为 152,用十六进制表示为 6A,它们所代表的数值都是一样的。

人类自发采用的进位制中,十进制是使用最为普遍的一种。成语"屈指可数"某种意义上来说描述了一个简单计数的场景,而原始人类在需要计数的时候,首先想到的就是利用天然的算筹——手指来进行计数。数值本身是一个数学上的抽象概念。经过长期的演化、融合、选择、淘汰,系统简便、功能全面的十进制计数法成为人类文化中主流的计数方法,经过基础教育的训练,大多数人从小就掌握了十进制计数方法。盘中放了十个苹果,通过数苹果我们抽象出来"十"这一数值,它在我们的脑海中就以"10"这一十进制编码的形式存放和显示,而不是其他的形式。从这一角度来说,十进制编码几乎就是数值本身。十进制的基数为 10,数码由 0～9 组成,计数规律逢十进一。

而二进制由两个数码 0 和 1 组成,二进制数的运算规律是逢二进一。为区别于其他进制,二进制数的书写通常在数的右下方标注基数 2,或在后面加 B 表示,其中 B 是英文二进制 Binary 的首字母。例如,二进制数 10110011 可以表示为(10110011)$_2$,也可以表示为 10110011B。对于十进制数可以不加标注,或加后缀 D,其中 D 是英文十进制 Decimal 的首字母。

二进制数加法与乘法各有四条基本运算法则,具体如下:

$$0+0=0, 0+1=1, 1+0=1, 1+1=10$$
$$0\times0=0, 0\times1=0, 1\times0=0, 1\times1=1$$

1. 十进制转换为二进制

十进制数转换成二进制数,须将整数部分和小数部分分别转换。

(1) 整数转换——除 2 取余法

规则:用 2 去除给出的十进制数的整数部分,取其余数作为转换后二进制数的整数部分最低位数字;再用 2 去除所得的商,取其余数作为转换后二进制数的高一位数字;重复执行第二个操作,一直到商为 0 结束,逆序排列余数即可得到。

(2) 小数转换——乘 2 取整法

规则:用 2 去乘给出的十进制数的小数部分,取乘积的整数部分作为转换后二进制小数点后第一位数字;再用 2 去乘上一步乘积的小数部分,然后取新乘积的整数部分作为转换后二进制小数的低一位数字;重复第二个操作,一直到乘积为 0,或已得到要求精度数位为止,顺序排列余数即可得到。

例如,将十进制数 106.1114 转化为二进制数,精确到小数点后第 8 位。

首先通过除 2 取余法将十进制整数部分转化为二进制。

```
2 | 106 … 0    ↑
2 | 53  … 1    |
2 | 26  … 0    |
2 | 13  … 1    |
2 | 6   … 0    |
2 | 3   … 1    |
2 | 1   … 1    |
      0
```

可以得到整数部分 106=(1101010)$_2$。再通过乘 2 取整法将十进制小数部分转化为二进制。

```
0.1114 × 2 = 0.2228…0    ↑
0.2228 × 2 = 0.4456…0    |
0.4456 × 2 = 0.8912…0    |
0.8912 × 2 = 0.7824…1    |
0.7824 × 2 = 0.5648…1    |
0.5648 × 2 = 0.1296…1    |
0.1296 × 2 = 0.2592…0    |
0.2592 × 2 = 0.5184…0    ↓
```

可以得到小数部分 0.1114=(0.00011100)$_2$。

因此,106.1114=(1101010.00011100)$_2$。

2. 二进制转换为十进制

数码所表示的数值等于该数码本身乘以一个与它所在数位有关的常数,这个常数称为"位权",简称"权"。例如,十进制第 2 位的位权为 10,第 3 位的位权为 100。而二进制第 2 位的位权为 1,第 3 位的位权为 2。对于 N 进制数,整数部分第 i 位的位权为 N^{i-1},而小数部分第 j 位的位权为 N^{-j}。

一个二进制数转换为十进制,通常采用按权求和法:把二进制数按位权形式展开多项式和的形式,再将各项求和,结果就是对应的十进制数。

例如,把二进制数 1011.11 转化为十进制数。

$$(1011.11)_2$$
$$=1\times2^3+0\times2^2+1\times2^1+1\times2^0+1\times2^{-1}+1\times2^{-2}$$
$$=8+2+1+0.5+0.25=11.75$$

1.2.2 计算机与二进制

为什么计算机不使用我们都非常熟悉的十进制而使用看起来更麻烦的二进制来存储数据呢? 因为二进制具有以下优势。

(1) 易于物理实现

因为具有两种稳定状态的物理器件是很多的,如门电路的导通与截止、电压的高与低,而它们恰好可以对应表示为"1"和"0"两个符号。假如采用十进制,就需要制造具有十种稳定状态的物理电路,那就非常困难了。

(2) 二进制数运算简单

数学推导证明,对 R 进制的算术求和与求积规则各有 $\dfrac{R(R+1)}{2}$ 种。例如,十进制求和与求积的运算规则各有 55 种;而二进制求和与求积规则仅各有 3 种,因而简化了运算器等物理器件的设计。

(3) 机器可靠性高

由于电压的高低、电流的有无等都是质的变化,两种状态分明,所以基 2 码的传递抗干扰能力强,鉴别信息的可靠性高。

(4) 通用性强

基 2 码不仅成功地运用于数值信息二进制编码,而且适用于各种非数值信息的数字化编码。特别是仅有的两个符号"0"和"1"正好与逻辑命题的两个值"真"与"假"相对应,从而为计算机实现逻辑运算和逻辑判断提供了方便。计算机存储器中存储的都是"0"和"1"组成的信息,但它们分别代表各自不同的含义,有的表示机器指令,有的表示二进制数据,有的表示英文字母,有的则表示汉字,还有的可能是色彩和声音。存储在计算机中的信息采用了各自不同的编码方案,就是同一类型的信息也可以采用不同的编码形式。

为什么二进制能够表示出各种信息?

前面我们讲到,在计算机内部,所有的数据都是以二进制进行表示的。二进制数应该是最简单的数字系统了,二进制中只有两个数字符号:"0"和"1"。那么,为什么如此简单的二进制系统能够表示出客观世界中那么多种丰富多彩的信息呢?

让我们先从一个例子讲起。1775 年 4 月 18 日,美国革命前夕,麻省的民兵正计划抵抗英军的进攻,派出的侦察员需要将英军的进攻路线传回。作为信号,侦察员会在教堂的塔上点一个或两个灯笼。一个灯笼意味着英军从陆地进攻,两个灯笼意味着从海上进攻。但如果一部分英军从陆地进攻,而另一部分英军从海上进攻的话,是否要使用第三只灯笼呢? 聪明的侦察员很快就找到了好的办法。每一个灯笼都代表一个比特,点亮的灯笼表示"1",未亮的灯笼表示"0",因此一个灯笼就能表示出两种不同的状态,两个灯笼就可以表示出如下四种状态:"00"表示英军不进攻;"01"表示英军从海上进攻;"10"表示英军从陆地进攻;"11"表示英军一部分从海上进攻,另一部分从陆地进攻。

这个故事告诉我们,信息代表两种或多种可能性的一种。例如,当你和别人谈话时,说的每个字都是字典中所有字中的一个。如果给字典中所有的字从"1"开始编号,我们就可能精确地使用数字进行交谈,而不使用单词。当然,对话的两个人都需要一本已经给每个字都编号了的字典,以及足够的耐心。换句话说,任何可以转换成两种或多种可能的信息都可以用比特来表示。

在计算机科学中,信息表示(也就是编码)的原则就是用到的数据尽量地少,如果信息能有效地进行表示,就能把它们存储在一个较小的空间内,并实现快速传输。虽然计算机内部均用二进制数来表示各种信息,但计算机与外部交往仍采用人们熟悉和便于阅读的形式,如十进制数据、文字显示以及图形描述等。其间的转换则由计算机系统的硬件和软件来实现。我们周围的信息是多种多样的,如文字、数字、图像、声音乃至各种仪器输出的电信号等。各种各样的信息都可以在计算机内存储和处理,而机内表示它们的方法只有一个,就是采用基于符号"0"和"1"的数字化信息编码。不同的信息需要采用不同的编码方案,如 1.3 节要介绍的几种中西文编码。

计算机外部的信息需要经某种转换变为二进制编码信息后,才能被计算机主机所接收;同样,计算机内部的信息也必须经转换后才能恢复信息的"本来面目"。这种转换通常是由计算机的输入输出设备来实现的,有时还需要软件来参与这种转换过程。例如,我们最常用的终端就是人与计算机交换信息的外部设备,主要用于人与机器之间传递字符数据。

当一个程序要求用户在终端上输入一个十进制数"10"时,这个数值信息怎样传递给程序呢? 当用户在键盘上先后按下"1"和"0"两个键后,终端的编码电路依次接收到这两个键的状态变化,并先后产生对应于"1"和"0"的用 ASCII 码表示的字符数据(31H 和 30H),然后送往主机。主机终端接口程序一方面将接收到的两个 ASCII 码回送给终端(这样,当用户输入"1"时,终端屏幕上就显示出"1"),另一方面将它们依次传给有关程序。程序根据数据类型的定义,将这两个字符数据转换成相应十进制数的二进制表示(00001010)。

在计算机中,信息都是以二进制的形式存储在存储器中的(图 1-4)。因此,在这里有必要介绍一下信息存储的单位。信息存储的单位主要有位(Bit)、字节(Byte 或 B)、KB、MB、GB 和 TB。"Bit"英文的意思是"一点,一块;数量很少,微不足道",而在计算机里,"Bit"这个词被创造出来表示"Binary Digit"(二进制数字)。"Bit"用来表示比特是非常精确的,因为 1 比特代表一个二进制位,确实实是一个非常小的量。

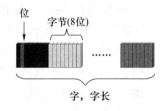

图 1-4　信息存储单位

使用比特来表示信息的一个额外好处是可以解释所有的可能性。只要谈到比特,通常是指特定数目的比特位。拥有的比特位数越多,可以传递的不同可能性就越多。只要比特的位数足够多,就可以代表单词、图片、声音、数字等多种信息形式。最基本的原则是:比特是数字,当用比特表示信息时,只要将可能情况的数目数清楚就可以了,这样就决定了需要多少个比特位,从而使得各种可能的情况都能分配到一个编号。

（1）位（bit）

位是计算机中最小的信息单位，记为 bit，一个二进制代码称为一位。

（2）字节

字节是计算机中最小的存储单位。以八位二进制代码为一个单元存放在一起，称为字节，记为 Byte，简记为 B。除字节外，还有千字节（KB）、兆字节（MB）、吉字节（GB）、太字节（TB）、拍字节（PB）。它们之间的换算关系是：

$$1 \text{ KB} = 1 \, 024 \text{ B} = 2^{10} \text{ B}$$
$$1 \text{ MB} = 1 \, 024 \text{ KB} = 2^{10} \text{ KB} = 2^{20} \text{ B}$$
$$1 \text{ GB} = 1 \, 024 \text{ MB} = 2^{10} \text{ MB} = 2^{20} \text{ KB} = 2^{30} \text{ B}$$
$$1 \text{ TB} = 1 \, 024 \text{ GB} = 2^{10} \text{ GB} = 2^{20} \text{ MB} = 2^{30} \text{ KB} = 2^{40} \text{ B}$$
$$1 \text{ PB} = 1 \, 024 \text{ TB} = 2^{10} \text{ TB} = 2^{20} \text{ GB} = 2^{30} \text{ MB} = 2^{40} \text{ KB} = 2^{50} \text{ B}$$

1.3 信息在计算机中的编码

当一个运算结果被送往终端显示时，首先要将数值信息转换为字符数据，即每一位数字都要转换成相应的 ASCII 码，然后由主机传到终端。终端再将这些 ASCII 码转换成相应的字符点阵信息，用来控制显示器的显示。当然，上述输入输出过程对于普通用户来说，应该是透明的。用户可以认为在终端上根据程序的需要，或者输入数值信息，或者输入字符信息。将图像、声音和其他形式的信息送入计算机，要靠一些专用的外部设备，如图形扫描仪、声卡等。它们的功能也无非是将不同的输入信息转换成二进制信息并存入计算机，然后由计算机（软件）做进一步的分析与处理。当然，处理这些信息比处理字符信息要复杂得多。下面我们进一步介绍计算机中数值与非数值符号的表示方法。

1.3.1 数值的编码

数值型数据由数字组成，表示数量，用于算术操作。例如，你的年收入就是一个数值型数据，当需要计算个人所得税时就要对它进行算术操作。点数就是在计算机中所有数的小数点位置固定不变。在计算机中，数值型的数据有两种表示方法，一种叫作定点数，另一种叫作浮点数。

定点数有两种：定点小数和定点整数。定点小数将小数点固定在最高数据位的左边，因此，它只能表示小于 1 的纯小数。定点整数将小数点固定在最低数据位的右边，因此定点整数表示的是纯整数。由此可见，定点数表示的数的范围较小。

为了扩大计算机中数值数据的表示范围，引入了浮点数。浮点数是属于有理数中某特定子集的数的数字表示，在计算机中用以近似表示任意某个实数。具体来说，这个实数由一个整数或定点数（即尾数）乘以某个基数（计算机中通常是 2）的整数次幂得到，这种表示方法类似于基数为 10 的科学记数法。

浮点计算是指浮点数参与的运算，这种运算通常伴随着因为无法精确表示而进行的近似或舍入。一个浮点数 a 由两个数 m 和 e 来表示：$a = m \times b e$。在任意一个这样的系统中，我们选择一个基数 b（记数系统的基）和精度 p（即使用多少位来存储）。m（即尾数）是形如 $\pm d.ddd \cdots ddd$ 的 p 位数（每一位是一个介于 0 到 $b-1$ 之间的整数，包括 0 和 $b-1$）。如果 m

的第一位是非 0 整数,m 称作规格化的。有一些描述使用一个单独的符号位(s 代表＋或者－)来表示正负,这样 m 必须是正的。e 是指数。这种设计可以在某个固定长度的存储空间内表示定点数无法表示的更大范围的数。例如,一个指数范围为 ±4 的 4 位十进制浮点数可以用来表示 43210、4.321 或 0.0004321,但是没有足够的精度来表示 432.123 和 43212.3(必须近似为 432.1 和 43210)。当然,实际使用的位数通常远大于 4。

在计算机中,无论是定点数还是浮点数,都有正负之分。在表示数据时,专门有 1 位或 2 位表示符号,对单符号位来讲,通常用"1"表示负号;用"0"表示正号。对双符号位而言,则用"11"表示负号;"00"表示正号。通常情况下,符号位都处于数据的最高位。

1.3.2　字符的编码

计算机处理的信息除了数值数据以外,还有其他大量的非数值数据,非数值数据中主要是字符数据。由字符数据转换成二进制数值数据,最好的方法就是为字符编码,即对字符进行编号。每一个字符有一个唯一的编码。如果要对字符编码,那么首先要确定有多少字符需要进行编码,然后对每一个字符进行编号。这样一来,必然要引入文字、字母以及某些专用符号,以便表示文字语言、逻辑语言等信息。下面分别介绍西文字符和中文字符的表示编码。

1. ASCII

在计算机中,所有的数据在存储和运算时都要使用二进制数表示,例如,像 a、b、c、d 这样的 52 个字母(包括大写)以及 0、1 等数字还有一些常用的符号(例如 ＊、＃、@ 等)在计算机中存储时也要使用二进制数来表示,而具体用哪些二进制数字表示哪个符号,使得大家可以相互通信而不造成混乱,就必须使用相同的编码规则,于是美国有关的标准化组织就出台了 ASCII 编码,统一规定了上述常用符号用哪些二进制数来表示。

ASCII 是美国信息交换标准代码的简称,是目前国际上最为流行的字符信息编码方案。美国信息交换标准代码是由美国国家标准学会制定的,是一种标准的单字节字符编码方案,用于基于文本的数据。它最初是美国国家标准,供不同计算机在相互通信时用作共同遵守的西文字符编码标准,后来被国际标准化组织定为国际标准,称为 ISO 646 标准,适用于所有拉丁文字字母。

ASCII 使用指定的 7 位或 8 位二进制数组合来表示 128 种或 256 种可能的字符。标准 ASCII 也叫基础 ASCII,使用 7 位二进制数(剩下的 1 位二进制数为 0)来表示所有的大写和小写字母、数字 0 到 9、标点符号,以及在美式英语中使用的特殊控制字符。其中 0~31 及 127(共 33 个)是控制字符或通信专用字符,其余为可显示字符,它们并没有特定的图形显示,但会依不同的应用程序而对文本显示有不同的影响。

32~126(共 95 个)是字符,其中 48~57 为"0"到"9"这 10 个阿拉伯数字,65~90 为 26 个大写英文字母,97~122 号为 26 个小写英文字母,其余为一些标点符号、运算符号等。在这些字符中,0~9、A~Z、a~z 都是顺序排列的,且小写比大写字母码值大 32,这有利于大、小写字母之间的编码转换。有些特殊的字符编码需要特殊记忆。

ASCII 编码表具有如下特点:每个字符的二进制编码为 7 位,因此一共有 $2^7＝128$ 种不同字符的编码。通常一个 ASCII 占用一个字节(即 8 bit),其最高位为"0"。表 1-1 列出了七单位的 ASCII 字符编码表。其中 95 个字符称为图形字符(又称为普通字符),为可打印或可显示字符,包括英文大小写字母共 52 个,0~9 的数字共 10 个以及其他标点符号、运算符号共 33 个。

表 1-1　ASCII 字符编码表

	000	001	010	011	100	101	110	111
0000	NUL	DEL	SP	0	@	P	`	p
0001	SOH	DC1	!	1	A	Q	a	q
0010	STX	DC2	"	2	B	R	b	r
0011	ETX	DC3	#	3	C	S	c	s
0100	EOT	DC4	$	4	D	T	d	t
0101	ENQ	NAK	%	5	E	U	e	u
0110	ACK	SYN	&.	6	F	V	f	v
0111	DEL	ETB	'	7	G	W	g	w
1000	BS	CAN	(	8	H	X	h	x
1001	HT	EM	)	9	I	Y	i	y
1010	LF	SUB	*	:	J	Z	j	z
1011	VT	ESC	+	;	K	[	k	{
1100	FF	FS	,	<	L	\	l		
1101	CR	GS	-	=	M	]	m	}
1110	SO	RS	.	>	N	^	n	~
1111	SI	US	/	?	O	_	o	DEL

例如："a"字母字符的编码为 1100001,对应的十进制数是 97,则"b"的编码值是 98;"A"字母字符的编码为 1000001,对应的十进制数是 65,则"B"的编码值是 66;"0"数字字符的编码为 0110000,对应的十进制数是 48,则"1"的编码值是 49;空格字符 SP 的编码为 0100000,对应的十进制数是 32。

又如,"Hello."的 ASCII 码为

$$01001000 \quad 01100101 \quad 01101100 \quad 01101100 \quad 01101111 \quad 00101110$$
$$H \qquad e \qquad l \qquad l \qquad o \qquad .$$

表 1-2 内有 33 种控制码,十进制码值为 0～31 和 127(即 NUL～US 和 DEL)称为非图形字符(又称为控制字符),位于表的左边两列和右下角位置上,主要用于:打印或显示时的格式控制;对外部设备的操作控制;进行信息分隔;在数据通信时进行传输控制等。

表 1-2　控制码

NUL		VT	垂直制表	SYN	空转同步
SOH	标题开始	FF	走纸控制	ETB	信息组传送结束
STX	正文开始	CR	回车	CAN	作废
ETX	正文结束	SO	移位输出	EM	纸尽
EOY	传输结束	SI	移位输入	SUB	换置
ENQ	询问字符	DLE	空格	ESC	换码
ACK	承认	DC1	设备控制 1	FS	文字分隔符
BEL	报警	DC2	设备控制 2	GS	组分隔符
BS	退一格	DC3	设备控制 3	RS	记录分隔符
HT	横向列表	DC4	设备控制 4	US	单元分隔符
LF	换行	NAK	否定		

2. 中文字符的编码

计算机发展之初,只能处理英文字母、数字和符号,不能处理汉字,大大影响了计算机在我国的普及和发展。因此,20 世纪 80 年代初,人们开始了利用计算机对汉字信息进行存储、传输、加工等的研究,逐渐形成了汉字信息处理系统。

汉字进入计算机遇到许多困难,其原因主要有三点。

(1) 数量庞大:随着社会的发展,新字不断出现,死字没有被淘汰,汉字总数不断增多。一般认为,现在汉字总数已超过 6 万个(包括简化字)。虽有研究者主张规定 3 000 多字或 4 000 字作为当代通用汉字,但仍比处理由二三十个字母组成的拼音文字要困难得多。

(2) 字形复杂:有古体、今体、繁体、简体、正体、异体;而且笔画相差悬殊,少的 1 笔,多的达 36 笔,简化后平均为 9.8 笔。

(3) 存在大量一音多字和一字多音的现象:汉语音节 416 个,分声调后为 1 295 个(根据《现代汉语词典》统计,轻声 39 个未计)。以 1 万个汉字计算,每个不带调的音节平均超过 24 个汉字,每个带调的音节平均超过 7.7 个汉字。有的同音同调字多达 66 个。一字多音现象也很普遍。

机器自动识别汉字和汉语语音识别国内外都在研究,虽然取得了不少进展,但由于难度大,预计还要经过相当长的一段时间才能得到解决。在现阶段,比较现实的就是通过汉字编码方法使汉字进入计算机。汉字进入计算机有三种途径。

(1) 机器自动识别汉字:计算机通过"视觉"装置(光学字符阅读器或其他),用光电扫描等方法识别汉字。

(2) 通过语音识别输入:计算机利用人们给它配备的"听觉器官",自动辨别汉语语音要素,从不同的音节中找出不同的汉字,或从相同音节中判断出不同汉字。

(3) 通过汉字编码输入:根据一定的编码方法,由人借助输入设备将汉字输入计算机。

在计算机内部,汉字编码和西文编码是共存的,如何区分它们是个很重要的问题,因为对不同的信息有不同的处理方式。方法之一就是对于二字节国标码,将两个字节的高位都置成"1",而 ASCII 所用字节最高位保持"0",然后由软件(或硬件)根据字节最高位来做出判断。计算机中汉字的表示也是用二进制编码,同样是人为编码的。根据应用目的的不同,汉字编码分为外码、交换码、机内码和字形码。

(1) 外码(输入码)

外码,也叫输入码,是用来将汉字输入计算机中的一组键盘符号。目前常用的输入码有拼音码、五笔字型码、自然码、表形码、认知码、区位码和电报码等。一种好的编码应有编码规则简单、易学好记、操作方便、重码率低、输入速度快等优点,每个人可根据自己的需要进行选择。

(2) 交换码

计算机内部处理的信息都是用二进制代码表示的,汉字也不例外。而二进制代码使用起来是不方便的,于是需要采用信息交换码。中国标准总局 1980 年发布了中华人民共和国国家标准 GB 2312—1980《信息交换用汉字编码字符集:基本集》,即国标码。国标码是二字节码,用两个七位二进制数码表示一个汉字。目前国标码录入 6 763 个汉字,其中一级汉字(最常用)3 755 个,二级汉字 3 008 个,另外还包括 682 个非汉字图形字符。

例如,"计算机"中的"机"字的代码为 3BH 7AH,在机内的形式如下:

机: 01111011   1111010

  第一字节   第二字节

区位码是国标码的另一种表现形式,把国标 GB 2312—1980 中的汉字、图形符号组成一个 94×94 的方阵,分为 94 个"区",每个区包含 94 个"位",其中"区"的序号从 01 至 94,"位"的序号也是从 01 至 94。94 个区中位置总数＝94×94＝8 836 个,其中 7 445 个汉字和图形字符中的每一个占一个位置后,还剩下 1 391 个空位,这 1 391 个位置空下来保留备用。

（3）机内码

根据国标码的规定,每一个汉字都有了确定的二进制代码,在计算机内部汉字代码都用机内码,在磁盘上记录汉字代码也使用机内码。输入码通过键盘被接收以后,就由汉字操作系统的"输入码转换模块"转换为机内码,每个汉字的机内码用两个字节的二进制表示,在计算机内汉字字符必须与英文字符区别开,以免造成混乱。英文的机内码是用一个字节来存放 ASCII,一个 ASCII 占一个字节的低 7 位,最高位是"0",为了区别,汉字机内码中两个字节的最高位均为"1"。例如,汉字"中"的国标码为 5650H（0101011001010000B）,机内码为 D6D0H（1101011011010000B）。

（4）汉字的字形码

字形码是汉字的输出码,输出汉字时都采用图形方式,无论汉字的笔画多少,每个汉字都可以写在同样大小的方块中。通常用 16×16 点阵来显示汉字。对每一个汉字,都要有对应的字的模型,简称字模,存储在计算机内,字模的集合就构成了字模库,简称字库。汉字输出时,需要先根据内码找到字库中对应的字模,再根据字模输出汉字。

记录汉字字形有两种方法:点阵法和矢量法,分别对应两种字形编码,即点阵码和矢量码。点阵码是一种用点阵表示汉字字形的编码,它把汉字按字形排列成点阵,常用的点阵有 16×16、24×24、32×32 或更高。16×16 点阵方式是最基础的汉字点阵,一个 16×16 点阵的汉字要占用 16×16÷8=32 个字节,24×24 点阵的汉字要占用 72 个字节……可见,汉字字形点阵的信息量很大,占用的存储空间也非常大。图 1-5 给出了"大"字的 16×16 点阵字模。点阵规模越大,每个汉字存储的字节数就越多,字库也就越庞大,当然字形分辨率越好,字形也越美观。

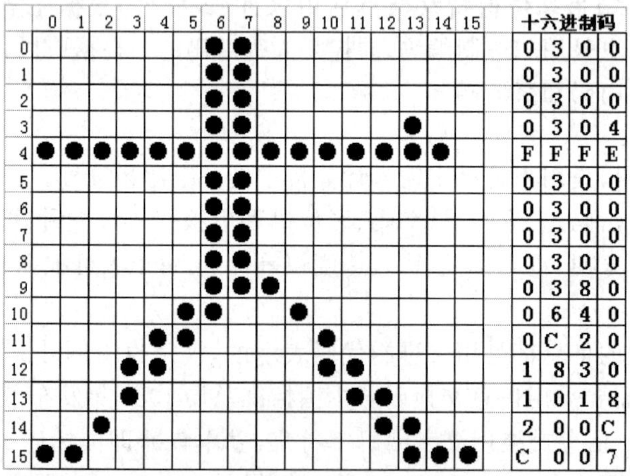

图 1-5　"大"字的 16×16 点阵

据粗略统计,现有 400 多种编码方案,其中上机通过试验的和已被采用作为输入方式的也有数十种之多。归纳起来,不外乎以下 5 种类型。

（1）整字输入法

前一阶段，一般是将三四千个常用汉字排列在一个具有三四百个键位的大键盘上。近来，大多是将这些汉字按 XY 坐标排列在一张字表上，通常叫"字表法"，或"笔触字表法"。比如，$X25$ 行和 $Y90$ 列交叉的字为"国"，当电笔点到字表上的"国"字时，机器自动将该字的代码 2590 输入。键盘上或字表中的字按部首、按音序或按字义联想而排列。不常用的字作为盘外字或表外字，另行编码处理。

（2）字形分解法

将汉字的形体分解成笔画或部件，按一定顺序输进机器。笔画一般分成 8 种：横（一）、竖（丨）、撇（丿）、点（丶）、折（乛）、弯（乚）、又（十）、方（口）。部件一般归纳出一二百个。由于一般键盘上只有 42 个键（包括数字和标点），容纳不下这么多部件，因而有人设计中文键盘，也有人利用部件形体上的相似点或出现概率的不同，把 100 多个部件分布在 26 个字母键上。

（3）字形为主、字音为辅的编码法

这种编码法与字形分解法的不同在于还要利用某些字音信息。例如，有的方案为了简化编码规则，缩短码长，在字形码上附加字音码，有的方案为了采用标准英文电传机，将分解归纳出来的字素通过关系字的读音转化为拉丁字母。

（4）全拼音输入法

绝大多数是以现行的汉语拼音方案为基础进行设计的。关键问题是区分同音字，因而有的方案提出"以词定字"的方法，还有的方案提出"拼音—汉字转换法"，即"汉语拼音输入—机内软件转换（实为查机器词表）—汉字输出"系统。

（5）拼音为主、字形为辅的编码法

一般在拼音码前面或后面再添加一些字形码。拼音码有用现行汉语拼音方案或稍加简化的，还有的为了缩短码长而把声母和韵母都用单字母或单字键表示的"双拼方案"或"双打方案"。例如 F 键，既表声母 F，又表韵母"ang"，连击两下，便是 Fang"方"字。

上述各种编码法各有短长。例如，字表法的特点是一字一格（键），无重码，直观性好，操作简单。缺点是需特制键盘，速度较慢。字形分解法的好处是"按形取码"，不涉及字音，因而不认识的字（包括生僻字、古字）也同样可以编码输入；但汉字形体结构非常复杂，写法也有许多差异，分解标准不易统一，因而不少方案规则较多。拼音输入法（包括拼音—汉字转换法）的优点是操作简捷，可以"盲打"，不受汉字简化、字形改变的影响，符合拼音化方向，并且还便于作进一步信息处理；缺点是不认识的字无法输入；另外，如果不加字形码或不以词定字法或显式选择法，同音字较难处理。区分同音字的字形码也多种多样，除了大部分采用偏旁部首的信息外，还有的方案采用起末笔划或采用语义类别的方法。

1.3.3　多媒体数据的编码

1. 图形和图像的编码

计算机图形和图像主要指可用于计算机处理的、以数字的形式记录的数字化图形和图像。数字图形与数字图像是数字媒体中常用的两个基本概念。计算机产生的图像是数字化的图像，简单地说数字图像是用数字或数学公式来描述的图像。它与传统图像有很大的不同，传统图像是用色彩来描述的，而色彩本身没有任何数字概念。传统电视屏幕上所见的图像是模拟图像，它是用电频来描述的。计算机显示屏上的图像是数字图像，它是一种使用数学算法将二维或三维图形转化为计算机显示器的栅格形式的图形。它不仅包含着诸如形、色、明暗等外在的信息显示属性,而且从产生、处理、传输、显示的过程看,还包含着诸如颜色模型、分辨像素深度、文件大小、真/伪彩色等计算机技术的内在属性。在数字媒体中,图形与图像主要是指静态的数字媒体形式,根据计算机对图像的处理原理以及应用的软件和使用环境的不同,静态数字图像可以分为矢量图(形)和点阵图(像)两种类型。认识它们的特色和差异,有助于创建、输入、输出、编辑和应用数字图像。

（1）图形

计算机图形通常指由外部轮廓线条构成的矢量图,它用一系列指令集合来描述图形的内容,如点、直线、曲线、圆、矩形等。一幅矢量图由线框形成的外框轮廓、外框轮廓的颜色以及外框所封闭的颜色决定。矢量图通常用程序编辑,可对矢量图形及图元独立进行移动、缩放、旋转和扭曲等变换操作。由于矢量图可以通过公式计算获得,所以矢量图文件体积一般较小,不会因图形尺寸大而占据较大的存储空间;同时,矢量图与分辨率无关,进行放大、缩小或旋转操作时图形不会失真,图形的大小和分辨率都不会影响打印清晰度。因此,矢量图形尤其适用于描述轮廓不是很复杂、色彩不是很丰富的对象,如文字、几何图形、工程图纸、图标、图案等。

（2）图像

计算机通过指定每个独立的点(或像素)在屏幕上的位置来存储图像,因此计算机图像通常指由像素构成的点阵图。点阵图与矢量图不同,它是由扫描仪、数码相机等输入设备捕捉实际的画面或由图像处理软件绘制的数字图像。点阵图把一幅图像分成许多像素,每个像素用若干个二进制位来指定该像素的颜色、亮度和属性,因此一幅点阵图由众多描述每个像素的数据组成,在表现复杂的图像细节和丰富的色彩方面有着明显的优势,适合用于表现照片、绘画等具有复杂色彩的图像。由于一幅点阵图包含着固定数量的像素,因此它的精度和分辨率有关,分辨率越高即单位面积上的像素点越多,图像就越清晰,同时该图像文件也就越大。当在屏幕上以较大的倍数显示,或以过低的分辨率打印时,点阵图文件会出现锯齿边缘或损失细节。另外,与矢量图相比,点阵图占用的存储空间比较大,计算机在处理的过程中相对会慢一些。

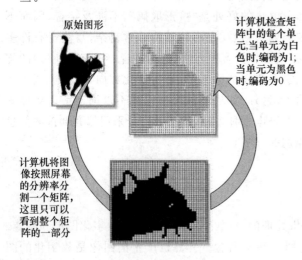

图 1-6　存储一幅单色位图图像

最简单的图像是单色图像,其包含的颜色仅仅有黑色和白色两种。为了理解计算机怎样对单色图像进行编码,可以考虑把一个网格叠放到图像上。网格把图像分成许多单元,每个单元相当于计算机屏幕上的一个像素。对于单色图,每个单元(或像素)都标记为黑色或白色。如果图像单元对应的颜色为黑色,则在计算机中用"0"来表示;如果图像单元对应的颜色为白色,则在计算机中用 1 来表示。网格的每一行用一串"0"和"1"来表示,如图 1-6 所示。

对于单色图像来说,用来表示满屏图形的比特数和屏幕中的像素数正好相等。所以,用来存储图形的字节数等于比特数除以 8。若是彩色图形,其表示方法与单色图形类似,只不过需要使用更多的二进制位以表示出不同的颜色信息。

从本质上讲,数字图形和图像虽有区别,但并不是本质区别,只是从图像显示内容类别的角度加以区分的,与内容形式有直接关系。一般来说,图像所表现的显示内容是自然界的真实景物,或利用计算机技术绘制出的带有光照、阴影等特性的自然界景物。而图形实际上是对图像的抽象,组成图形的画面元素主要是点、线、面或简单文体图形等。

常见图形图像的文件格式有以下几种。

- BMP 格式是一种无压缩的图片,画面质量比较好,它包含的图像信息较丰富,支持 1 位、4 位、8 位、16 位、24 位、32 位深度,通常用作 Windows 操作系统中的标准图像文件格式,能够被多种 Windows 应用程序所支持,但美中不足是文件体积大,需要的内存空间大。

- JPEG 格式是一种有损压缩后的图片,多用于网络、网页、图形、图像的信息显示,用有损压缩方式去除冗余的图像和彩色数据,获得极高的压缩率,同时能展现十分丰富生动的图像,用最少的磁盘空间得到较好的图像质量,可以通过调节压缩的比率,在质量和大小之间找到最佳点。虽然它是一种有损失的压缩格式,但是人眼不易觉察到这种损失。

- GIF 格式通常用于网络传输和图像交换,优点是压缩比高,磁盘空间占用较少,支持动画。GIF 图像格式还增加了渐显方式,在图像传输过程中,用户可以先看到图像的大致轮廓,然后随着传输过程的继续而逐步看清图像中的细节部分。GIF 最大的缺点是,它只能处理 256 种色彩。

- PNG 格式是目前最不失真的格式,它汲取了 GIF 和 JPG 的优点,存储形式丰富,兼有 GIF 和 JPG 的色彩模式。它能把图像文件压缩到极限以利于网络传输,同时又能保留所有与图像品质有关的信息。因为 PNG 是采用无损压缩方式来减少文件的大小,这一点与牺牲图像品质以换取高压缩率的 JPG 有所不同。它还有一个特点是显示速度很快,只需下载 1/64 的图像信息就可以显示出低分辨率的预览图像。

- PSD 格式是著名的 Adobe 公司的图像处理软件 Photoshop 的专用格式。这种格式可以存储 Photoshop 中所有的图层、通道、参考线、注解和颜色模式等信息。在保存图像时,若图像中包含层,则一般都用 PSD 格式保存。PSD 格式在保存时会将文件压缩,以减少占用磁盘空间,但 PSD 格式所包含图像数据信息较多,因此比其他格式的图像文件还是要大得多。

- TIFF 格式是图形图像处理中常用的格式之一,其图像格式很复杂,但由于它对图像信息的存放灵活多变,可以支持多种色彩系统,而且独立于操作系统,因此得到了广泛应用。在各种地理信息系统、摄影测量与遥感等应用中,要求图像具有地理编码信息,如图像所在的坐标系、比例尺、图像上点的坐标、经纬度、长度单位及角度单位等。

2. 声音的编码

在我们生活的世界里充满着各种各样的声音,如山溪潺潺的流水声、海水的波涛声、火车轮船的汽笛声、节日喜庆的锣鼓声、商场闹市的嘈杂声、人们相互之间的交谈声。这些声音虽然发声的形式各不相同,但它们有一个共同特点,即所有的声音都是物体的振动产生的。因此,有时就把产生声音的振动物体称为声源。

视觉上表示声音的波形描述的就是这些空气压力的波浪。波形里的 0 线表示的是静止时的空气压力。当波形到达波峰时,表示高压;当滑至波谷时,就表示低压。声音是由物体振动产生的声波,是通过介质(空气、固体、液体)传播并能被人或动物听觉器官所感知的波动现象。

通常,声音是用一种模拟(连续的)波形来表示的,该波形描述了振动波的形状。声音作为波的一种,频率和振幅就成了描述波的重要属性,频率的大小与我们通常所说的音高对应,而振幅影响声音的大小。声音可以被分解为不同频率、不同强度正弦波的叠加。如图1-7所示,表示一个声音信号有三个要素,分别是基线、周期和振幅。

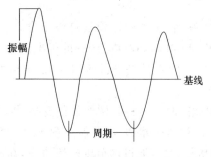

图 1-7　声音信号的三要素

在模拟和数字音频中,声音的存储和传递方式大不相同。

模拟音频利用正负电压值,例如麦克风将声压的波动转换成线路中电压的变化:声音的高压转换成正电压,声音的低压转换成负电压。当这些电压变化经由麦克风线路传递后,可以以磁性的强弱变化记录于磁带或者以刻沟的深浅记录于胶片。扬声器与麦克风相反,它经由电压变化得到所记录声音的信息并通过振动来重现声压。而数字音频利用数字化手段对声音进行录制、存放、编辑、压缩或播放,它是随着数字信号处理技术、计算机技术、多媒体技术的发展而形成的一种全新的声音处理手段。与磁带或胶片这类模拟声音记录载体不同,计算机将声音信息记录为 0 和 1 的序列。在数字存储中,原始的波形被分散成一个个独立的快照,或称为样本。这个过程一般叫作声音的数字化或采样,有时也叫模拟—数字转换。比如当你通过麦克风用计算机来录音时,模拟—数字转换器将模拟信号转换成数字样本以方便存储和处理。

在某些特定的时刻对模拟信号进行测量叫作采样,由这些特定时刻采样得到的信号称为离散时间信号。图 1-8 中的一系列竖线表示的是采样的时间,竖线端点的值表示这个时刻波形的值。只有采样得到的值会被记录下来,其他值在采样后被舍弃。量化是通过采样时测得的模拟电压值,把落在某区段的采样到的样本归于一类,并给出相应的量化值。声音的采样是在数字—模拟转换时,将模拟波形分割成数字信号波形的过程,采样的频率越大,所获得的波形越接近实

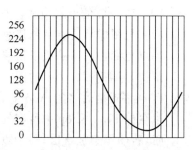

图 1-8　声音信号的采样和量化

际波形,即保真度越高。相对自然界的信号,音频编码最多只能做到无限接近,至少目前的技术只能这样了。相对自然界的信号,任何数字音频编码方案都是有损的,因为无法完全还原。

数字声音编码技术对模拟声音进行采样、量化、压缩及还原。数字声音类型有以下几种常见格式。

- WAV 格式是最常见的声音文件格式之一,是微软公司专门为 Windows 开发的一种标准数字音频文件,该文件能记录各种单声道或立体声的声音信息,记录声音的波形,声音文件能够和原声基本一致,质量非常高,主要应用于需要忠实记录原声的地方。
- MP3 格式是一种压缩存储声音的文件格式,其全称是动态影像专家压缩标准音频层面 3(Moving Picture Experts Group Audio Layer Ⅲ),简称为 MP3。它利用人耳对高频声音信号不敏感的特性,将时域波形信号转换成频域信号,并划分成多个频段,对不同的频段使用不同的压缩率,对高频加大压缩比(甚至忽略信号),对低频信号使用小压缩比,保证信号不失真。这样一来就相当于抛弃人耳基本听不到的高频声音,只保

留能听到的低频部分,从而将声音用 1:10 甚至 1:12 的压缩率压缩,将声音文件压缩成容量较小的文件,而对于大多数用户来说重放的音质与最初的不压缩音频相比没有明显的下降。

- MIDI 格式是数字音乐/电子合成乐器的统一国际标准。MIDI 文件存储的是一系列指令,不是波形,因此它需要的磁盘空间非常小,主要用于音乐制作、游戏配乐等。
- RA(RealAudio)是一种可以在网络上实时传送和播放的音乐文件的音频格式的流媒体技术。RA 文件压缩比例高,可随着网络带宽的不同而改变声音质量,适合在网络传输速率较低的互联网上使用,此类文件格式有以下几个主要形式:RA、RM、RMX。RA 或 RM 格式文件在网上播放时,能够一边下载一边播放,也被称为"流"式声音。
- WMA 格式的全称是 Windows Media Audio,是微软力推的一种音频格式。WMA 格式是以减少数据流量但保持音质的方法来达到更高压缩率的目的,其压缩率一般可以达到 1:18,生成的文件大小只有相应 MP3 文件的一半。此外,WMA 还可以通过 DRM(Digital Rights Management)方案加入防止拷贝,或者加入限制播放时间和播放次数,甚至是播放机器的限制,可有力地防止盗版。但 WMA 也是有损数据压缩的档案格式,对于有更高要求的用户来说 WMA 并不是一个适合的格式。
- CD 代表小型镭射盘,是一个用于所有 CD 媒体格式的一般术语。现在市场上的 CD 格式包括声频 CD、CD-ROM、CD-ROM XA、照片 CD、CD-I 和视频 CD 等。在这多样的 CD 格式中,最为人们熟悉的一个或许是声频 CD,它是一个用于存储声音信号轨道(如音乐和歌)的标准 CD 格式。CD 音轨是能够在计算机上播放的音质最好的音频节目源之一,每张 CD 唱片可存储约 1 小时的高保真音频。注意,CD 唱片中音频信息的保存形式是 CD 音轨,不是计算机系统能够直接识别的声音文件。

练 习 题

一、选择题

1. 关于信息,以下说法正确的是(   )。
A. 信息是指计算机中保存的数据   B. 信息具有不可转换性
C. 信息不需要载体也可以传播   D. 信息能减少对事物认识的不确定性

2. 计算机中所有信息的存储都采用(   )。
A. 二进制   B. 八进制   C. 十进制   D. 十六进制

3. 计算机能够直接执行的计算机语言是(   )。
A. 汇编语言   B. 机器语言   C. 高级语言   D. 自然语言

4. 计算机内部采用二进制位表示数据信息,二进制的主要优点是(   )。
A. 容易实现   B. 方便记忆   C. 书写简单   D. 符合使用的习惯

5. 微型计算机中 1 KB 表示的二进制位数是(   )。
A. 1 000   B. 8×1 000   C. 1 024   D. 8×1 024

6. 与十进制数 100 等值的二进制数是(   )。
A. 0010011   B. 1100010   C. 1100100   D. 1100110

7. 将十进制数 0.6531 转换成二进制数是（　　　）。

A. 0.101001B　　　　B. 0.101101B　　　　C. 0.110001B　　　　D. 0.111011B

8. 把二进制数 01011011B 转换为十进制数是（　　　）。

A. 103　　　　　　B. 91　　　　　　C. 171　　　　　　D. 71

9. 字符 0 对应的 ASCII 码值是（　　　）。

A. 47　　　　　　B. 48　　　　　　C. 46　　　　　　D. 49

10. 目前图像存储格式中最不失真的格式是（　　　）。

A. JPEG　　　　　B. PNG　　　　　C. BMP　　　　　D. GIF

二、填空题

1. 字符"A"的 ASCII 码值为 65，ASCII 码值为 68 的字母是_____。

2. 一个字长为 6 位的无符号二进制数能表示的十进制数值范围是 0 ～_____。

3. 信息技术包括传感技术、控制技术、计算机技术和_____。

4. 汉字编码分为外码、_____、机内码和字形码。

5. 声音信号有三个要素，分别是基线、周期和_____。

6. 计算机硬件能直接识别和执行的只有_____语言。

7. 软件是指各类_____和数据，计算机软件包括计算机本身运行所需要的系统软件和用户完成任务所需要的应用软件。

8. 反映计算机存储容量的基本单位是_____，在微型计算机的汉字系统中，一个汉字的内码占_____个字节。

9. 某微机的内存容量是 128 MB，硬盘的容量是 10 GB，则硬盘容量是内存容量的_____倍。

10. _____是配置在计算机硬件上的第一层软件，是控制计算机所有操作的软件。

三、简答题

1. 采集信息的方法有哪些？简单举例说明。

2. 结合现实生活，谈谈现代信息技术的特点有哪些。

3. 信息技术主要包含哪几个方面？预测一下信息技术的发展趋势。

4. 将二进制数 101101.1010 转换成十进制数。

5. 举例说明信息技术产生的积极影响。如果有消极影响，那么如何采取有效措施避免消极影响呢？

第2章 计算机基础知识

计算机是由早期的电动计算器发展而来的,不过现代计算机早已从单纯的计算工具发展成为能够处理数字、符号、文字、语音、图形、图像和音频、视频等各种信息的强大工具。计算机不仅能够保存、管理和加工处理信息,而且能够帮助人们分析问题,并提出解决问题的方案。计算机无疑是人类历史上最重大的发明之一。如果说蒸汽机的发明导致了工业革命,使人类社会进入了工业社会,那么计算机的发明则导致了信息革命,使人类社会进入了信息社会。

2.1 计算机的发展与分类

2.1.1 计算机的发展历程

计算机技术发展的历史是人类文明史的一个缩影。从古到今,由简单的石块、贝壳计数,到唐代的算盘,再到欧洲的手摇计算器,以后又相继出现了计算尺、袖珍计算器等,直到今天的电子计算机,记录了人类计算工具的发展史(图 2-1)。因此,电子计算机是人类计算技术的继承和发展,是计算工具发展至今的具体形式。随着计算机应用领域的不断扩大,已经渗透到社会生产和生活的方方面面,成为现代人类社会生活中不可缺少的基本工具。

图 2-1 人类追求的计算工具

1946 年,美国宾夕法尼亚大学研制出世界上第一台名为 ENIAC 的电子计算机,宣告了人类计算机时代的到来。ENIAC 是图灵完全的电子计算机,能够重新编程,解决各种计算问题。它的名字由承担开发任务的"莫尔小组"四位科学家和工程师埃克特、莫克利、戈尔斯坦、博克斯的名字组成。早期计算机的输入设备十分落后,根本没有现在的键盘和鼠标,那时候计算机还是一个庞然大物,最早的计算机有两层楼那么高。人们只能通过扳动计算机庞大的面板上无数的开关来向计算机输入信息,而计算机把这些信息处理之后,输出设备也相当简陋,就是计算机面板上无数的信号灯。所以那时的计算机根本无法处理像现在这样各种各样的信息，实际上只能进行数字运算。ENIAC 大约使用了 18 800 个电子管、1 500 个继电器，重 30 吨，占地面积 170 平方米（图 2-2），每秒能完成 5 000 次加、减运算，3 ms 能完成两个 10 位数乘法。虽然 ENIAC 体积庞大，耗电惊人，运算速度不过每秒几千次，但它比当时已有的计算装置要快 1 000 倍，而且 ENIAC 可以按照事先编好的程序自动执行算术运算、逻辑运算和存储数据的功能。因此，ENIAC 标志着一个新时代的开始，从此科学计算的大门被打开了。

图 2-2　ENIAC 计算机

在 ENIAC 诞生后的几十年中，计算机所采用的基本电子元器件经历了电子管、晶体管、中小规模集成电路、大规模和超大规模集成电路四个发展阶段，通常称为计算机发展进程中的四个阶段（表 2-1）。

表 2-1　计算机发展的四个阶段

阶段	年份	电子器件	特点	计算速度
第一代	1946—1955 年	电子管	磁鼓和磁带；使用机器语言和汇编语言	几千条
第二代	1956—1963 年	晶体管	磁芯和磁盘；使用高级语言，如 C 语言	几百万条
第三代	1964—1971 年	中小规模集成电路	可由远程终端上多个用户访问的小型机	几千万条
第四代	1972 年至今	大规模、超大规模集成电路	个人机和友好的程序界面；面向对象程序设计语言	数亿条以上

1. 第一代（1946—1955 年）

第一代是电子管时代。第一代计算机因采用电子管而体积大、耗电多、运算速度低、存储容量小、可靠性差，并且造价非常昂贵。同时，它几乎没有什么软件配置，编制程序使用机器语言，主要用于科学计算和军事方面。其代表机型为 1952 年由计算机之父冯·诺依曼设计的名为 EDVAC 的计算机。这台计算机总共采用了 2 300 个电子管，运算速度比 ENIAC 提高了 10 倍。冯·诺依曼"程序存储方式"的设想首次在这台计算机上得到了圆满体现。

2. 第二代（1956—1963 年）

第二代是晶体管时代。第二代计算机基础电子器件采用晶体管，内存储器普遍使用磁芯存储器，其性能比第一代提高了数十倍，速度一般可达每秒 10 万次，有的甚至高达每秒几百万次。同时，软件配置开始出现，一些高级程序设计语言相继问世，并开始采用监控程序。除科学计算与军事应用外，开始了数据处理、工程设计、过程控制等应用。第二代计算机另一个很重要的特点是存储器的革命。1951 年,当时尚在美国哈佛大学计算机实验室的华人留学生王安发明了磁芯存储器,该技术改变了继电器存储器的工作方式和存储器与处理器的连接方法,也大大缩小了存储器的体积,为第二代计算机的发展奠定了基础。

3. 第三代(1964—1971 年)

第三代是中小规模集成电路时代。第三代计算机的基础电子器件主要采用中小规模集成电路。集成电路是在一块几平方毫米的芯片上集成很多个电子元件,使计算机的体积和耗电量有了显著减小,计算速度显著提高,存储容量大幅度增加。同时,计算机的软件技术也有了较大的发展,出现了操作系统和编译系统,出现了更多的高级程序设计语言。系统结构方面有了很大改进,机种多样化、系列化,计算机技术开始和通信技术结合,使计算机进入许多科学技术领域。

4. 第四代(1972 年至今)

第四代是大规模、超大规模集成电路时代。硬件上采用大规模、超大规模集成电路作为主要功能部件,内存储器使用集成度更高的半导体存储器,计算速度高达每秒几百万次至数百亿次。在这个时期,计算机体系结构有了较大发展,并行处理、多机系统、计算机网络等都已进入实用阶段。软件方面更加丰富,出现了网络操作系统和分布式操作系统以及各种实用软件,其应用范围也更加广泛,几乎渗透了人类社会的各个领域。

在计算机四个时代的发展进程中,计算机的性能越来越高,主要表现在如下几个方面:生产成本越来越低,体积越来越小,运算速度越来越快,耗电越来越少,存储容量越来越大,可靠性越来越高,软件配置越来越丰富,应用范围越来越广泛。

2.1.2　计算机的分类

计算机的分类很多,一般可以从下面几个方面来划分。

- 从计算机规模来分:有巨型机、大型机、中型机、小型机和微型机。
- 从信息表现形式来分:有数字计算机、模拟计算机和数字模拟混合计算机。
- 按主机形式分:有台式机、便携机、笔记本式机、手掌式机。

通常按照计算机规模,把计算机分为 4 大类。

1. 超级计算机(或称巨型机)

超级计算机是指信息处理能力比个人计算机快一到两个数量级以上的计算机,它在密集计算、海量数据处理等领域发挥着举足轻重的作用。就超级计算机和普通计算机的组成而言,构成组件基本相同,但在性能和规模方面却有差异。作为高性能计算技术产品,超级计算机具有很强的计算和数据处理能力,主要特点表现为高速度和大容量,配有多种外部和外围设备及丰富、高功能的软件系统。超级计算机的主要特点有两个方面:极大的数据存储容量和极快的数据处理速度,因此它可以在多个领域进行一些普通计算机无法进行的工作。超级计算机是计算机中功能最强、运算速度最快、存储容量最大的一类计算机,多用于国家高科技领域和尖端技术研究,是国家科技发展水平和综合国力的重要标志。一个国家的高性能超级计算机直接关系到国计民生、关系到国家的安全。几乎在国计民生的所有领域中,超级计算机都起到了举足轻重的作用。

2. 大型计算机

大型计算机并非主要通过每秒运算次数 MIPS 来衡量性能,还要考虑可靠性、安全性、向后兼容性和极其高效的 I/O 性能。主机通常强调大规模的数据输入输出,着重强调数据的吞吐量。大型计算机可以同时运行多操作系统,因此不像是一台计算机而更像是多台虚拟机,因此一台主机可以替代多台普通的服务器,是虚拟化的先驱。同时主机还拥有强大的容错能力。这是微型机出现之前最主要的计算模式,即把大型主机放在计算中心的玻璃机房中,用户要上机就必须去计算中心的终端上工作。大型主机经历了批处理阶段、分时处理阶段,进入了分散处理与集中管理的阶段。不过随着计算机与网络的迅速发展,大型主机正在走下坡路。许多计算中心的大机器正在被高档计算机群取代。

3. 小型计算机

小型计算机是相对于大型计算机而言的,小型计算机的软件、硬件系统规模比较小,但价格低、可靠性高、操作灵活方便,便于维护和使用。小型机和超大规模集成电路技术的发展为微型计算机的诞生创造了条件。8 位和 8 位以下的微型计算机、单板机和微处理器以及 16 位的单板机和微处理器的成本比小型机大大降低,也更便于维护和使用。在小型计算机应用领域,微型计算机与小型计算机相辅相成,得到广泛的应用。为了提高小型计算机的性能—价格比,不少厂家利用大规模集成电路技术实现小型计算机的微型化。

4. 微型计算机

微型机也称为个人计算机,这是目前发展最快的领域,是微处理器、微计算机和微计算机系统的统称。微处理器是用一片或少数几片大规模集成电路组成的中央处理器。微处理器加配存储部件和输入输出部件后构成微计算机。微计算机系统是在微计算机的基本配置上外加一些扩充性能的选配部件,如带有多个终端的多用户微计算机系统、带有多个微计算机模块的多微计算机系统,又如带有采集数据部件的某种工业微计算机系统。

按处理数据宽度,微型计算机可分 4 位机、8 位机、16 位机、32 位机和 64 位机。按照微型计算机是集成在单个芯片上、多个芯片上还是电路板上,可分为单片微型计算机、位片微型计算机或板级微型计算机。按照微型计算机机箱的形式和大小,可分成非携带式和可携带式微计算机。非携带式又可分为台式和立式(又称塔式)两种。可携带式又可为分膝上型、笔记本型和掌上型等大小不同的形式。目前比较常用的平板计算机是一种小型、方便携带的个人计算机,以触摸屏作为基本输入设备。触摸屏允许用户通过内建的手写识别、屏幕上的软键盘输入、语音识别,当然也可以通过接口连接传统的键盘输入。

计算机技术是世界上发展最快的科学技术之一,产品不断升级换代。当前计算机本身的性能越来越优越,应用范围也越来越广泛,已成为工作、学习和生活中必不可少的工具。

2.1.3 未来的计算机

未来的计算机技术将向超高速、超小型、平行处理、智能化的方向发展。尽管受到物理极限的约束,采用硅芯片的计算机的核心部件 CPU 的性能还会持续增长。作为摩尔定律驱动下成功企业的典范,英特尔公司预计每秒 100 万亿次的超级计算机在 21 世纪初出现。超高速计算机平行处理技术使计算机系统同时执行多条指令或同时对多个数据进行处理,这是改进计算机结构、提高计算机运行速度的关键技术。计算机将具备更多的智能成分,如感知能力、一定的思考与判断能力及一定的自然语言能力。除了提供自然的输入手段(如语音输入、手写输入)外,让人能产生身临其境感觉的各种交互设备已经出现,虚拟现实技术是这一领域发展的集中体现。

传统的磁存储、光盘存储容量继续攀升,新的海量存储技术趋于成熟,新型的存储器每立方厘米存储容量可达 10 TB(以一本书 30 万字计,它可存储约 1 500 万本书)。信息的永久存储也将成为现实,千年存储器正在研制中,这样的存储器可以抗干扰、抗高温、防震、防水、防腐蚀,今日的大量文献可以"原汁原味"保存并流芳百世。硅芯片技术的高速发展同时也意味着硅技术越来越接近其物理极限,世界各国的研究人员正在加紧研究开发新型计算机,计算机从体系结构的变革到器件与技术革命都要产生一次量的乃至质的飞跃。新型的量子计算机、光子计算机、生物计算机、纳米计算机等将会走进我们的生活,遍布各个领域。

1. 量子计算机

量子计算机是一种全新的基于量子理论的计算机,它是基于量子效应的基础上开发的,利用一种链状分子聚合物的特性来表示开与关的状态,利用激光脉冲来改变分子的状态,使信息沿着聚合物移动,从而进行运算。不同于使用二进制或三极管的传统计算机,量子计算机应用的是量子比特,由于量子叠加效应,一个量子位可以是"0"或"1",也可以既存储"0"又存储"1"。因此一个量子位可以存储两个数据,同样数量的存储位,量子计算机的存储量比通常的计算机大许多。同时量子计算机能够实行量子并行计算,其运算速度可能比目前个人计算机快 10 亿倍。量子计算机理论上具有模拟任意自然系统的能力,同时也是发展人工智能的关键。量子计算机在并行运算上的强大能力使它有能力快速完成经典计算机无法完成的计算。这种优势在加密和破译等领域有着巨大的应用。目前正在开发中的量子计算机有 3 种类型:核磁共振量子计算机、硅基半导体量子计算机和离子阱量子计算机。

2. 光子计算机

光子计算机是一种由光信号进行数字运算、逻辑操作、信息存储和处理的新型计算机。光子计算机即全光数字计算机,以光子代替电子,光互连代替导线互连,光硬件代替计算机中的电子硬件,光运算代替电运算。与电子计算机相比,光子计算机的"无导线计算机"信息传递平行通道密度极大。一枚直径 5 分硬币大小的棱镜,它的通过能力超过全世界现有电话电缆的许多倍。光的并行、高速天然地决定了光子计算机的并行处理能力很强,具有超高速运算速度。光子在光介质中传输所造成的信息畸变和失真极小,光传输、转换时能量消耗和散发热量极低,对环境条件的要求比电子计算机低得多。超高速电子计算机只能在低温下工作,而光子计算机在室温下即可开展工作。光子计算机还具有与人脑相似的容错性,系统中某一元件损坏或出错时,并不影响最终的计算结果。随着现代光学与计算机技术、微电子技术相结合,在不久的将来,光子计算机将成为人类普遍的工具。

3. 生物计算机

生物计算机也称仿生计算机,主要原材料是生物工程技术产生的蛋白质分子,并以此作为生物芯片来替代半导体硅片,利用有机化合物存储数据。信息以波的形式传播,当波沿着蛋白质分子链传播时,会引起蛋白质分子链中单键、双键结构顺序的变化。它的运算速度要比当今最新一代计算机快 10 万倍,具有很强的抗电磁干扰能力,并能彻底消除电路间的干扰。能量消耗仅相当于普通计算机的十亿分之一。DNA 分子计算机具有惊人的存储容量,1 立方米的 DNA 溶液可存储 1 万亿亿的二进制数据。1 立方厘米空间的 DNA 可存储的资料量超过 1 兆片 CD 的容量。由于生物芯片的原材料是蛋白质分子,所以生物计算机既有自我修复的功能,又可直接与生物活体相连。生物计算机已经成为当前许多国家科研人员研究的热点之一,而且取得了突破性进展,但主要还处在理论研究和应用探索阶段。

4. 纳米计算机

纳米计算机指将纳米技术运用于计算机领域所研制出的一种新型计算机。"纳米"本是一个计量单位,1 nm＝10^{-9} m,大约是氢原子直径的 10 倍。采用纳米技术生产芯片成本十分低廉,因为它既不需要建设超洁净生产车间,也不需要昂贵的实验设备和庞大的生产队伍。只要在实验室里将设计好的分子合在一起,就可以造出芯片,大大降低了生产成本。纳米技术是从20世纪80年代初迅速发展起来的新的前沿科研领域,最终目标是人类按照自己的意志直接操纵单个原子,制造出具有特定功能的产品。现在纳米技术正从 MEMS(微电子机械系统)起步,把传感器、电动机和各种处理器都放在一个硅芯片上而构成一个系统。应用纳米技术研制的计算机内存芯片,其体积只不过约等于数百个原子大小,相当于人的头发丝直径的千分之一。因此,纳米计算机不仅几乎不需要耗费任何能源,而且其性能要比今天的计算机强大许多倍。

2.1.4 中国的计算机成就

1. 中国超级计算机

中国在超级计算机方面发展迅速,已跃升到国际先进水平国家当中。中国在 1983 年就研制出第一台超级计算机"银河一号",使中国成为继美国、日本之后第三个能独立设计和研制超级计算机的国家。1958 年 8 月 1 日中国第一台数字电子计算机——103 机诞生。进入 70 年代,中国对于超级计算机的需求日益激增,中长期天气预报、模拟风洞实验、三维地震数据处理,以至于新武器的开发和航天事业都对计算能力提出了新的要求。为此中国开始了对超级计算机的研发,并于 1983 年 12 月 4 日研制成功"银河一号"超级计算机。之后继续成功研发了"银河二号""银河三号""银河四号"系列银河超级计算机,使我国成为世界上少数几个能发布 5 至 7 天中期数值天气预报的国家之一。1992 年研制成功"曙光一号"超级计算机,在发展银河和曙光系列的同时,中国发现由于向量型计算机自身的缺陷很难继续发展,因此需要发展并行型计算机,于是中国开始研发神威超级计算机,并在神威超级计算机基础上研制了"神威蓝光"超级计算机。2002 年联想集团研发成功深腾 1800 型超级计算机,并开始发展深腾系列超级计算机。

2010 年,TOP500.org 组织公布了第 36 届全球超级计算机五百强排行榜,中国"天河一号A"(图 2-3(a))摘得头名,这也是中国历史上第一次在这项排行上占据头把交椅。"天河一号A"坐落在位于天津的国家超级计算中心,建成后已经立即全面运转,主要用来执行大规模科学计算,而且还是一套开放式访问系统。

(a) (b)

图 2-3 超级计算机"天河一号 A"与"神威·太湖之光"

2018 年 10 月 18 日,中国超算 Top 100 榜单发布,"神威·太湖之光"(图 2-3(b))以 125.43PFlops 的峰值计算速度位居第一位。11 月 12 日,全球超级计算机 500 强榜单在美国达拉斯公布,"神威·太湖之光"排名第三。2019 年 6 月,国际超级计算机大会公布第 53 届超算 500 强榜单,"神威·太湖之光"超级计算机排名第三,持续性能为 93.0146PFlops。"神威·太湖之光"

超级计算机的芯片在 2018 年内实现商用,具有完全自主知识产权的"申威 26010"芯片所组装的小型服务器,一颗芯片的计算能力就能够达到 3 万亿次/秒。中国以国产微处理器为基础制造出本国第一台超级计算机,名为"神威蓝光",在 2019 年 11 月 TOP500 组织发布的最新一期世界超级计算机 500 强榜单中,中国有 227 个,"神威·太湖之光"超级计算机位居榜单第三位,"天河二号"超级计算机位居第四位。

2. 中国量子计算机

量子计算机是指利用量子相干叠加原理,理论上具有超快的并行计算和模拟能力的计算机。量子计算被称为"自然赋予人类的终极计算能力",实现超越经典计算能力的量子计算也被国际学术界称为"量子称霸"。曾有人打过一个比方:如果将传统计算机的速度比作自行车的速度,那么量子计算机的速度就好比飞机的速度。例如,一台操纵 50 个微观粒子的量子计算机对特定问题的处理能力可超过目前最快的"神威·太湖之光"超级计算机。

多粒子纠缠的操纵作为量子计算的技术制高点,一直是国际角逐的焦点。2017 年 5 月 3 日,中国科学院宣布,在实现对 10 个光子精确操纵的基础上,我国科学家成功研制出了世界上第一台超越早期经典计算机的光量子计算原型机。实验测试表明,该量子计算机的取样速度比国际同行类似的实验加快至少 24 000 倍,比人类历史上首台电子管计算机和首台晶体管计算机运行速度快 10~100 倍,创造了世界纪录。这台光量子计算机由三个部分组成,分别是制备单光子的量子光源、相当于传统 CPU 的干涉处理器和读取信息的探测系统。其中,最为核心的是干涉处理器部分,通过操纵肉眼看不见的单光子,研究团队实现了早期经典计算机所达不到的计算能力。

量子计算被认为是未来推动高速信息处理的颠覆性技术,随着操纵量子比特数目的增加,其计算速度将实现对经典计算指数级超越,有望在海量数据搜索、长周期天气预报、材料和药物设计等领域发挥重大作用。目前国际上对于量子计算的研究有很多方案,光子、超冷原子和超导线路等三大体系最受关注。中国科技大学潘建伟教授团队在过去的 20 年一直致力于光量子计算技术的研究,在国际上引领多光子纠缠和干涉度量的发展,并在此基础上开创了光子的多个自由度的调控方法,成功实现了 18 个光量子比特的纠缠操纵。

在中国科学院战略性先导专项的前瞻性布局下,我国在量子计算、量子通信等领域取得了一批具有国际影响力的成果。世界首颗量子科学实验卫星"墨子"号成功发射,并顺利完成星地量子密钥分发等三大科学任务;世界首条量子通信保密干线"京沪干线"开通(图 2-4),推动了量子通信在金融、政务等领域的大规模应用;世界首次洲际量子通信的实现更是为我国构建覆盖全球的量子通信网络奠定了坚实的基础。

图 2-4　"墨子"号与世界首条量子通信保密干线"京沪干线"

2.2　计算机工作原理

计算机系统由硬件系统和软件系统两大部分组成。

图 2-5　冯·诺依曼

1946 年,美国科学家冯·诺依曼(图 2-5)提出了程序存储式电子数字自动计算机的方案,并确定了计算机硬件体系结构的五个基本部件:输入器、输出器、控制器、运算器和存储器。人们把冯·诺依曼的这个理论称为冯·诺依曼体系结构,从计算机的第一代至第四代,一直没有突破这种冯·诺依曼体系结构。

计算机根据人们预定的安排,自动地进行数据的快速计算和加工处理。人们预定的安排是通过一连串指令(操作者的命令)来表达的,这个指令序列就称为程序。一个指令规定计算机执行一个基本操作。一个程序规定计算机完成一个完整的任务。一种计算机所能识别的一组不同指令的集合,称为该种计算机的指令集合或指令系统。在计算机的指令系统中,主要使用了单地址和二地址指令。

冯·诺依曼的思想可概括为两点。

(1)采用二进制形式表示数据和指令

指令是人对计算机发出的用来完成一个最基本操作的工作命令,是由计算机硬件来执行的。指令和数据在代码的外形上并无区别,都是由 1 和 0 组成的代码序列,只是各自约定的含义不同。采用二进制,使信息数字化容易实现,并可以用二值逻辑元进行表示和处理。

(2)采用存储程序方式

这是冯·诺依曼思想的核心内容。程序是人们为解决某一实际问题而写出的有序的一条条指令的集合,设计及书写程序的过程称为程序设计。存储程序方式意味着事先编制程序并将程序(包含指令和数据)存入主存储器中,计算机在运行程序时就能自动、连续地从存储器中依次取出指令并执行。计算机的工作体现为执行程序,计算机功能的扩展很大程度上体现为所存程序的扩展。可以这样概括冯·诺依曼型计算机的特点:存储程序并按地址顺序执行。

计算机由运算器、存储器、控制器、输入设备、输出设备 5 大部件组成。其各部分关系如图 2-6 所示。

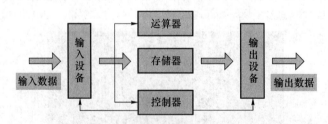

图 2-6　冯·诺依曼体系结构

运算器也称为算术逻辑单元。它的功能是完成算术运算和逻辑运算。算术运算是指加、减、乘、除。而逻辑运算是指"与""或""非"等逻辑比较和逻辑判断操作。在计算机中,任何复杂运算都转化为基本的算术与逻辑运算,然后在运算器中完成。

控制器是计算机的指挥系统,控制器一般由指令寄存器、指令译码器、时序电路和控制电路组成。它的基本功能是从内存取指令和执行指令。指令是指示计算机如何工作的一步操作,由操作码(操作方法)及操作数(操作对象)两部分组成。控制器通过地址访问存储器逐条取出选中的单元指令,分析指令,并根据指令产生的控制信号作用于其他各部件来完成指令要求的工作。上述工作周而复始,保证了计算机能自动连续地工作。

通常将运算器和控制器统称为中央处理器,即 CPU,它是整个计算机的核心部件,是计算机的"大脑"。它控制了计算机的运算、处理、输入和输出等工作。

输入设备是把计算机外部信息向计算机内部传送的装置。其功能是将数据、程序及其他信息从人们熟悉的形式转换为计算机能够识别和处理的形式输入计算机内部。

输出设备是将计算机的处理结果传送到计算机外部供计算机用户使用的装置。其功能是将计算机内部二进制形式的数据信息转换成人们所需要的或其他设备能接受和识别的信息形式。

按照冯·诺依曼存储程序的原理,计算机在执行程序时须先将要执行的相关程序和数据放入内存储器中,在执行程序时 CPU 根据当前程序指针寄存器的内容取出指令并执行指令,然后再取出下一条指令并执行,如此循环下去直到程序结束指令时才停止执行。其工作过程就是不断地取指令和执行指令的过程,最后将计算的结果放入指令指定的存储器地址中。计算机工作过程中所要涉及的计算机硬件部件有内存储器、指令寄存器、指令译码器、计算器、控制器、运算器和输入/输出设备等。

人们在最初设计计算机时采用这样一个模型:人们通过输入设备把需要处理的信息输入计算机,计算机通过中央处理器把信息加工后,再通过输出设备把处理后的结果告诉给人们,如图 2-7 所示。

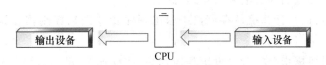

图 2-7　最早的计算机模型

随着人们对计算机的使用,人们发现上述模型的计算机能力有限,在处理大量数据时就越发显得力不从心。为此人们对计算机模型进行了改进,提出了这种模型:在中央处理器旁边加了一个内部存储器(内存),如图 2-8 所示。这种模型有什么好处呢? 如果老师让你心算一道简单题,你肯定毫不费劲就算出来了,可是如果老师让你计算 20 个三位数相乘,你心算起来肯定很费力,但如果给你一张草稿纸的话,你也能很快算出来。计算机也是一样,一个没有内部存储器的计算机如果让它进行一个很复杂的计算,它可能根本就没有办法算出来,因为它的存储能力有限,无法记住很多中间的结果。但如果给它一些内部存储器当"草稿纸"的话,计算机就可以把一些中间结果临时存储到内部存储器上,然后在需要的时候把它取出来,进行下一步的运算,如此往复,计算机就可以完成很多很复杂的计算。

内部存储器在计算机主机内,直接与运算器、控制器交换信息,容量虽小,但存取速度快,一般只存放那些正在运行的程序和待处理的数据。但是内部存储器存在易失性,断电之后,内存中存储的数据都会消失。为了扩大内存储器的容量并长期存储数据,人们又引入了外部存储器(外存),如图 2-9 所示,外部存储器作为内部存储器的延伸和后援,用来存放一些系统必须使用,但又不急于使用的程序和数据,不过外部存储器中保存的程序和数据都必须调入内存

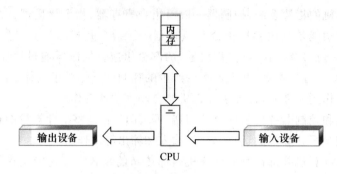

图 2-8 加了内部存储器的计算机模型

才可执行。外存存取速度慢,但存储容量大,可以长时间地保存大量信息。

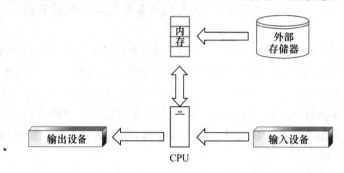

图 2-9 现代计算机模型

按照冯·诺依曼存储程序的原理,计算机具体工作步骤如下。

第一步:将程序和数据通过输入设备送入存储器。

第二步:启动运行后,计算机从存储器中取出程序指令送到控制器去识别,并分析该指令要做什么事。

第三步:控制器根据指令的含义发出相应的命令,如加法、减法,然后将存储单元中存放的操作数据取出送往运算器进行运算,再把运算结果送回存储器指定的单元中。

第四步:当运算任务完成后,就可以根据指令将结果通过输出设备输出。

2.3 计算机硬件系统

2.3.1 认识计算机硬件

微型计算机硬件的组成部分包括主机、输入/输出设备和辅助存储器,如图 2-10 所示。

按照冯·诺依曼体系结构,计算机硬件体系结构包括五个基本部件——输入设备、输出设备、控制器、运算器和存储器。按照功能组合,运算器和控制器构成计算机的中央处理器(CPU),中央处理器与内存构成计算机的主机,其他外存储器、输入/输出设备统称为外部设备。五个基本部件对应的硬件设备如图 2-11 所示。

主机是微型计算机的核心部分,微型计算机的主要性能指标,如运算速度、存储容量和字长主要是由主机决定。主机的外壳叫作主机箱,主机箱内包含主板、CPU、内存、显卡、声卡和硬盘等部件。

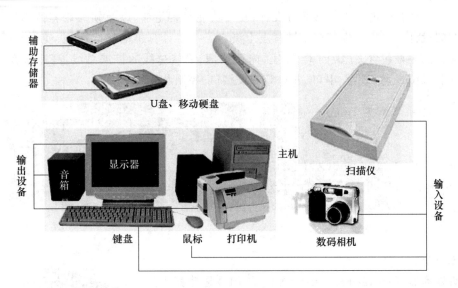

图 2-10　微型机算机的系统组成

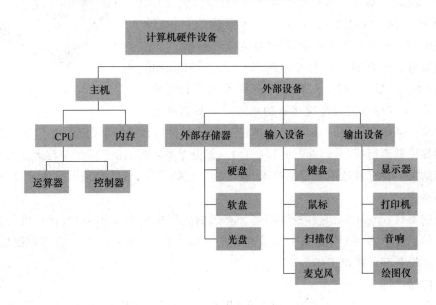

图 2-11　计算机基本硬件设备

1. 主板

　　主板(图 2-12)是位于主机箱底部的一块大型印制电路板,是计算机最基本也是最重要的部件之一,是主机内其他部件(如 CPU、内存等)的载体,也是输入、输出设备与主机交互的桥梁,在整个计算机系统中扮演着举足轻重的角色。主板对于微型计算机就好像房子的结构对于房子一样重要。一块好的主板不但速度快、耐用,更有利于系统的扩充与升级。

　　主板与 CPU 关系密切,每一次 CPU 的重大升级必然导致主板的更新换代。主板是计算机硬件系统的核心,也是主机箱内面积最大的一块印制电路板。主板的主要功能是传输各种电子信号,部分芯片也负责初步处理一些外围数据。计算机主机中的各个部件都是通过主板来连接的,计算机在正常运行时对系统内存、存储设备和其他 I/O 设备的操控都必须通过主板来完成。计算机性能是否能够充分发挥，硬件功能是否足够，以及硬件兼容性如何等，都取决于主板的设计。主板的优劣在某种程度上决定了一台计算机的整体性能、使用年限以及功能扩展能力。主板包含 CPU 插槽/插座、内存插槽、局域总线的扩展总线、高速缓存、时钟和 CMOS 主板 BIOS、软/硬盘、串口、并口等外设接口、控制芯片等。

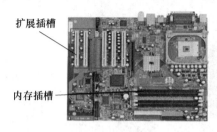

图 2-12　主板

2. CPU

中央处理器（Central Processing Unit，CPU）是计算机的控制中心，完成计算机的所有指令及数据的运行，安装在主板上。CPU（图 2-13）由运算器和控制器构成。由于 CPU 被集成在一个半导体芯片上，故又称为微处理器。

图 2-13　CPU

- 运算器。运算器又称为算术逻辑单元（Arithmetic and Logic Unit，ALU），用来完成算术运算和逻辑运算，是计算机实现高速运算的核心。运算器硬件结构由两部分组成，一部分是算术逻辑运算部件，由加法器及其他逻辑运算部件和各种数据通道组成，是运算器的核心；另一部分是寄存器，用于暂存参与运算的数据和运算结果。运算器依照指令的要求，在控制器的作用下，对信息进行算术运算、逻辑运算等操作。

- 控制器（Control Unit）。控制器是计算机的管理机构和指挥中心，计算机的各部件在它的指挥下协调工作。它首先从存储器中取出指令，然后产生一系列控制信号，控制计算机各部件协调工作。

3. 存储器

存储器（Memory）是计算机的记忆部件，用来存放数据、程序和计算结果。微型计算机的存储器分为三种，即高速缓冲存储器（Cache）、内存储器（内存）和外存储器（外存）。

高速缓冲存储器（Cache）可以设置在 CPU 内部，它与运算和控制部件距离较近，工作过程完全由硬件电路控制，因此数据的存取速度很快，一般速度高出内存数倍。Cache 容量较小，大都在 1 MB 以下。在计算机运行时，Cache 用来存放当前正在执行的程序（段）或正在处理的数据。

内存储器简称内存（图 2-14），又叫主存储器或简称主存。内存容量小，速度快，它是计算机运算过程中主要使用的存储器，成为计算机主机的一个部分。内存包括只读存储器（Read Only Memory，ROM）和随机存储器（Read Access Memory，RAM）两部分。内存是计算机工作过程中主要使用的存储器。存储容量从几兆字节（MB）到几吉字节（GB），如 16 MB、32 MB、64 MB、128 MB、1 GB、4 GB、8 GB 等。

• 只读存储器(ROM)：ROM 中存放着计算机运行必要的程序，关机后不会丢失。只读存储器 ROM 在计算机工作时只能读出（取），不能写入（存）。ROM 中存储的程序或数据是在组装计算机之前写好了的。只读存储器芯片有三种：MROM 称为掩模 ROM，存储内容在芯片生产过程中就写好了；PROM 称为可编程 ROM，存储内容由使用者一次写入，不能再更改；EPROM 称为光擦可编程 ROM，使用者可以多次更改写入的内容。

图 2-14　内存条

• 随机存储器(RAM)：RAM 提供系统程序和用户程序的运行空间，关机后内容消失。RAM 可随时读出和写入，分为 DRAM（动态 RAM）和 SRAM（静态 RAM）两大类。DRAM 内存容量大、速度较慢、价格便宜，内存的大部分都是由 DRAM 构成的；SRAM 速度快，价格较贵，常用于高速缓冲存储器。

图 2-15　U 盘和移动硬盘

外存储器简称外存，也叫辅助存储器。外存容量大，价格低，存取速度慢，用于存放暂时不用的程序和数据，作为主存储器的后援存储器。外存储器由磁性材料或反光材料制成，可以长久存放大量的程序和数据。外存储器不能直接与 CPU 或 I/O 设备进行数据交换，只能和内存交换数据。常见的外存储器有软盘、磁盘、光盘、U 盘和移动硬盘（图 2-15）等。U 盘又称为闪存盘。U 盘的特点是容量大，携带方便等；移动硬盘的特点是容量大，单位存储成本低，速度快，兼容性好（即插即用），具有良好的抗震性能。

4. 输入设备

输入设备(Input Equipment)用于向计算机输入程序和数据，它将数据从人类习惯的形式转换成计算机的内部二进制代码放在内存中。常见的输入设备有键盘、鼠标、扫描仪、麦克风等。

键盘分为普通 104 键盘（图 2-16）、笔记本计算机的键盘、人体工程学键盘和适合上网的 Internet 键盘，各种键盘能够实现的功能大体上是一致的。

图 2-16　常见键盘

【小知识】

键盘的历史非常悠久,早在1714年,就开始相继有英、美、法、意、瑞士等国家的人发明了各种形式的打字机,最早的键盘就是那个时候用在那些技术还不成熟的打字机上的。直到1868年,"打字机之父"——美国人克里斯托夫·拉森·肖尔斯获打字机模型专利并取得经营权经营,又于几年后设计出现代打字机的实用形式和首次规范了键盘,即现在的"QWERTY"键盘。

为什么要将键盘规范成现在这样的"QWERTY"键盘按键布局呢? 这是因为,最初打字机的键盘是按照字母顺序排列的,而打字机是全机械结构的打字工具,如果打字速度过快,某些键的组合很容易出现卡键问题,于是克里斯托夫·拉森·肖尔斯发明了"QWERTY"键盘布局,他将最常用的几个字母安置在相反方向,最大限度放慢敲键速度以避免键盘卡顿。肖尔斯在1868年申请专利,1873年使用此布局的第一台商用打字机成功投放市场。这就是为什么有今天键盘的排列方式。

常用的鼠标有机械式和光电式两种(图2-17),两者在控制光标移动的原理上有所不同。

 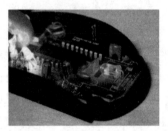

机械式鼠标   光电式鼠标

图2-17　鼠标

- 机械式鼠标的特点是:可以在任何光滑的表面上摩擦使光标移动。机械式鼠标通过内部橡皮球的滚动,带动两侧的转轮,改变光标的位置。
- 光电式鼠标的特点是:灵敏度很高,光标控制较精细,需在一块画满小方格的金属板上使用。它通过光的反射来确定鼠标的位置,内部有红外线的发射和接收装置。

扫描仪(图2-18)可以将纸上的图像输入计算机,以便于我们在计算机里进行处理。扫描分辨率的高低是衡量扫描仪性能的重要指标。一般扫描仪的分辨率在300dpi到2 400dpi之间。(dpi是"dot per inch"的缩写,就是指在每英寸长度内的点数。通常使用dpi作为扫描器和打印机的解析度单位,数值越高表示解析度越高。)

图2-19为专业级的麦克风。麦克风的工作原理是声音的振动传到麦克风的振膜上,推动里边的磁铁形成变化的电流,这种变化的电流送到后边的声音处理电路进行放大处理。图2-20为"耳麦",耳麦由麦克风(输入设备)和耳机(输出设备)组成。

图2-18　扫描仪　　　　　图2-19　麦克风　　　　　图2-20　耳麦

数码相机(Digital Camera)是把图像信息转化为数字信息存储在存储器上。数码相机(图 2-21)的存储器是一种半导体材料。要想冲洗照片,只要将存在数码相机中的信号输入计算机,经过计算机处理后,在打印机上输出即可。

图 2-21 数码相机

5. 输出设备

输出设备(Output Equipment)用来将计算机处理结果从存储器中输出,将计算机内二进制代码形式的数据转换成人类习惯的文字、图形和声音等形式。常见的输出设备有显示器、打印机、绘图仪等。

显示器(图 2-22)是计算机系统最重要的也是必不可少的输出设备,是实现人机对话的重要工具。显示器可以显示键盘输入的信息,也可以将计算机处理的结果或一些提示信息以文字或图形的形式显示出来。显示器主要有两种:阴极射线管(Cathode-Ray Tube,CRT)显示器和液晶(Liquid Crystal Display,LCD)显示器。

CRT显示器 LCD显示器

图 2-22 显示器

CRT 显示器又称为阴极射线显像管。它主要由电子枪、偏转线圈、荫罩、高压石墨电极和荧光粉涂层以及玻璃外壳五部分组成。其中我们印象最深的肯定是玻璃外壳,也可以叫作荧光屏,因为它的内表面可以显示色彩丰富的图像和清晰的文字。CRT 显示器并不是直接将这三基色画在荧光屏上,而是用电子束来进行控制和表现的。

LCD 显示器又称为液晶显示器,是平面超薄的显示设备,它由一定数量的彩色或黑白像素组成,放置于光源或者反射面前方。液晶显示器功耗很低,它的主要原理是以电流刺激液晶分子产生点、线、面配合背部灯管构成画面。

显示器的主要技术参数如下。

- 屏幕尺寸:主要有 14 英寸、15 英寸、17 英寸、20 英寸等规格。
- 点距:屏幕上荧光点间的距离。现有的规格有 0.20 mm、0.25 mm、0.26 mm、0.28 mm、0.31 mm、0.39 mm 等。
- 显示分辨率:通常写成水平点数×垂直点数的形式,目前 1 024 ×768 较普及。
- 刷新频率:每分钟屏幕画面更新的次数,一般是 75～200 Hz。

打印机是计算机系统的另一重要输出设备。它提供了将计算机中的文字、图形等信息输出到纸张上的功能。目前,常见的打印机可分为图 2-23 所示的三种,即针式打印机、喷墨打印机和激光打印机。

针式打印机通过打印头中的 24 根针击打复写纸,从而形成字体。在使用中,用户可以根据需求来选择多联纸张,一般常用的多联纸张有 2 联、3 联、4 联纸,其中也有使用 6 联的打印机纸。目前只有针式打印机能够快速完成多联纸张的一次性打印。针式打印机的特点是:打印速度慢、效果较差、噪音大,但使用的成本低。

针式打印机　　　　　　　　喷墨打印机　　　　　　　　激光打印机

图 2-23　打印机

喷墨打印目前采用的技术主要有两种:连续式喷墨技术与随机式喷墨技术。早期的喷墨打印机以及当前大幅面的喷墨打印机都是采用连续式喷墨技术,而当前市面上流行的喷墨打印机都普遍采用随机喷墨技术。连续喷墨技术以电荷调制型为代表,随机式喷墨系统中墨水只在打印需要时才喷射,所以又称为按需式。喷墨打印机的特点是:打印速度较慢、效果一般、噪音小,打印机价格低,但墨盒的价格高,所以使用的成本较高。

激光打印机是利用激光扫描成像技术、计算技术、电子照相技术高质量打印的设备。它是将激光扫描技术和电子照相技术相结合的打印输出设备。其基本工作原理是由计算机传来的二进制数据信息通过视频控制器转换成视频信号,再由视频接口/控制系统把视频信号转换为激光驱动信号,然后由激光扫描系统产生载有字符信息的激光束,最后由电子照相系统使激光束成像并转印到纸上。激光打印机的特点是:打印速度快、效果好、噪音小,而且使用成本低,但打印机价格昂贵。

2.3.2　计算机的性能指标

一台微型计算机功能的强弱或性能的好坏不是由某项指标来决定的,而是由它的系统结构、指令系统、硬件组成、软件配置等多方面的因素综合决定的。对于大多数普通用户来说,可以从以下几个指标来大体评价计算机的性能。

1. 运算速度

运算速度是衡量计算机性能的一项重要指标。通常所说的计算机运算速度(平均运算速度)是指每秒钟所能执行的指令条数,一般用"百万条指令/秒"(Million Instruction Per Second,MIPS)来描述。同一台计算机执行不同的运算所需时间可能不同,因而对运算速度的描述常采用不同的方法。常用的有 CPU 时钟频率(主频)、每秒平均执行指令数(IPS)等。微型计算机一般采用主频来描述运算速度,例如,Pentium/133 的主频为 133 MHz,PentiumⅢ/800 的主频为 800 MHz,Pentium 4 1.5G 的主频为 1 536 MHz,酷睿双核 I3 主频提高到 3 100 MHz,酷睿四核 I7 主频在 3 500 MHz。一般说来,主频越高,运算速度就越快。

2. 字长

计算机在同一时间内处理的一组二进制数称为计算机的一个"字",而这组二进制数的位数就是"字长"。在其他指标相同时,字长越大计算机处理数据的速度就越快。早期的微型计算机的字长一般是 8 位和 16 位。586(Pentium、Pentium Pro、PentiumⅡ、Pentium Ⅲ、Pentium 4)大多是 32 位,现在大多数人都装 64 位的了。

3. 内存储器的容量

内存储器(主存)是 CPU 可以直接访问的存储器,需要执行的程序与需要处理的数据就是存放在主存中的。内存储器容量的大小反映了计算机即时存储信息的能力。随着操作系统的升级,应用软件的不断丰富及其功能的不断扩展,人们对计算机内存容量的需求也不断提高。目前,运行 Windows 95 或 Windows 98 操作系统至少需要 16 MB 的内存容量,Windows XP 需要 128 MB 以上的内存容量,Windows 7 则需要 512 MB 内存。主流个人计算机的内存在 4 GB,内存容量越大,系统功能就越强大,能处理的数据量就越庞大。

4. 外存储器的容量

外存储器的容量通常是指硬盘容量,包括内置硬盘和移动硬盘。外存储器容量越大,可存储的信息越多,可安装的应用软件就越丰富。目前,硬盘的容量有 40 GB、80 GB、100 GB、160 GB、200 GB、500 GB、640 GB、750 GB、1 000 GB、1.5 TB、2 TB、3 TB 等,硬盘技术还在继续向前发展,更大容量的硬盘还将不断推出。

5. 接口的标准与类型

接口是指设备与计算机或与其他设备连接的端口。它其实是一组电气连接和信号交换标准。系统中所选接口的标准和种类直接影响着系统连接外设的能力和与外设间信息交换的速度。例如,显卡的接口决定着显卡与系统之间数据传输的最大带宽,也就是瞬间所能传输的最大数据量。不同的接口决定着主板是否能够使用此显卡,并且不同的接口能为显卡带来不同的性能。目前常用的串行接口主要包括 USB 接口、IEEE 1394 接口及传统的 RS-232 接口等(图 2-24)。

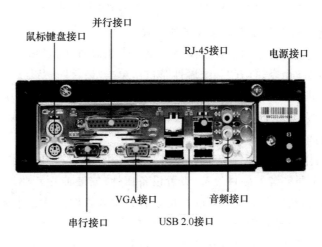

图 2-24　计算机接口

6. 可靠性

计算机系统的可靠性指标通常用平均无故障时间和平均维修时间来衡量。平均无故障时间是指系统两次故障之间的平均正常运行时间;平均维修时间是指从故障出现到排除故障恢复正常运行所需要的全部时间。可靠性评价方法是通过建立可靠性模型和收集大量现场数据,利用概率统计、集合论矩阵代数等数学分析方法获得系统故障的概率分布,进而得到可靠性指标的平均值和标准偏差。

2.3.3　Windows 系统下查看计算机硬件

1. 利用计算机"属性"命令查看

右击桌面上的"我的电脑"图标,在弹出的快捷菜单中选择"属性"命令,打开图 2-25 所示窗口,可以查看 CPU 处理器与内存的型号。

图 2-25 利用"属性"命令查看硬件信息

2. 利用设备管理器查看硬盘型号和工作模式

首先看看如何利用设备管理器查看硬件信息。右击桌面上的"我的电脑"图标,在弹出的快捷菜单中选择"属性"命令,打开"系统属性"窗口,单击"硬件"→"设备管理器",在"设备管理器"窗口(图 2-26)中显示了机器配置的所有硬件设备。从上往下依次为光驱、磁盘控制器芯片、CPU、磁盘驱动器、显示器、键盘、声音及视频等信息,最下方则为显示卡。想要了解哪一种硬件的信息,只要单击其前方的"+"将其下方的内容展开即可。

在 Windows 操作系统中,设备管理器是管理计算机硬件设备的工具,我们可以借助设备管理器查看计算机中所安装的硬件设备、设置设备属性、安装或更新驱动程序、停用或卸载设备,其功能非常强大。利用设备管理器除了可以看到常规硬件信息之外,还可以进一步了解主板芯片、声卡及硬盘工作模式等情况。如果想要查看硬盘的工作模式,只要双击相应的 IDE 通道即可弹出属性对话框,从中可以看到硬盘的设备类型及传送模式。这些都是开机画面所不能提供的。使用设备管理器可以确定计算机上的硬件工作是否正常,更改硬件配置设置,"启用"、"禁用"和"卸载"设备。操作的时候,注意认识设备管理器中的问题符号。

注意设备管理器中的一些问题符号。

① 红色的叉号说明该设备已被停用。

解决办法:右击该设备,从快捷菜单中选择"启用"命令。

② 黄色的问号或感叹号。

如果看到某个设备前显示了黄色的问号或感叹号,前者表示该硬件未能被操作系统所识别;后者指该硬件未安装驱动程序或驱动程序安装不正确。

解决办法:首先,右击该硬件设备,选择"卸载"命令,然后重新启动系统,如果是 Windows XP 操作系统,大多数情况下会自动识别硬件并自动安装驱动程序。某些情况下可能需要插入驱动程序盘,请按照提示进行操作。

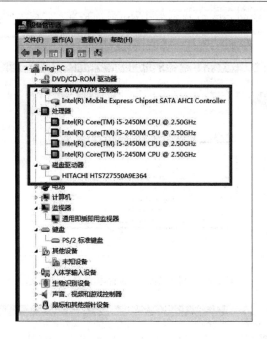

图 2-26　利用设备管理器查看硬件信息

3. 利用"DirectX 诊断工具"查看显示信息

DirectX 是 Windows 操作系统的一种扩展功能,微软定义为"硬件设备无关性"。通过它可以增强计算机的多媒体功能,比如 3D 图形的显示能力、声音处理能力等。其主要目的是使基于 Windows 的应用程序能够高效、实时地访问计算机的某些硬件资源,如内存、声卡、显卡等,从而使 Windows 成为一个功能强大的游戏、多媒体平台。

在 Windows 中要控制这些功能,可以使用系统自带的 DirectX 诊断工具。通过它不仅可以访问与游戏和其他多媒体软件直接相关的硬件,还可以控制硬件的一些性能,比如启用/禁用显卡 DirectDraw、Direct3D 加速,控制硬件的声音加速,启用/禁用默认端口功能等。在 Window 10 系统中单击"开始",在"搜索程序和文件"的搜索框中输入"dxdiag",然后就可以看到 DirectX 工具所提供的计算机基本信息,如图 2-27 和图 2-28 所示。

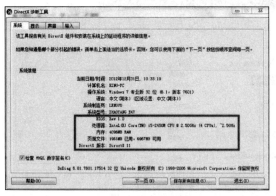

图 2-27　利用"DirectX 诊断工具"查看系统信息

图 2-28　利用"DirectX 诊断工具"查看显示信息

4. 利用其他软件查看

现在很多软件都有硬件检测的功能,如 360 硬件大师、QQ 电脑管家、驱动人生 2010 等。

图 2-29 所示就是利用安装的 QQ 电脑管家中的"硬件检测"查看硬件信息。除了查看硬件的详细信息以外,还可以安装驱动(图 2-30),以及对现有硬件进行评测(图 2-31)。

图 2-29　利用 QQ 电脑管家查看硬件信息

图 2-30　驱动安装

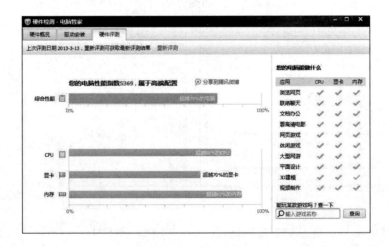

图 2-31　硬件评测

2.4　计算机软件系统

计算机软件(Computer Software,也称软件)是指计算机系统中的程序及其文档,程序是计算任务的处理对象和处理规则的描述;文档是为了便于了解程序所需的阐明性资料。程序必须装入机器内部才能工作,文档一般是给人看的,不一定装入机器。

计算机软件都是用各种计算机语言(也叫程序设计语言)编写的。最底层的叫"机器语言",它由一些"0"和"1"组成,可以被某种计算机直接理解,但人就很难理解。上面一层叫"汇编语言",它只能由某种计算机的汇编器软件翻译成机器语言程序才能执行。我们能够理解汇编语言,但是我们常用的语言是更上一层的高级语言,比如 C、Java、Fortran、BASIC。这些语言编写的程序一般都能在多种计算机上运行,但必须先由一个叫作编译器或者是解释器的软件将高级语言程序翻译成特定的机器语言程序。

由于机器语言程序是由一些"0"和"1"组成的,它又被称为二进制代码。汇编语言和高级语言程序也被称为源码。在实际工作中,一般来讲,编程人员必须要有源码才能理解和修改一个程序。很多软件厂家只出售二进制代码。近年来,国际上开始流行一种趋势,即将软件的源码公开,供全世界的编程人员共享。这叫作"开放源码运动"。没有软件的计算机也叫"裸机",可以说是废铁一堆。

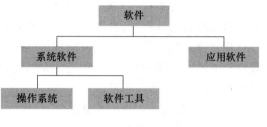

图 2-32　软件的分类

计算机软件总体上可分为系统软件和应用软件两大类(图 2-32)。

1. 系统软件

系统软件负责管理计算机系统中各种独立的硬件,使它们可以协调工作。系统软件使得计算机使用者和其他软件将计算机当作一个整体而不需要顾及底层每个硬件是如何工作的。系统软件是指各类操作系统,如 Windows、Linux、UNIX 等,还包括操作系统的补丁程序及硬件驱动程序。

一般来讲,系统软件包括操作系统和一系列基本的工具(如编译器、数据库管理、存储器格式化、文件系统管理、用户身份验证、驱动管理、网络连接等方面的工具)。

(1) 操作系统

系统软件的核心是操作系统。操作系统(Operating System,OS)是管理计算机硬件与软件资源的计算机程序。操作系统需要处理如管理与配置内存、决定系统资源供需的优先次序、控制输入设备与输出设备、操作网络与管理文件系统等基本事务。操作系统提供一个让用户与系统交互的操作界面。操作系统是直接运行在"裸机"上的最基本的系统软件,任何其他软件都必须在操作系统的支持下才能运行,如图 2-33 所示。操作系统是用户和计算机的接口,同时也是计算机硬件和其他软件的接口。操作系统的功能包括管理计算机系统的硬件、软件及数据资源,控制程序运行,改善人机界面,为其他应用软件提供支持等,使计算机系统所有资源最大限度地发挥作用,提供了各种形式的用户界面,使用户有一个好的工作环境,为其他软件的开发提供必要的服务和相应的接口。

最初的计算机没有操作系统,人们通过各种按钮来控制计算机,后来出现了汇编语言,操作人员通过有孔的纸带将程序输入计算机进行编译。这些将语言内置的计算机只能由制作人员自己编写程序来运行,不利于程序、设备的共用。为了解决这种问题,就出现了操作系统,这样就很好地实现了程序的共用,以及对计算机硬件资源的管理。

图 2-33 操作系统所处位置

计算的操作系统对于计算机来说是十分重要的,首先从使用者角度来说,操作系统可以对计算机系统的各项资源板块开展调度工作,其中包括软硬件设备、数据信息等,运用计算机操作系统可以减少人工资源分配的工作强度,使用者对于计算的操作干预程度减少,计算机的智能化和工作效率就可以得到很大的提升。其次在资源管理方面,如果由多个用户来共同管理一个计算机系统,那么可能就会有冲突存在于两个使用者的信息共享当中。为了更加合理地分配计算机的各个资源板块,协调计算机系统的各个组成部分,就需要充分发挥计算机操作系统的职能,对各个资源板块的使用效率和使用程度进行一个最优的调整,使得各个用户的需求都能够得到满足。最后,操作系统在计算机程序的辅助下,可以抽象处理计算系统资源提供的各项基础职能,以可视化的手段来向使用者展示操作系统的功能,降低计算机的使用难度。

操作系统的种类相当多,各种设备安装的操作系统从简单到复杂可分为智能卡操作系统、实时操作系统、传感器节点操作系统、嵌入式操作系统、个人计算机操作系统、多处理器操作系统、网络操作系统和大型机操作系统。

常见的操作系统有:

- Microsoft Windows 操作系统是美国微软公司研发的一套操作系统,它问世于 1985 年,起初仅仅是 Microsoft-DOS 模拟环境,后续的系统版本由于微软不断地更新升级,不但易用,也是当前应用最广泛的操作系统。

- 鸿蒙 OS 是 2019 年 8 月 9 日,华为在东莞举办的华为开发者大会上正式发布的。鸿蒙 OS 是一款"面向未来"的操作系统,一款基于微内核的面向全场景的分布式操作系统,它将适配手机、平板、电视、智能汽车、可穿戴设备等多终端设备。

- iOS 是由苹果公司开发的手持设备操作系统。苹果公司于 2007 年 1 月 9 日的 Macworld 大会上发布了这个系统,以 Darwin 为基础,属于类 UNIX 的商业操作系统。最初是设计给 iPhone 使用的,后来陆续套用到 iPod touch、iPad 以及 Apple TV 等产品上。iOS 与苹果的 Mac OS X 操作系统一样,属于类 UNIX 的商业操作系统。

- Android 是一种基于 Linux 的自由及开放源代码的操作系统,主要用于移动设备中,如智能手机和平板计算机等。第一部 Android 智能手机发布于 2008 年 10 月。之后 Android 逐渐扩展到平板计算机及其他领域中,如电视、数码相机、游戏机、智能手表等。2011 年第一季度,Android 在全球的市场份额首次超过塞班系统,跃居全球第一。

- Linux 操作系统是一套免费使用和自由传播的类 UNIX 操作系统。伴随着互联网的发展,Linux 得到了全世界软件爱好者、组织、公司的支持。它除了在服务器方面保持着强劲的发展势头以外,在个人计算机、嵌入式系统上都有着长足的进步。使用者不仅可以直观地获取该操作系统的实现机制,而且可以根据自身的需要来修改完善 Linux,使其最大化地适应用户的需要。Linux 不仅系统性能稳定,而且是开源软件。其核心防火墙组件性能高效、配置简单,保证了系统的安全。

（2）程序设计语言和语言处理程序

语言处理程序除个别常驻在内存中可以独立运行外，其他程序都必须在操作系统的支持下运行。

① 机器语言。机器语言是指机器能直接识别的语言，它是由"1"和"0"组成的一组代码指令。例如，01001001，作为机器语言指令，可能表示将某两个数相加。机器语言的优点是占有内存少、执行速度快；缺点是面向具体机器，通用性差。而且，直接采用机器语言去编制程序，不但效率低也容易发生差错，编程工作量大，难以维护，还要求程序编制者深入了解硬件的结构。因此在计算机的发展过程中，出现了汇编语言和各种各样的高级语言，以帮助人们更有效、更方便地编制程序。

② 汇编语言。汇编语言是由一组与机器语言指令一一对应的符号指令和简单语法组成的。例如，"ADD A，B"可能表示将 A 与 B 相加后存入 B 中，它可能与上例机器语言指令01001001 直接对应。汇编语言保持了计算机语言的优点，同样从属于不同类型的机器，编写程序必须经汇编程序翻译成计算机能够识别处理的二进制目标代码程序，再经过连接，形成可执行程序才能运行。汇编语言和机器语言一样，与计算机的硬件密切相关，因此称为"面向机器的语言"。

③ 高级语言。高级语言接近日常用语，对机器依赖性低，是适用于各种机器的计算机语言，所以高级语言是"面向用户的语言"。这种语言已经克服了低级语言在编程与阅读上的不便，与自然语言和数学语言比较接近，编程时不必熟悉指令系统，具有较强的通用性。高级语言又可分为面向过程的语言与面向对象的语言。目前，高级语言已开发出数十种，如 BASIC语言、C 语言、Java 语言、C＋＋语言。高级语言由语句组成，每一条语句对应着一组机器指令，高级语言不能直接执行，必须经过翻译程序（编译程序或解释程序）译成机器语言目标代码才能执行。

语言处理程序用于把人们编制的高级语言和汇编语言源程序转换成机器能够解释的目标程序。这个转换过程有两种：解释和编译。解释程序对高级语言程序逐句解释执行。这种方法的特点是程序设计的灵活性大，但程序的运行效率较低。BASIC 语言本来属于解释型语言，但现在已发展为也可以编译成高效的可执行程序，兼有两种方法的优点。Java 语言则先编译为 Java 字节码，在网络上传送到任何一种机器上之后，再用该机所配置的 Java 解释器对Java 字节码进行解释执行。编译程序把高级语言所写的程序作为一个整体进行处理，编译后与子程序库连接，形成一个完整的可执行程序。这种方法的缺点是编译、连接比较费时，但可执行程序运行速度很快。C＋＋/C、Delphi 语言等都采用这种编译方法。

2. 应用软件

应用软件是和系统软件相对应的，是为了某种特定的用途而被开发出来的软件，是用户可以使用的各种程序设计语言，以及用各种程序设计语言编制的应用程序的集合。应用软件是为满足用户不同领域、不同问题的应用需求而提供的那部分软件。它可以拓宽计算机系统的应用领域，放大硬件的功能。它可以是一个特定的程序，比如一个图像浏览器，也可以是一组功能联系紧密，可以互相协作的程序的集合，比如微软的 Office 软件，还可以是一个由众多独立程序组成的庞大的软件系统，比如数据库管理系统。

应用软件可分为用户程序和应用软件包。

（1）用户程序

用户程序是用户为了解决特定的具体问题而开发的软件。编制用户程序应充分利用计算机系统的各种现成软件,在系统软件和应用软件包的支持下可以更加方便、有效地研制用户专用程序,如火车站或汽车站的票务管理系统、人事管理部门的人事管理系统和财务部门的财务管理系统等。

（2）应用软件包

应用软件包是为实现某种特殊功能而精心设计的、结构严密的独立系统,是一套满足同类应用的许多用户所需要的软件。例如,OpenOffice.org 办公套件中含 Writer（字处理）、Calc（电子表格）、Impress（电子演示文稿）等应用软件,是实现办公自动化很好的应用软件包。

常见的应用软件（图 3-34）有以下几类。

- 信息管理类软件：如 ERP 系统（企业资源规划）。ERP 是由美国 Gartner Group 咨询公司在 1993 年首先提出的,作为当今国际上的一个企业管理模式,它在体现企业管理理论的同时,也提供了企业信息化集成的最佳解决方案。

- 辅助设计类软件：如 AUTOCAD。AUTOCAD 是欧特克公司于 1982 年开发的自动计算机辅助设计软件,用于二维绘图、详细绘制、设计文档和基本三维设计,现已经成为国际上广为流行的绘图工具。AUTOCAD 具有广泛的适用性,它可以在各种操作系统支持的微型计算机和工作站上运行。

- 文档处理类软件：如 Microsoft Office。Office 是微软公司开发的一套基于 Windows 操作系统的办公软件套装。常用组件有 Word、Excel、PowerPoint 等。

- 即时通信软件：如 QQ。QQ 是 1999 年 2 月由腾讯公司自主开发的基于 Internet 的即时通信网络工具——腾讯即时通信,其合理的设计、良好的应用、强大的功能、稳定高效的系统运行赢得了用户的肯定。目前 QQ 已经覆盖 Microsoft Windows、Mac OS、Android、iOS、Windows Phone、Linux 等多种主流平台。其标志是一只戴着红色围巾的小企鹅。腾讯 QQ 支持在线聊天、视频通话、点对点断点续传文件、共享文件、网络硬盘、自定义面板、QQ 邮箱等多种功能,并可与多种通信终端相连。

图 2-34　常见的应用软件

练 习 题

一、选择题

1. 现代计算机所采用的存储程序原理是由（　　）提出的。

A. 图灵　　　　　　B. 布尔　　　　　C. 冯·诺依曼　　　D. 爱因斯坦

2. 第四代计算机主要采用（　　）元器件。

A. 晶体管　　　　　　　　　　　　B. 电子管

C. 中小规模集成电路　　　　　　　D. 超大规模集成电路

3. 一个完整的计算机系统包括（　　　）。

A. 主机、键盘、显示器　　　　　　　B. 主机和外围设备

C. 系统软件和应用软件　　　　　　　D. 硬件系统和软件系统

4. 计算机软件系统包括（　　　）。

A. 编辑软件和连接程序　　　　　　　B. 数据库软件和管理软件

C. 系统软件和应用软件　　　　　　　D. 程序和数据

5. 在计算机硬件系统中，用于实施算术运算和逻辑判断的主要部件是（　　　）。

A. 运算器　　　　　B. 控制器　　　　　C. 存储器　　　　　D. 显示器

6. 计算机硬件和软件是通过（　　　）交互联系的。

A. 机器语言　　　　B. 汇编语言　　　　C. 高级语言　　　　D. C 语言

7. 计算机的指令主要存放在（　　　）。

A. CPU　　　　　　B. 微处理器　　　　C. 主存储器　　　　D. 键盘

8. 计算机控制器的主要功能是（　　　）。

A. 存储程序　　　　　　　　　　　　　B. 使计算机按一定顺序工作

C. 控制数据的输入与输出　　　　　　　D. 临时保存数据和程序

二、填空题

1. 计算机发展阶段的划分是以_____作为标志的。

2. 某微机的内存容量是 128 MB，硬盘的容量是 10 GB，则硬盘容量是内存容量的_____倍。

3. _____是计算机能够自动连续工作的基础。

4. 运算器和控制器的总称是_____。

三、实验

通过系统查看自己的计算机硬件，并尽可能详细地填写表 2-2。

表 2-2　实验用表

序号	配件名称	品牌	规格
1	硬盘		
2	光驱		
3	显卡		
4	网卡		
5	CPU		
6	内存		
7	主板		
8	电源		

第3章　Windows 10 操作系统基础

3.1　操作系统概述

3.1.1　操作系统的概念及功能

计算机是一个高速运转的复杂系统,它有 CPU、内部存储器、外部存储器、各种各样的输入输出设备,称为硬件资源;它允许多个用户同时运行他们各自的程序,共享大量数据,称为软件资源。如果没有一个对这些资源进行统一管理的软件,计算机不可能协调一致、高效率地完成用户交给它的任务。

操作系统的概念可从两方面来说明:

(1) 从系统管理人员的观点来看。引入操作系统是为了合理地组织计算机工作流程,管理和分配计算机系统的硬件及软件资源,使之能为多个用户所共享。因此,操作系统是计算机资源的管理者。

(2) 从用户的观点来看。引入操作系统是为了给用户使用计算机提供一个良好的界面,使用户无须了解计算机许多硬件和系统软件的细节,就能方便灵活地使用计算机。

操作系统是计算机系统中的一个系统软件,它是这样一些功能模块的集合:它们管理和控制计算机系统中的硬件及软件资源,合理地组织计算机的工作流程,以便有效地利用这些资源为用户提供一个功能强大、使用方便的工作环境,从而在计算机与其用户之间起到桥梁的作用,任何其他软件都必须在操作系统的支持下才能运行。有人把操作系统在计算机中的作用比喻为"总管家"。它管理、分配和调度所有计算机的硬件和软件统一协调地运行,以满足用户实际操作的需求。图 3-1 给出了操作系统与计算机软、硬件的层次关系。

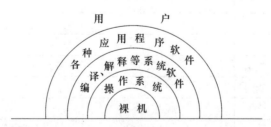

图 3-1　操作系统与计算机软、硬件的层次关系

操作系统作为应用程序与计算机硬件的"中间人",能为用户提供方便、有效、友好的用户界面,为计算机硬件选择要运行的应用程序,并指挥计算机各部分硬件的基本工作。在操作系统的统一安排和管理下,计算机硬件才能执行应用程序的命令。其目标是提高各类资源的利用率,为其他软件开发与使用提供支持,使计算机系统的所有资源发挥最大的作用。

由此可见,操作系统实际上是一个计算机系统中硬、软件资源的总指挥部。操作系统的性能高低决定了计算机的潜在硬件性能能否发挥出来。操作系统是系统软件中最基本、最重要的部分。

3.1.2　Windows 10 简介

Windows 的中文是窗户的意思,微软公司将推出的以视窗计算机操作为特点的操作系统命名为 Windows。微软自 1985 年推出 Windows 1.0,从最初运行在 DOS 下的 Windows 3.x,发展到大家熟知的 Windows 95、Windows NT、Windows 97、Windows 98、Windows 2000、Windows Me、Windows XP、Windows Server、Windows Vista、Windows 10 等各种版本。凭借其强大的功能和易用性,Windows 操作系统一度占据着全球操作系统 90% 以上的份额。

Windows 10(图 3-2)是美国微软公司开发的跨平台、跨设备的封闭性操作系统,于 2015 年 7 月 29 日正式发布,是微软目前发布的最后一个独立 Windows 版本。Windows 10 操作系统在易用性和安全性方面有了极大的提升,除了针对云服务、智能移动设备、自然人机交互等新技术进行融合外,还对固态硬盘、生物识别、高分辨率屏幕等硬件进行了优化完善与支持。

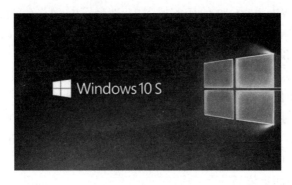

图 3-2　Windows 10

相比之前版本,Windows 10 系统功能有了如下变化。

1. 新增功能

生物识别技术:Windows 10 所新增的 Windows Hello 功能支持生物识别技术。除了常见的指纹扫描之外,系统还能通过使用 3D 红外摄像头对面部或虹膜扫描,让用户进行登录。

Cortana 搜索功能:可使用 Cortana 来搜索硬盘内的文件、系统设置、安装的应用,如图 3-3 所示,甚至是互联网中的其他信息。作为一款私人助手服务,Cortana 还能像在移动平台上那样帮用户设置基于时间和地点的备忘。

图 3-3　Cortana 搜索功能

2. 细节改进

平板模式：Windows 10 提供了针对触控屏的优化功能，同时还提供了专门的平板计算机模式，开始菜单和应用都将以全屏模式运行。如果设置得当，系统可自动在平板计算机与桌面模式间切换。

桌面应用：微软回归传统风格，用户可调整应用窗口大小了，久违的标题栏重回窗口上方，最大化与最小化按钮也给了用户更多的选择和自由度。

多桌面：如果用户没有多显示器配置，但依然需要对大量的窗口进行重新排列，那么 Windows 10 的虚拟桌面应该可以帮到用户。在该功能的帮助下，用户可将窗口放进不同的虚拟桌面当中，并在其中进行轻松切换，使原本杂乱无章的桌面变得整洁起来。

开始菜单进化：微软在 Windows 10 当中带回了用户期盼已久的开始菜单功能，并将其与 Windows 8 开始屏幕的特色相结合。单击屏幕左下角的 Windows 键打开开始菜单之后，用户不仅会在左侧看到包含系统关键设置和应用的列表，标志性的动态磁贴也会出现在右侧。

任务切换器：Windows 10 的任务切换器不仅显示应用图标，而且可通过大尺寸缩略图的方式对内容进行预览。

任务栏的微调：在 Windows 10 的任务栏当中，新增了 Cortana 和任务视图按钮，与此同时，系统托盘内的标准工具也匹配上了 Windows 10 的设计风格。可以查看到可用的 Wi-Fi 网络，或是对系统音量和显示器亮度进行调节。

贴靠辅助：Windows 10 不仅可以让窗口占据屏幕左右两侧的区域，还能将窗口拖拽到屏幕的四个角落使其自动拓展并填充 1/4 的屏幕空间。在贴靠一个窗口时，屏幕的剩余空间内还会显示出其他开启应用的缩略图，单击之后可将其快速填充到这块剩余的空间当中。

通知中心：Windows Phone 8.1 的通知中心功能也被加入到了 Windows 10 当中，让用户可以方便地查看来自不同应用的通知。此外，通知中心底部还提供了一些系统功能的快捷开关，比如平板模式、便签和定位等。

命令提示符窗口升级：在 Windows 10 中，用户不仅可以对 CMD 窗口的大小进行调整，还能使用辅助粘贴等熟悉的快捷键。

文件资源管理器升级：Windows 10 的文件资源管理器会在主页面上显示出用户常用的文件和文件夹，让用户可以快速获取到自己需要的内容。

新的 Edge 浏览器：为了追赶 Chrome 和 Firefox 等热门浏览器，微软淘汰掉了老旧的 IE，带来了 Edge 浏览器。Edge 浏览器虽然尚未发展成熟，但它的确带来了诸多的便捷功能，比如和 Cortana 的整合以及快速分享功能。

3. 系统优化

计划重新启动：Windows 10 会询问用户希望在多长时间之后进行重启。

设置和控制面板：Windows 8 的设置应用同样被沿用到了 Windows 10 当中，该应用会提供系统的一些关键设置选项，用户界面也和传统的控制面板相似。而从前的控制面板也依然会存在于系统当中，因为它依然提供着一些设置应用所没有的选项。

兼容性增强：只要能运行 Windows 7 操作系统，就能更加流畅地运行 Windows 10 操作系统。对固态硬盘、生物识别、高分辨率屏幕等硬件都进行了优化支持与完善。

安全性增强：除了继承旧版 Windows 操作系统的安全功能之外，还引入了 Windows Hello、Microsoft Passport、Device Guard 等安全功能。

新技术融合：在易用性、安全性等方面进行了深入的改进与优化。针对云服务、智能移动设备、自然人机交互等新技术进行融合。

3.2　Windows 10 基础

3.2.1　Windows 10 操作系统的启动和退出

由于计算机在加电和断电的瞬间会有较大的电冲击,因此在开机时应该先给外部设备加电,然后再给主机加电。关机时则相反,应该先关主机,然后关闭外部设备的电源。如果死机,应先设法"软启动"(从操作系统启动),再"硬启动"(按 RESET 键),实在不行再"硬关机"(按电源开关数秒)。将外部设备连接完毕加电后,按下计算机主机开关,计算机开始启动。操作系统启动后,进入登录界面,如图 3-4 所示。如果没有设置用户密码,则直接进入 Windows 系统。如果已设置用户密码,则输入用户名和密码,进入 Windows 10 操作系统,完成启动。

Windows 10 的退出:关闭当前运行的程序和文档后,单击屏幕左下角"开始"菜单按钮■,打开"开始"菜单。单击"关机"按钮,计算机关闭所有打开的程序以及 Windows 本身,然后完全关闭计算机。关机不会保存用户的工作,因此关机前必须先保存文件。若要执行关机相关的其他命令,单击关机按钮旁边的箭头,如图 3-5 所示。

图 3-4　Windows 10 登录界面

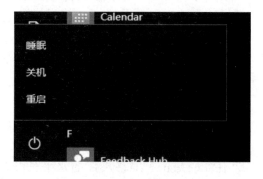

图 3-5　Windows 关机相关命令

其他各命令含义如下。

- 切换用户。如果计算机上有多个用户账户,则另一用户登录该计算机的便捷方法是使用"切换用户"命令。
- 重启。开机状态执行重新启动命令俗称热启动,执行该命令后计算机关闭当前程序进行重启。
- 睡眠。"睡眠"是一种节能状态,计算机处于睡眠状态时,显示器输出关闭,而且计算机的风扇通常也会停止。若要唤醒计算机,可按下计算机机箱上的电源按钮。因为不必等待 Windows 启动,所以将在数秒内唤醒计算机,恢复先前的工作状态。

3.2.2　桌面与桌面图标

桌面是打开计算机并登录到 Windows 之后看到的主屏幕区域。就像现实中的桌面一样,它是用户工作的平台。打开程序或文件夹时,它们便会出现在桌面上。还可以将一些项目(如文件和文件夹)放在桌面上,并且随意排列它们。

从广义上讲,桌面包括任务栏。任务栏位于屏幕的底部,显示正在运行的程序,并可以在它们之间进行切换。它还包含"开始"按钮 ▦，使用该按钮可以访问程序、文件夹和计算机设置。

1. 桌面图标

桌面图标是代表文件、文件夹、程序和其他项目的小图片。Windows 操作系统安装完毕，首次启动时，将在桌面上至少看到一个图标——回收站。用户也可将各种图标添加到桌面上或从桌面上删除，双击桌面图标会启动或打开它所代表的项目。

常见系统图标有以下几个。

- 计算机 🖥 ："计算机"是用户使用和管理计算机的最重要工具，通过该图标，用户可以管理磁盘、文件、文件夹等内容。和以前的版本不同，双击 Windows 10"计算机"图标后在窗口左侧包括收藏夹、库、网络等图标。

- 用户文档文件夹（以用户名命名的文件夹）📁 ：该图标用于查看和管理用户文档文件夹中的内容。在默认情况下，用户文档文件夹的路径为"系统盘符\用户\用户名"。

- 回收站 🗑 ：Windows 在删除文件和文件夹时并不将它们从磁盘上删除，而是暂时保存在"回收站"中。这样做是因为如果用户改变了主意并决定使用已删除的文件，可以将其还原。通过"回收站"图标，用户可以清除或还原在"计算机"中已删除的文件和文件夹。

- 新的 Edge 浏览器 🌐 ：通过该图标，用户可以快速地启动 Edge 浏览器，访问因特网资源。Edge 浏览器支持内置 Cortana（微软小娜）语音功能；内置了阅读器、笔记和分享功能；设计注重实用和极简主义；渲染引擎被称为 EdgeHTML。

- 网络图标 🌐 ：通过该图标可以查看网络连接、新建网络连接、更改网络设置、查看组内计算机、添加无线设备、添加打印机等。

这些桌面图标实际上是一些快捷方式，用以快速打开相应的项目。在 Windows 10 中，除"回收站"图标以外，其他的桌面图标都可以删除。

2. 任务栏

任务栏是位于屏幕底部的水平长条，如图 3-6 所示，任务栏可用于查看应用和时间。Windows 10 的任务栏可以通过多种方式对其进行个性化设置——更改颜色和大小、在其中固定最喜爱的应用、在屏幕上移动以及重新排列任务栏按钮或调整其大小，还可以锁定任务栏来保留用户的选项、检查电池状态、将所有打开的程序暂时最小化，以便查看桌面。在布局上，任务栏从左到右分别为"开始"菜单、中间部分以及通知区域。Windows 10 将快速启动按钮与活动任务结合在一起，它们之间没有明显的区域划分。接下来从左到右依次介绍这三块功能。

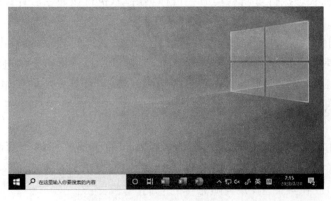

图 3-6　Windows 10 任务栏

（1）"开始"菜单

"开始"菜单（图 3-7）是打开计算机程序、文件夹和设置的主门户。之所以称之为"菜单"，是因为它提供一个选项列表，就像餐馆里的菜单那样。至于"开始"的含义，在于它通常是用户启动或打开某项内容的位置。

（2）中间部分

中间部分包括：Cortana、快速启动程序图标和活动程序图标。可使用 Cortana 来搜索硬盘内的文件、系统设置、安装的应用，甚至是互联网中的其他信息。快速启动程序图标和活动程序图标的区别在于，启动 Windows 10，快速启动程序图标就会固定显示在任务栏中间部分，而活动程序图标只有在打开该程序时，该程序图标才会出现在任务栏上。

Windows 10 默认会分组相同类型的活动任务按钮，例如打开了多个文件夹窗口，那么在任务栏中只会显示一个活动任务按钮。将鼠标指针移动到任务栏上的活动任务按钮上稍作停留，就可以方便地预览各个窗口的缩略图，单击相应的窗口进行窗口切换，如图 3-8 所示。

图 3-7　"开始"菜单

图 3-8　任务栏中间部分

快速启动程序图标和活动程序图标可以互相转换。在快速启动程序图标上右击，选择"将此程序从任务栏解锁"命令，该图标将不会固定出现在任务栏上，打开该程序时显示为活动程序图标。在已打开的活动程序图标上右击，选择"将此程序锁定到任务栏"命令，此程序将显示为快速启动程序图标。也可以将桌面的程序图标或"开始"菜单中的程序拖动到任务栏上作为快速启动程序打开相应的程序项目。

（3）通知区域

默认情况下，通知区域位于任务栏的最右侧，通知区域提供有关各种事情的信息，这些事情包括状态、进度及新设备的检测。例如，将 U 盘插在计算机主机上，通知区域就会出现图 3-9 所示的提示图标。

在通知区域，有些直接出现在任务栏上，有些则需要单击通知区域的■按钮进行显示，如图 3-10 所示。在该图中，如果用户的 QQ 程序一直需要单击箭头才可以看到最新消息，显然非常不便,而且不及时单击,就不能在第一时间查看 QQ 消息,为此,Windows 10 提供了自定义通知区域"图标"和"通知"的途径。

图 3-9　通知区域示例　　　　　　　图 3-10　显示通知区域隐藏的图标

3.3　文件和文件夹管理

3.3.1　文件和文件夹的基本操作

计算机中所有的信息内容及相关资料都是以文件或文件夹的形式来管理的。文件是存储在一定介质上的一组信息的集合,每个文件必须有一个确定的名字。在计算机里,不同类型的文件用不同的图标表示,这样便于通过查看其图标来识别文件类型。图 3-11 给出了一些常见文件图标的例子。

Word文件　　Excel文件　PowerPoint文件　Html文件　　PDF文件

图 3-11　常见文件图标示例

一个文件夹对应一块磁盘空间。文件夹有两个要素:文件夹名和存放位置。文件夹名将不同的文件夹区别开来,存放位置是文件夹的地址,它告诉操作系统如何才能找到该文件夹。文件夹还可以存储其他文件夹。文件夹中包含的文件夹通常称为子文件夹。可以创建任意数量的子文件夹,每个子文件夹又可以容纳任意数量的文件和其他子文件夹。

文件和文件夹的基本操作包括创建、打开、设置属性、选择、复制、移动、删除(恢复)、共享、查找等,下面介绍这些操作的操作方法。

1. 创建文件或文件夹

创建和保存文件有三要素:文件名、文件类型和存放位置。文件名将不同的文件区别开来,存放位置是文件的存放路径,文件类型用文件的扩展名加以区分和表示,同时扩展名也用来确定应该使用何种程序打开该文件。因此,完整的文件名称包含两部分:文件名＋扩展名,它们中间用"."隔开,即文件名.扩展名。为了避免误操作(删除或修改文件扩展名可能无法打开该程序),默认情况下,扩展名处于隐藏状态,显示或隐藏文件扩展名的步骤如下。

(1) 单击开始菜单,选择"控制面板"选项。

(2) 单击控制面板窗口中的"外观和个性化",在打开的窗口中选择"文件夹选项"中的"显示隐藏的文件和文件夹",弹出图 3-12 所示"文件夹选项"对话框。

（3）在"查看"选项卡中的"高级设置"下执行下列操作之一：

- 若要显示文件扩展名，取消"隐藏已知文件类型的扩展名"复选框，然后单击"确定"按钮。
- 若要隐藏文件扩展名，选中"隐藏已知文件类型的扩展名"复选框，然后单击"确定"按钮。

创建新文件的最常见方式是使用该文件类型所对应的程序。例如，可以在字处理程序中创建文本文档或者在视频编辑程序中创建电影文件。

有些程序打开就会创建文件。例如，打开 Windows 10 自带的记事本程序（在 Cortana 搜索框直接输入"记事本"）时，它使用空白页启动。这表示空（且未保存）文件。

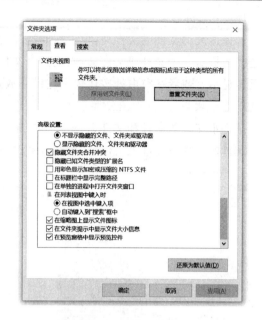

图 3-12　"文件夹选项"对话框

输入内容，单击"文件"→"保存"命令进行保存。在所显示的"另存为"对话框中，输入文件名，选择保存位置，然后单击"保存"按钮。

新建文件夹的方法：在需要创建文件夹的位置右击，选择"新建"→"文件夹"命令，即可在当前位置创建文件夹。窗口中出现了一个"新建文件夹"图标 ▢ 新建文件夹 ，输入文字为其命名，单击其他位置退出命名状态。

重命名：如果窗口中出现"新建文件夹"图标后，不小心单击了其他位置，"新建文件夹"就成了新建文件夹的名字，这时还可以把该文件夹的名字重新命名成其他名字。具体方法是：右击"新建文件夹"图标，选择"重命名"命令，输入名字后按"回车"键或用鼠标单击其他位置。

若要打开某个文件，双击它。该文件将通常在曾用于创建或更改它的程序中打开。例如，文本文件将在字处理程序中打开。

2. 设置文件或文件夹属性

在 Windows 10 环境下，可进行两种文件或文件夹属性设置——"只读"和"隐藏"。"只读"属性指的是只能读取，不能修改，修改保存时会有相应的提示。"隐藏"指的是文件或文件夹为隐藏状态，若文件夹选项设置了"显示隐藏的文件、文件夹"，则隐藏文件显示，图标显示为半透明状态，若文件夹选项设置了"不显示隐藏的文件、文件夹"，则隐藏的文件或文件夹不显示。方法如下：在要设置的文件或文件夹上右击，选择"属性"命令，可以在"属性"对话框中看到"只读"和"隐藏"的复选框，可对其进行设置。

显示隐藏的文件或文件夹的方法：在图 3-12 所示的"文件夹选项"对话框中的"查看"选项卡下选择单选按钮"显示隐藏的文件、文件夹和驱动器"，单击"确定"按钮。

不显示隐藏的文件或文件夹的方法：在图 3-12 所示的"文件夹选项"对话框中的"查看"选项卡下选择单选按钮"不显示隐藏的文件、文件夹和驱动器"，单击"确定"按钮。

3. 选择文件或文件夹

选择单个文件或文件夹非常简单，只需找到相应的文件或文件夹，然后单击即可，被选中的文件反相显示。

选择连续的文件或文件夹：单击需要选择的第一个文件或文件夹，按住 Shift 键并单击需要选择的最后一个文件或文件夹，则这两个文件或文件夹之间的所有文件或文件夹都被选中而反相显示。或者在空白处按住鼠标左键不放进行拖动，则鼠标指针滑过的矩形框内的文件夹处于选定状态，如图 3-13 所示。

选择不连续的文件和文件夹：单击选中第一个文件或文件夹，按住 Ctrl 键，再逐一单击其他要选择的文件或文件夹，被选中的文件和文件夹都呈反相显示，如图 3-14 所示。

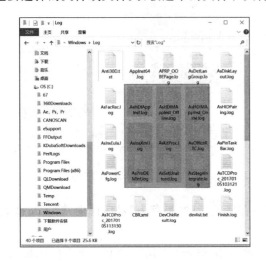 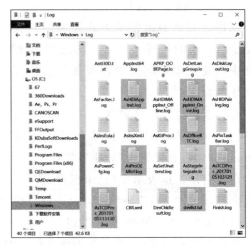

图 3-13　选择连续的文件　　　　　图 3-14　选择不连续的文件

选定全部文件或文件夹：在文件所在窗口中选择菜单项"编辑"→"全部选定"，该窗口中的全部文件和文件夹都被选中而呈反相显示。也可以将光标放在该窗口中，按住 Ctrl＋A 键，选择窗口中的全部文件和文件夹。若该窗口顶部没有菜单项，可通过选择"组织"→"布局"→"菜单栏"将其显示出来。

4. 复制和移动文件或文件夹

复制又叫"拷贝"，就是按照一个文件或文件夹的样子再做一个新的文件或文件夹，这个新文件或文件夹的内容和原来的文件或文件夹完全一样。文件或文件夹的复制过程分三步，先"选定"文件或文件夹，然后"复制"，再到目标位置进行"粘贴"。复制可以借助右键快捷菜单或窗口菜单。在要复制的文件或文件夹图标上右击，选择"复制"命令，在目标位置右击选择"粘贴"命令。选中要复制的文件或文件夹后，该操作也可在窗口菜单选择"编辑"→"复制"命令，在目标位置窗口菜单中选择"编辑"→"粘贴"命令来完成。

除了复制以外，"移动"也是一种比较重要的对文件或文件夹的操作。"移动"就是把文件或文件夹从一个地方移到另外一个地方。例如，把 D 盘中的"资料"文件夹移动到 E 盘中。在 D 盘窗口中，右击"资料"图标，在弹出的快捷菜单中选择"剪切"命令。对文件进行"剪切"操作时，计算机把文件的有关信息送到一个叫作"剪贴板"的地方保存起来，"剪贴板"是计算机中临时存储被剪切或复制的信息的位置。接下来进入 E 盘窗口，在空白处右击，在弹出的快捷菜单中选择"粘贴"命令。这样 D 盘中的"资料"文件夹就移动到了 E 盘。移动操作也可通过鼠标拖动将文件或文件夹从一个位置移动到另一个位置。

5. 删除/恢复文件或文件夹

一台计算机使用久了,不需要的文件或文件夹在磁盘上就会越积越多,就像垃圾一样,需要及时将其删除掉,这样既可以增加磁盘的可用空间,又便于文件管理。

下面举例把磁盘 D 中的"临时资料"文件夹删除掉。选择该文件夹,在右键快捷菜单中选择"删除"命令(或按键盘上的 Delete 键),弹出如图 3-15 所示的确认文件删除对话框。确定该文件夹不再需要后,单击"是"按钮,文件夹及文件夹中的文件即被删除。单击"否"按钮返回原状态。

删除文件后,它会被临时存储在"回收站"中。"回收站"可视为最后的安全屏障,它可恢复意外删除的文件或文件夹。有时,应清空"回收站"以回收无用文件所占用的硬盘空间。

如果错删了一个文件或文件夹,打开桌面"回收站",选中该文件或文件夹后,右击该文件或文件夹(或选择菜单项"文件"→"还原"命令),如图 3-16 所示,文件或文件夹就被还原到原来的位置。

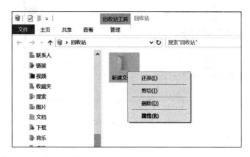

图 3-15 删除文件夹确认   图 3-16 从回收站还原文件或文件夹

若要将文件从计算机上永久删除,需要从回收站中删除这些文件。可以删除回收站中的单个文件或一次性清空回收站。操作方法为:打开"回收站",执行以下操作之一:

- 若要永久性删除某个文件,单击该文件,按 "Delete"键,然后单击"是"按钮。
- 若要删除所有文件,在工具栏上单击"清空回收站"选项,然后单击"是"按钮。

备注:若要在不打开回收站的情况下将其清空,右击回收站,然后单击"清空回收站"命令;若要将文件或文件夹直接删除而不放入回收站,单击该文件或文件夹,然后按 Shift + Delete 键。

6. 查看和排列文件和文件夹

在打开文件夹时,可以更改文件在窗口中的显示方式。Windows 10 可以在八个不同的视图间切换:超大图标、大图标、中图标、小图标、列表、详细信息、平铺或内容,如图 3-17 所示。

图 3-17 视图选项

7. 查找文件

根据用户拥有的文件数量,查找文件可能意味着浏览数百个文件和子文件夹,这不是轻松的任务。为了省时省力,可以借助搜索框让计算机协助查找文件。打开任意一个文件夹,右上角都能看到图 3-18 所示的搜索框。

搜索框位于每个窗口的顶部。若要查找文件，打开任意一个文件夹作为搜索的起点，然后单击搜索框并输入文本。搜索框基于所输入的文本筛选当前视图。如果搜索字词与文件的名称、标记或其他属性，甚至文本文档内的文本相匹配，则将文件作为搜索结果显示出来。若要设置搜索选项，单击"工具"→"文件夹选项"命令，在"搜索"选项卡中进行设置，如图 3-19 所示。如果没有看到查找的文件，则可以通过单击搜索结果底部的某一选项来更改整个搜索范围，如图 3-20 所示。

图 3-18　搜索框

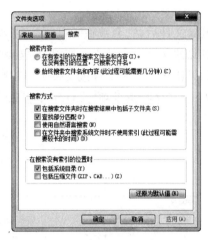

图 3-19　设置搜索选项

图 3-20　更改整个搜索范围

3.3.2　Windows 10 库

微软从 Windows 7 开始引入的"库"功能，对于聚合同类的文件夹来说非常方便，所以该功能沿用到 Windows 10 系统中。库是一个强大的文件管理器，从资源的创建、修改，到管理、沟通、备份和还原，都可以在基于库的体系下完成，通过这个功能用户也可以将越来越多的视频、音频、图片、文档等资料进行统一管理、搜索，大大提高了工作效率。Windows 10 的"库"其实是一个特殊的文件夹，不过系统并不是将所有的文件保存到"库"这个文件夹中，而是将分布在硬盘上不同位置的同类型文件进行索引，将文件信息保存到"库"中，简单来说"库"里面保存的只是一些文件夹或文件的快捷方式，并没有改变文件的原始路径，这样可以在不改动文件存放位置的情况下集中管理，提高工作效率。

在桌面上单击"计算机"图标，可看到图 3-21 所示的窗口，在窗口左侧可看到库列表。

如果在窗口左侧没有看到库列表，那么依次单击"查看"→"导航窗口"→"显示库"命令，如图 3-22 所示，然后就会发现在下面的导航空格中发现"库"了。

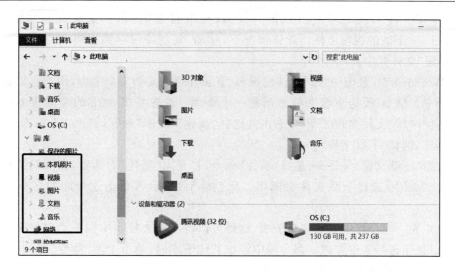

图 3-21　Window 10 中的库

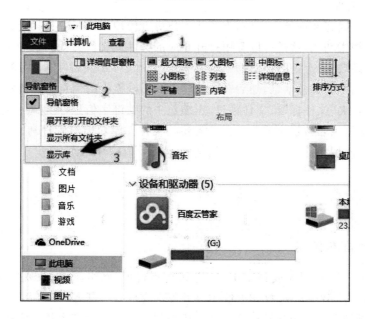

图 3-22　显示库

1．创建个库

有了库，在整理文件时，无须从头开始，可以使用库来访问文件和文件夹，并且可以采用不同的方式组织它们。以下是四个默认库及其通常用于哪些内容的列表。

- 文档库。使用该库可组织和排列字处理文档、电子表格、演示文稿以及其他与文本有关的文件。默认情况下，移动、复制或保存到文档库的文件都存储在"文档"文件夹中。
- 图片库。使用该库可组织和排列数字图片，图片可从照相机、扫描仪或者从其他人的电子邮件中获取。默认情况下，移动、复制或保存到图片库的文件都存储在"图片"文件夹中。
- 音乐库。使用该库可组织和排列数字音乐，如从音频 CD 翻录或从 Internet 下载的歌曲。默认情况下，移动、复制或保存到音乐库的文件都存储在"音乐"文件夹中。

- 视频库。使用该库叫组织和排列视频，如取自数码相机、摄像机的剪辑，或者从 Internet 下载的视频文件。默认情况下，移动、复制或保存到视频库的文件都存储在"视频"文件夹中。

除了 Windows 10 系统的"库"默认的视频、音乐、图片、文档 4 个个库，用户可以根据需要创建其他个库。例如，要为下载文件夹创建一个个库。首先在图 3-22 的左侧任务栏中单击"库"图标，打开"库"文件夹，在"库"中右击并选择"新建"→"库"命令，创建一个新库，并输入一个个库的名称，例如"下载文件"。

然后右击"下载文件"文件夹，选择"属性"命令，打开库"属性"对话框，在该对话框中单击"选择文件夹"命令，选择下载文件夹即可。库创建后，以后再单击这个库的名称即可快速打开。

用户可以在一个个库中添加多个子库，这样可以将不同文件夹中同一类型的文件放在同一个库中，以便于进行集中管理。在个库中添加其他子库时，单击个库"属性"对话框的"包含文件夹"命令，可以添加多个文件夹到个库中。

2. 在库中找文件

通过导入的方式将文件导入库中，为了让用户更方便地在"库"中查找资料，系统还提供了一个强大的"库"搜索功能，这样可以不用打开相应的文件或文件夹就能找到需要的资料。

搜索时，在"库"窗口上面的搜索框中输入需要搜索文件的关键字，随后单击回车，这样系统自动检索当前库中的文件信息，随后在该窗口中列出搜索到的信息。库搜索功能非常强大，不但能搜索到文件夹、文件标题、文件信息、压缩包中的关键字信息，还能对一些文件中的信息进行检索，这样就可以非常轻松地找到自己需要的文件。库功能给管理和查找文件提供了方便，这样人们再也不用在计算机中随意翻找文件了。

3.4 程序管理

3.4.1 程序的基本操作

使用 Windows 10 可以完成很多工作，比如文字处理、网络浏览、收发电子邮件、图形处理、休闲游戏等，可是 Windows 操作系统本身并不会完成这些任务，帮助完成这些工作的就是计算机程序，完成特定任务的计算机程序称为应用程序。正因为有大量的应用程序，计算机才日益体现出强大的功能。

那么在 Windows 10 中应该如何启动应用程序，应用程序使用以后又该如何关闭，关于程序还有什么其他操作呢？

启动应用程序的方法有多种，下面以 Edge 浏览器的启动为例，分别介绍不同的启动方式。

- 使用开始菜单启动应用程序。单击"开始"菜单按钮 ▦ →"所有程序"→"Edge"，即可启动 Edge 浏览器，这是一种最常见的启动应用的方法。
- 快捷方式启动。如果一个应用程序在桌面上建立了一个快捷方式图标（程序快捷方式以程序图标左下角有一个 ↗ 为标志），那么就可以通过双击该应用程序的快捷方式图标来启动应用程序。如果在桌面上找到了 Edge 浏览器的快捷方式图标，双击该图标，就可以启动 Edge 浏览器。

- 任务栏启动。可以通过将程序(或程序的其他实例)锁定到任务栏来快速方便地启动该程序。在任务栏上,单击该程序的按钮。任务栏上的该按钮突出显示,表示该程序正在运行。默认情况下,安装完 Windows 10 操作系统后,会在任务栏自动添加 Edge 浏览器程序快捷方式,单击该图标 ,即可打开 Edge 浏览器。

退出应用程序有许多种方法,一般可以用鼠标单击应用程序窗口右上角的"关闭"按钮×。多数程序菜单项里面设置了退出程序的命令。单击此命令可退出程序。例如 Windows 自带的记事本程序,单击其文件菜单中的"退出"命令即可退出记事本程序。退出当前程序的快捷键为"Alt+F4"。

为程序创建桌面快捷方式:单击"开始"菜单按钮,在"所有程序"中找到要添加桌面快捷方式的程序,在该程序名称上右击,选择"发送到"→"桌面快捷方式"命令,查看桌面图标,可以看到该程序的快捷方式。其标识是程序左下角有一个小箭头,例如 QQ 的快捷方式图标如图 3-23 所示。

图 3-23　QQ 快捷方式

删除快捷方式,则会将快捷方式从桌面删除,但不会删除快捷方式链接到的程序文件。

3.4.2　任务管理器的使用

Windows 任务管理器提供了有关计算机性能的信息,并显示了计算机上所运行的程序和进程的详细信息;如果连接到网络,那么还可以查看网络状态并迅速了解网络是如何工作的。

打开资源管理器可以通过快捷键实现,在 Windows 10 环境下使用 Ctrl+Shift+Esc 组合键可调出任务管理器。与 Windows XP 和 Windows 7 一样,在 Windows 10 中,任务管理器非常重要,不同的是,在 Windows 10 中,打开任务管理器后,其界面为简略界面。当双击 Windows 10 中的默认简略信息界面的空白处时,任务管理器会放至最大,但却不会切换到详细信息,只有单击左下角的"详细信息",才能够切换到详细信息,如图 3-24 所示。

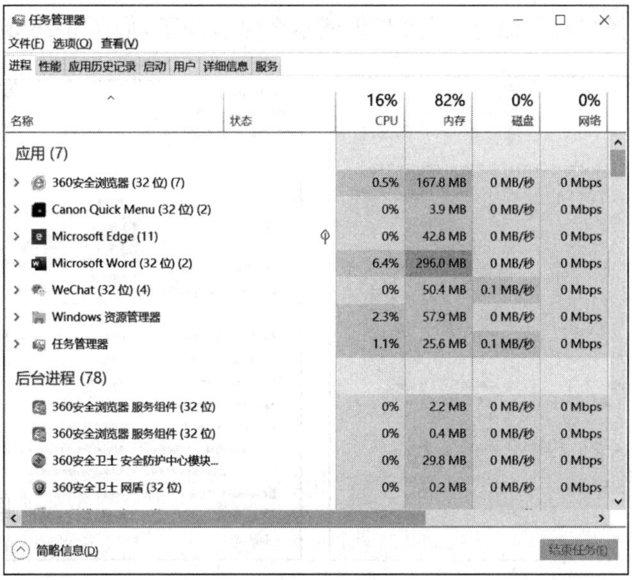

图 3-24　Windows 任务管理器

任务管理器的用户界面提供了文件、选项、查看三个菜单项,菜单之下还有进程、性能、应用历史记录、启动、用户、详细信息和服务六个选项卡,从这里可以查看到当前系统的进程数、CPU 使用率、物理内存使用的百分比。下面介绍资源管理器的几个常用的选项卡。

1."进程"选项卡

该选项卡显示了所有当前正在运行的进程,包括应用程序、后台服务等,那些隐藏在系统底层深处运行的病毒程序或木马程序都可以在这里找到,当然前提是要知道它的名称。找到需要结束的进程名,然后执行右键菜单中的"结束进程"命令,就可以强行终止该进程,但这种方式将丢失未保存的数据,而且如果结束的是系统服务,则系统的某些功能可能无法正常使用。

2."性能"选项卡

"性能"选项卡包括"CPU""内存""磁盘""Wi-Fi"等选项卡,如图 3-25 所示。图 3-25 中,选中"CPU"选项卡,右边的图表则显示了当前以及过去数分钟内使用的 CPU 情况。如果"CPU 使用记录"图表显示分开,则说明计算机具有多个 CPU,或者有双核或四核的 CPU。较高的百分比意味着程序或进程要求大量 CPU 资源,这会使计算机的运行速度变慢。如果百分比冻结在接近 100%,则程序可能没有响应。

3."应用历史记录"选项卡

这里显示了系统自带应用的历史使用情况,比如,各个应用占用了多少 CPU 时间,上传或下载耗费了多少流量等。

注意,如果用户平时使用计算机时发现网速很慢,或是系统很卡,在此就可以检查是否是因为系统应用在后台过度占用 CPU 或网络所致。

4."启动"选项卡

在启动选项卡中可以看到所有的启动项目,如果希望取消开机启动项,那么右击希望取消开机启动的项目,选择"禁用"命令,下次开机就不会再启动了,如图 3-26 所示。

图 3-25　"性能"选项卡　　　　　　图 3-26　取消开机启动

3.5　设备管理

3.5.1　磁盘的管理和维护

计算机中存放信息的主要存储设备就是磁盘(也常称为硬盘),磁盘使用之前有必要首先对磁盘进行分区,分割成一块一块的磁盘区域,这个过程就是磁盘分区。Windows 10 操作系统自带磁盘管理工具,可对磁盘空间进行分区调整、格式化等操作。

1. 磁盘分区

若要在磁盘上创建分区或卷(这两个术语通常可互换使用),磁盘上必须有未分配的磁盘空间或者在磁盘上的扩展分区内必须有可用空间。如果没有未分配的磁盘空间,则可以通过收缩现有分区、删除分区的途径创建一些空间。下面介绍操作方法。

(1) 选中桌面上的"计算机"图标,右击,选择"管理"命令,打开"计算机管理"窗口,如图 3-27 所示。

(2) 在"计算机管理"窗口左侧选择"磁盘管理",如图 3-28 所示。

图 3-27　选择"管理"命令　　　　　　　　图 3-28　磁盘管理

(3) 右击硬盘上未分配的区域,然后选择"新建简单卷"命令,如图 3-29 所示。

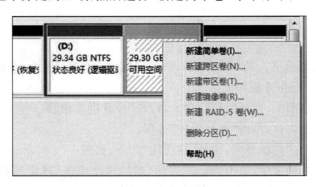

图 3-29　右击硬盘未分配区域

(4) 在"新建简单卷向导"对话框中,单击"下一步"按钮,输入要创建的卷的大小(MB)或接受最大默认大小,如图 3-30 所示,然后单击"下一步"按钮。

（6）接受默认驱动器号或选择其他驱动器号以标识分区，然后单击"下一步"按钮，如图 3-31 所示。

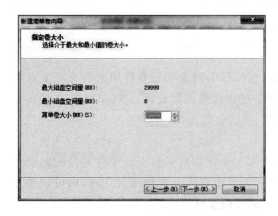
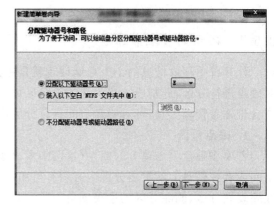

图 3-30　设置分区大小　　　　　　　　图 3-31　设置分区标识

（6）在"格式化分区"对话框中，执行下列操作之一：若不想立即格式化该卷，单击"不要格式化这个卷"单选按钮，然后单击"下一步"按钮；若要使用默认设置格式化该卷，单击"下一步"按钮，如图 3-32 所示。

（7）检查之前步骤的选择，然后单击"完成"按钮，如图 3-33 所示。

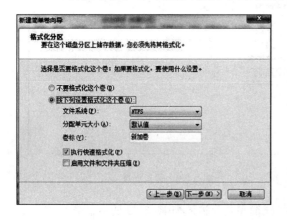
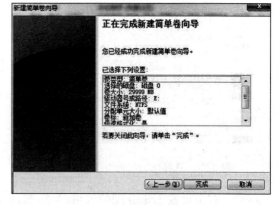

图 3-32　格式化分区　　　　　　　　图 3-33　完成分区

2. 格式化磁盘

格式化卷将会破坏分区上的所有数据，因此，格式化之前要先确保已备份所有要保存的数据，然后再开始操作。操作方法如下。

（1）右击"计算机"图标，选择"管理"命令，打开"计算机管理"窗口。

（2）在计算机管理窗口，单击"磁盘管理"选项。

（3）右击要格式化的磁盘分区，选择"格式化"命令，如图 3-34 所示。

（4）在"格式化"对话框中，单击"确定"按钮，然后再次单击"确定"按钮，如图 3-35 所示。执行该操作时注意：无法对当前正在使用的磁盘格式化。

首先在桌面上双击"计算机"图标，打开"计算机"窗口，右击要操作的磁盘的图标，在弹出的快捷菜单中选择"格式化"命令，弹出"格式化"对话框，如图 3-36 所示。

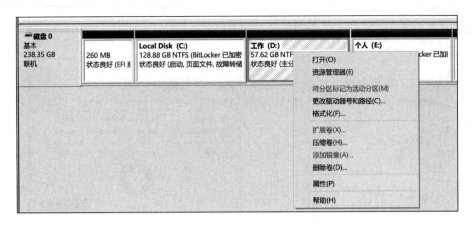

图 3-34　磁盘格式化

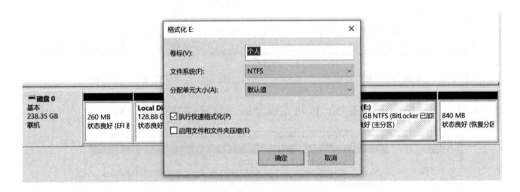

图 3-35　格式化确认

磁盘的格式化分为完全格式化和快速格式化,选中"快速格式化"复选框,可以对该磁盘进行快速格式化,不选"快速格式化"选项,则对磁盘进行完全格式化。单击"开始"按钮,即可进行格式化操作。

注意:进行两种格式化中的任何一种都将把磁盘中的所有数据清除! 所以,格式化之前一定要保证磁盘中的数据已备份好或是无用数据。

卷标的设置有以下两种方法。

(1) 格式化时设置卷标:在格式化前,在"卷标"文本框内输入卷标,例如:输入"mydisk",当格式化完成后,即可把磁盘的卷标设置成用户所输入的卷标"mydisk"。

(2) 更改或清空卷标:打开"计算机"窗口,右击要操作的磁盘的图标(例如 D 盘),在弹出的快捷菜单中单击"属性"选项,打开"磁盘属性"对话框,如图 3-37 所示。

在"卷标"文本框(如图 3-37 标识的"OS"文本框)中输入新的卷标,即可以修改原卷标。

3. 删除磁盘分区

删除硬盘分区或卷时,也就创建了可用于创建新分区的空白空间。如果硬盘当前设置为单个分区,则不能将其删除。也不能删除系统分区,因为 Windows 需要此信息才能正常启动。操作方法如下。

(1) 右击"计算机"图标,选择"管理"命令。

(2) 在"计算机管理"窗口中,单击"磁盘管理"选项。

(3) 右击要删除的卷(如分区或逻辑驱动器),然后单击"删除卷"命令。

图 3-36　磁盘"格式化"对话框　　　　　　图 3-37　"磁盘属性"对话框

（4）在弹出的对话框中单击"是"按钮完成分区的删除，如图 3-38 所示。

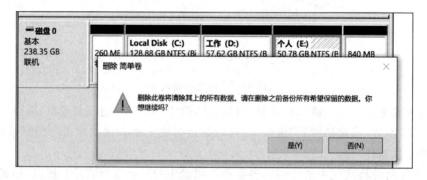

图 3-38　删除卷

4. 磁盘的维护

无论在哪个系统中，磁盘的管理和维护是必不可少的工作。硬盘就好像屋子一样每隔一段时间就必须进行打扫，否则屋子不打扫就会变得脏乱，硬盘不维护也会变得凌乱，各种垃圾、碎片文件会拖慢系统运行的速度。在 Windows 10 系统中，对硬盘的检查、清理和碎片整理同样都是非常重要的，下面就来学习一下 Windows 10 环境下如何对磁盘进行维护。

（1）磁盘清理

在桌面上双击"计算机"图标，打开"计算机"窗口，右击要操作的磁盘的图标（例如 C 盘），在弹出的快捷菜单中单击"属性"选项，打开"磁盘属性"对话框，如图 3-39 所示。

单击"磁盘清理"按钮，即可进行磁盘的清理工作。磁盘清理包括清理回收站、系统使用过的临时文件等，以释放磁盘空间。整个扫描、计算、分析过程需要一些时间才能完成，如图 3-39 所示。在磁盘清理的结果界面中，可以看到其分析出可供删除的文件。以该系统盘分析为例，如图 3-40 所示，可节省的空间多达 397 MB，还是相当值得关注的。在列表中选择要清除的文件种类，界面中会实时显示总可获取的磁盘空间总数。

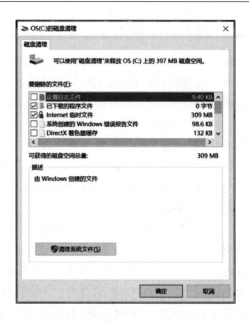

图 3-39　Windows 7 磁盘清理　　　　　　　　图 3-40　磁盘清理器分析结果

（2）碎片整理

一般来说，当硬盘上安装、卸载软件较频繁时，或复制、删除文件较频繁时，会在磁盘上形成许多碎片，当碎片较多时，硬盘的速度会明显变慢，导致计算机启动、运行程序时速度变慢，这时可以考虑对磁盘进行碎片整理，对磁盘进行碎片整理后，计算机整体速度会明显加快。

在图 3-39 所示的"磁盘属性"对话框中，选择"工具"选项卡，如图 3-41 所示，单击"检查"按钮，可以对磁盘进行检查，如图 3-42 所示。在"工具"选项卡中单击"优化"按钮，如图 3-43 所示，即可进行磁盘碎片整理。Windows 10 的碎片整理工具可以对两个及以上的分区同时进行分析和整理。注意，磁盘的碎片整理需要的时间一般很长，有时长达几小时。

图 3-41　单击"检查"按钮　　　　　图 3-42　磁盘检查　　　　　图 3-43　磁盘碎片整理

3.5.2 常见外部设备的管理

随着计算机应用的迅速普及以及网络化、信息化应用的日益广泛,市场对计算机外部设备的需求不断增长,从而拉动了计算机外部设备产业的形成和快速发展。一般而言,计算机在装上一些新硬件以后,必须安装相应的驱动程序才能使新硬件正常使用。由于多媒体技术的发展,需要的硬件越来越多,安装新硬件后的配置工作就成了让人头痛的事,为了解决这一问题,出现了"即插即用"技术(翻译为英文即为"Plug and Play")。顾名思义,"即插即用"就是不需要在计算机上安装硬件驱动程序等步骤,连接计算机即可使用。本节介绍两类外部设备的使用:即插即用设备(以 U 盘为例)和非即插即用设备(以打印机为例)的使用方法。

1. U 盘的使用

U 盘,全称 USB 闪存驱动器,英文名"USB Flash Disk"。它是一种使用 USB 接口的无须物理驱动器的微型高容量移动存储产品,通过 USB 接口与计算机连接,实现即插即用。U 盘的称呼最早来源于朗科科技生产的一种新型存储设备,名曰"优盘",使用 USB 接口进行连接。U 盘连接到计算机的 USB 接口后,U 盘的资料可与计算机交换。而之后生产的类似技术的设备由于朗科已进行专利注册,而不能再称为"优盘",而改称谐音的"U 盘"。后来,"U 盘"这个称呼因其简单易记而广为人知。U 盘最大的优点就是小巧便于携带、存储容量大、价格便宜、性能可靠,是常用移动存储设备之一。

将 U 盘直接插到机箱前面板或后面的 USB 接口上,系统就会自动识别。在任务栏右侧通知区域,会有一个小图标█,表示已经加载了 USB 设备,打开"计算机"窗口,就可以看到 U 盘的盘符。接下来,用户可以像平时操作硬盘一样,在 U 盘上保存或删除文件、格式化 U 盘,或者在文件上右击将文件直接发送到 U 盘中。但是要注意,U 盘使用完毕后要关闭所有关于 U 盘的窗口,拔下 U 盘前,要用左键(或右键)单击右下角的█图标,出现图 3-44 所示情景,选择"弹出 USB DISK",当右下角出现"安全删除硬件并弹出媒体"的提示后(图 3-44),才能将 U 盘从机箱上拔下。

图 3-44　安全提示

2. 打印机的使用

打印机是计算机重要的输出设备,是日常办公、学习不可或缺的设备。那么在 Windows 10 系统中怎么安装打印机呢?接下来介绍如何一步步添加打印机。

(1) 将打印机连接至主机,打开打印机电源,通过控制面板进入"打印机和传真"文件夹(也可单击屏幕左下角的"开始"按钮█,选择"设备和打印机"命令)。在打开的"打印机和传真"窗口的空白处右击,选择"添加打印机"命令,打开"添加打印机向导"窗口,选择"添加本地打印机"(网络打印机的安装与设置见第 3 章)命令,如图 3-45 所示。

(2) 此时主机将会进行新打印机的检测,很快便会发现已经连接好的打印机,根据提示安装打印机驱动程序,如图 3-45 所示。

(3) 打印机驱动加载完成后,系统会出现是否共享打印机的界面,可以选择"不共享这台打印机"或"共享此打印机以便网络中的其他用户可以找到并使用它"。如果选择共享此打机,需要设置共享打印机名称。

图 3-45　添加并安装打印机

(4) 单击"下一步"按钮,打印机添加完成,"设备和打印机"窗口中显示所添加的打印机,如图 3-46 所示。通过"打印测试页"检测设备是否正常使用。如果计算机需要添加两台打印机,在第二台打印机添加完成页面,系统会提示是否"设置为默认打印机"。也可以在打印机设备上右击选择"设置为默认打印机"命令进行更改。

图 3-46　打印机添加完成

3.6　控　制　面　板

控制面板为用户提供了查看并进行基本的系统设置和控制的途径,比如添加硬件、添加/删除软件、控制用户账户、更改辅助功能选项等。这些设置几乎涉及有关 Windows 外观和工作方式的所有方面,通过使用控制面板对系统进行设置,使其适合不同用户的需要。然而很多用户在升级了 Windows 10 之后,找不到控制面板。我们先介绍打开 Windows 10 控制面板的几种方法。

方法一:Cortana 搜索,如图 3-47 与图 3-48 所示。

(1) 使用 Cortana 搜索,输入"控制面板",单击即可打开。

图 3-47 方法一第一步

（2）右击控制面板，将其固定到开始屏幕的任务栏，这样就可以直接从开始屏幕上找到控制面板。

图 3-48 方法一第二步

方法二：通过"此电脑"找到控制面板，如图 3-49 所示。

图 3-49 方法二

（1）右击"此电脑"图标，选择"属性"命令。

（2）打开"系统"窗口，单击路径处的"控制面板"即可。

方法三：将控制面板放到桌面上，如图 3-50 所示。

（1）在桌面空白处右击，选择"个性化"命令；选择左侧的"主题"，在右侧单击"桌面图标设置"。

（2）勾选"控制面板"复选框，单击"确定"按钮就可以在桌面上找到控制面板。

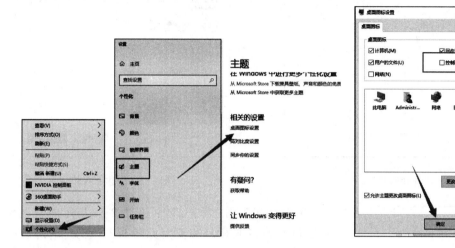

图 3-50　方法三

找到控制面板之后，下面介绍如何使用控制面板进行常用的系统设置。

3.6.1　用户账户

通过用户账户，多个用户可以轻松地共享一台计算机。Windows 10 环境下有三种类型的账户，每种类型的账户为用户提供不同的计算机控制级别。

- 标准用户：标准账户可以使用大多数软件以及更改不影响其他用户或计算机安全的系统设置。
- 管理员：管理员有计算机最高级别的访问控制权。
- 来宾账户：主要针对需要临时使用计算机的用户。

创建和修改用户账户，要以管理员身份登录 Windows，操作步骤如下。

（1）在 Cortana 搜索框输入"控制面板"命令，打开"控制面板"窗口，如图 3-51 所示。

（2）在图 3-51 所示的"控制面板"窗口

图 3-51　"控制面板"窗口

"用户账户"组中选择"删除用户账户"命令，打开"管理账户"窗口，如图 3-52 所示。

（3）在"管理账户"窗口可以看到已经创建好的账户，如图 3-52 中的"ASUS"账户，可以对已有账户进行设置，也可以创建新账户，这里首先演示创建新账户的方法，因此选择"在电脑设置中添加新用户"命令。

（4）在之后出现的"创建新账户"窗口中,选择"添加家庭成员"或"将其他人添加到这台电脑",输入账户的电子邮件或电话号码,进行下一步,即可创建新用户,如图 3-53 所示。

图 3-52　"管理账户"窗口　　　　　　　　　图 3-53　创建新账户

图 3-54　更改用户账户

（5）创建完用户账户,就可在图 3-52 所示的管理账户窗口看到该账户。若要对账户进行更改,单击该账户,打开"更改账户"窗口,在该窗口中显示对账户进行修改的内容,如图 3-54 所示,可以更改账户名称、更改账户类型、管理其他账户、更改用户账户控制设置等,如果该系统已添加了多个账户,而要修改其他账户,单击"管理其他账户"命令进行其他账户的修改。

3.6.2　鼠标设置

本节介绍用户使用控制面板对硬件进行自定义设置的方法,以鼠标为例,操作步骤如下。

（1）单击"开始"菜单 ▦ ,选择"控制面板"命令,在"控制面板"窗口中选择"硬件和声音",打开"硬件和声音"窗口,如图 3-55 所示。

（2）在该窗口的"设备和打印机"栏目中选择"鼠标",打开"鼠标属性"对话框,如图 3-56 所示。

在该窗口中:

- "鼠标键"选项卡可改变左右键功能,进行左右键功能切换,"双击速度"可设置双击时间间隔,"慢"表示时间间隔可长一些,"快"表示时间间隔可短一些。在"测试区域"可进行鼠标测试,双击测试区域,测试成功后小海豚会跳过图中圆圈,测试不成功小海豚则不跳过。
- 在"指针"选项卡"自定义"框中可设置指针在不同状态下的形状,如图 3-57 所示,若要更改指针的整体方案,例如改变所有指针的整体风格及大小,单击"方案"栏中的下拉箭头,从列表中选择新的指针方案。
- "指针选项"选项卡可设置鼠标移动速度、移动时是否显示指针轨迹等。

图 3-55　"硬件和声音"窗口

图 3-56　"鼠标属性"对话框

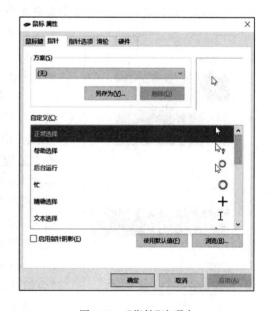

图 3-57　"指针"选项卡

3.6.3　外观和个性化显示

在"控制面板"窗口中,单击"外观和个性化"命令,打开"外观和个性化"窗口,如图 3-58 所示,可进行外观和个性化设置。在本窗口中可设置四类外观和个性化栏目:"任务栏和导航""轻松使用设置中心""文件资源管理器选项""字体"。

在本窗口中,主要介绍以下几个方面设置的操作方法:更改桌面背景、自定义桌面图标、更改屏幕保护程序、调整屏幕分辨率。

图 3-58 "外观和个性化"选项

1. 更改桌面背景(壁纸)

桌面背景(也称为壁纸)可以是个人收集的图片、Windows 提供的图片、纯色或带有颜色框架的图片。可以选择一个图像作为桌面背景,也可以显示幻灯片图片进行多张图片的切换。

图 3-59 桌面背景

操作方法如下。

(1)在桌面空白处右击,在弹出的快捷菜单中选择"个性化"命令,弹出图 3-59 所示窗口。

(2)如果在"背景"下拉列表中选择"图片",在下面的图片预览窗口选择一张图片作为桌面背景,用户也可通过"浏览"按钮选择个人图片。在"选择契合度"处通过"填充""适应""拉伸""平铺""居中"来设置图片在屏幕上的显示效果,以适合屏幕大小。

(3)如果在"背景"下拉列表中选择"纯色",在"选择你的背景色"中选择一种颜色作为桌面背景,用户也可通过"自定义颜色"的"+"按钮选择个人颜色。

(4)如果在"背景"下拉列表中选择"幻灯片放映",在"为幻灯片选择相册"中选择多张图片或照片作为桌面背景,并通过"图片切换频率"进行时间间隔设置。

2. 自定义桌面图标

初次安装好 Windows 10 后,只有"回收站"显示在桌面上,要将其他常见图标,如"计算机""网络"等显示在桌面上,可通过自定义桌面图标实现。操作方法:在"外观和个性化"窗口中单击"个性化"命令,在打开的窗口左侧选择"更改桌面图标"命令,弹出图 3-60 所示的"桌面图标设置"对话框,根据需要选中"计算机""回收站""用户的文件""控制面板""网络"前面的复选框,单击"确定"按钮,选中的桌面图标将会在桌面上显示出来。

3. 更改屏幕保护程序

屏幕保护程序(简称"屏保")最初是被用来保护显示器的,以前的显示器在高亮显示情况下,如果长时间只显示一种静止的画面,有可能会造成对荧光屏的伤害,所以屏幕保护程序就出现了,它使用一些动态画面使荧光屏避免受损。现在的显示器对长时间静止画面的承受能力已经足够强了,所以屏保的作用发生了一些变化,现在的屏保多被用来当作一种艺术品来欣赏或者利用屏保的密码来保护计算机,以使得计算机在主人离开时不被他人使用。Windows 10设置和修改屏幕保护程序的步骤如下。

(1) 在"外观和个性化"窗口中单击"更改屏幕保护程序"命令,弹出图 3-61 所示的"屏幕保护程序设置"对话框。

图 3-60　桌面图标设置

图 3-61　屏幕保护程序设置

(2) 单击屏幕保护程序下拉列表,选择一种屏幕保护程序。

(3) 若选择屏幕保护程序"Windows Live 照片库"或"图片",单击"设置"按钮,用户可选择自定义的图片。若选择"三维文字",单击"设置"按钮,可自定义文字内容,屏幕保护将呈现自定义的文字。

(4) 单击"预览"按钮可预览屏保效果。在预览状态下,移动鼠标或按键盘上的 Esc 键可退出屏保。

(5) 若当前用户账户设置了密码,选择"在恢复时显示登录屏幕"复选框,退出屏幕保护程序时进入用户登录界面,需输入密码才可以登录计算机。

(6) 屏幕保护程序下方的时间选项设置屏幕保护间隔时间。通过单击上下箭头设置屏幕保护时间间隔,也可以在数字框中手动输入时间。

(7) 完成以上设置以后,单击"确定"按钮退出屏幕保护程序设置。

4. 调整屏幕分辨率

屏幕分辨率就是屏幕上显示的像素个数,例如,分辨率 800×600 的意思是水平像素数为800 个,垂直像素数 600 个。分辨率越高,像素的数目越多,图像越精密。而在屏幕尺寸一样的情况下,分辨率越高,显示效果就越精细和清晰。调整屏幕分辨率的操作方法如下。

(1) 在"设置"窗口的"显示"组中单击"屏幕分辨率",打开"屏幕分辨率"窗口,如图 3-62所示。

(2) 在该窗口中可进行分辨率的调整:单击"分辨率(R)"右侧的下拉箭头,会出现改变分辨率的调节按钮。

(3) 弹出是否保存设置的提示框,选择"保留更改",完成屏幕分辨率的设置。

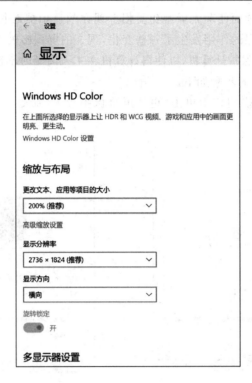

图 3-62　调整屏幕分辨率

3.6.4　电源管理

通过 Windows 10 的电源管理可以为计算机配置节能方案,特别是笔记本计算机,通过设置最佳节能模式,可实现电量消耗最小的模式,提升笔记本计算机的续航能力。

操作步骤如下。

(1) 在"控制面板"窗口中单击"硬件和声音",打开"硬件和声音"窗口,在这里可以对系统的各种硬件资源进行设置。

(2) 在"硬件和声音"下选择"电源选项",更改系统电源设置,如图 3-63 所示。该图中,最常用的设置是左侧列表中的最后两项——选择关闭显示器的时间和更改计算机睡眠时间。

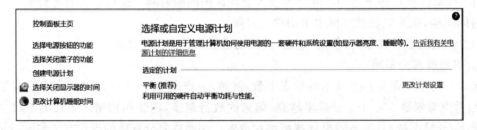

图 3-63　电源选项

(3) 单击图 3-63 左侧的"选择关闭显示器的时间"或"更改计算机睡眠时间"命令,都可打开图 3-64 所示的窗口,分别可设置用电池(笔记本计算机)和接通电源两类情况下,降低显示亮度、关闭显示器、使计算机进入睡眠状态的时间,以及通过移动滑块调整显示亮度。设置完成后单击"保存修改"按钮。

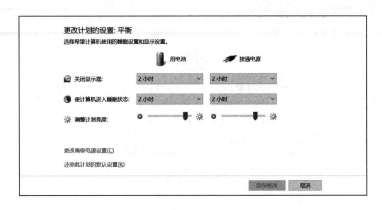

图 3-64　更改关闭显示器和进入睡眠状态的时间

3.6.5　卸载程序

计算机的使用时间越长,计算机中安装的程序就越多。如果不再需要某个程序,或者出于释放硬盘上空间的需要,就可以从计算机上卸载该程序,释放硬盘空间。控制面板的"卸载程序"命令提供了程序卸载的途径。操作步骤如下。

(1) 打开控制面板,选择"卸载程序"命令,打开图 3-65 所示的"程序和功能"窗口,该窗口显示了计算机已安装的程序列表,包括程序"名称"、"发布者"、"安装时间"、"大小"和"版本"信息。

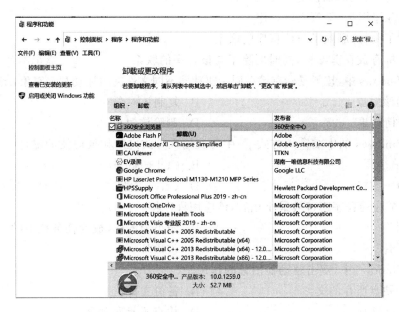

图 3-65　程序和功能窗口

(2) 选择需要卸载的程序,单击"卸载/更改"按钮,弹出程序卸载提示框,例如卸载图 3-65 中的第一个程序——"360 安全浏览器",弹出图 3-66 所示的卸载提示框,按照自己的需求,选择是否删除保存的个人配置数据。

(3) 如果选择了"直接卸载",之后便是卸载进度和卸载完成后的提示,部分程序卸载完成之后需要重新启动计算机。

图 3-66　卸载框

练 习 题

一、选择题

1. 操作系统是（　　）。

A. 用户与软件的接口　　　　　　　　B. 系统软件与应用软件的接口

C. 主机与外设的接口　　　　　　　　D. 用户与计算机的接口

2. 在 Windows 中删除某程序的快捷方式图标，表示（　　）。

A. 只删除了图标，而没有删除该程序

B. 既删除了图标，又删除该程序

C. 隐藏了图标，删除了与该程序的联系

D. 将图标存放在剪贴板，同时删除了与该程序的联系

3. 在 Windows 中，按下鼠标左键在同一驱动器不同文件夹内拖动某一对象，结果（　　）。

A. 移动该对象　　　　　　　　　　　B. 复制该对象

C. 无任何结果　　　　　　　　　　　D. 删除该对象

4. 在 Windows 的中文输入方式下，中英文输入方式之间切换应按的键是（　　）。

A. Ctrl＋Alt　　　　　　　　　　　　B. Ctrl＋Shift

C. Shift＋空格　　　　　　　　　　　D. Ctrl＋空格

5. 当一个应用程序窗口被最小化后，该应用程序将（　　）。

A. 被删除　　　　　　　　　　　　　B. 缩小为图标，成为任务栏中的一个按钮

C. 被取消　　　　　　　　　　　　　D. 被破坏

6. 在 Windows 中，双击驱动器图标的作用是（　　）。

A. 查看硬盘所存的文件　　　　　　　B. 备份文件

C. 格式化磁盘　　　　　　　　　　　D. 检查磁盘驱动器

7. 在 Windows 10 中个性化设置不包括（　　）。

A. 主题　　　　　　　　　　　　　　B. 桌面背景

C. 屏幕的分辨率　　　　　　　　　　D. 图片大小

8. 关于计算机磁盘（硬盘）管理操作，下列说法正确的是（　　）。

A. 为了便于磁盘的管理，尽量采用一个分区进行管理

B. 对磁盘进行分区，对象必须是未分配的空间或者扩展分区内的可用空间

C. 可以通过收缩现有分区来创建一些空间,但必须格式化现有分区

D. 以上说法均不对

9. 在 Windows 操作系统中,按照菜单的约定规则,菜单项是灰色字符说明(　　)。

A. 无效的菜单项,表示当前不可选取

B. 正常的菜单项,表示可以选取

C. 表示级联菜单,当鼠标指针指向它时,会自动弹出下一级子菜单

D. 选项标记,可在两种状态之间进行切换

10. Windows 10 自带截图工具,使用截图工具可捕获屏幕上任何对象的屏幕快照或截图,并自动保存在剪贴板中。打开的正确步骤是(　　)。

A. "开始"菜单按钮→"所有程序"→"附件"→"截图工具"

B. 在控制面板里搜索"截图工具"

C. "开始"菜单按钮→"附件"→"所有程序"→"截图工具"

D. 在 Cortana 搜索框里输入"截图工具"

二、填空题

1. 计算机系统软件中的核心是_____,它主要用来控制和管理计算机所有软硬件资源。

2. 每当计算机运行一个应用程序时,系统都会在_____栏上增加一个程序图标。

3. 在 Windows 10 中,要将当前窗口作为一个图片拷入剪贴板,应该使用_____键。

4. 关闭 Windows 10 窗口的组合键是_____。

5. 当 Windows 10 应用程序不再响应用户操作时,为了结束程序,可用组合键_____调出任务管理器来结束程序。

6. 在 Windows 10 操作系统中,查看当前以及过去数分钟内 CPU 的使用率是在任务管理器的_____选项卡中。

7. 创建和保存文件有三要素,即_____、_____和_____。

8. Windows 10 的"库"其实是一个特殊的_____。

三、操作练习

1. 简述操作系统的作用。

2. Windows 10 有哪些新特性?

3. Windows 10 环境下的磁盘管理有哪些操作?

4. 如何打开程序? 如何创建和删除程序桌面快捷方式?

5. 控制面板的作用是什么? 有哪些常用功能?

6. Windows 操作系统的分辨率高低和显示效果有什么关系?

第4章　计算机网络

4.1　计算机网络基础

4.1.1　计算机网络及其发展阶段

计算机网络是指将地理位置不同的、具有独立功能的多台计算机及其外部设备通过通信线路连接起来,在网络操作系统、网络管理软件以及网络通信协议的管理和协调下,实现资源共享和信息传递的计算机系统。最简单的计算机网络只有两台计算机和连接它们的一条链路,即两个节点和一条链路。最著名的计算机网络是因特网(Internet)。计算机网络支持大量应用程序和服务,例如访问万维网、共享文件服务器、打印机、电子邮件和即时通信等。自从计算机网络出现以后,它的发展速度与应用的广泛程度十分惊人。纵观计算机网络的发展,其大致经历了以下四个阶段:面向终端的计算机网络、计算机—计算机网络、开放式标准化网络、网络互联与高速网络时代。

1. 面向终端的计算机网络

以单个计算机为中心的远程联机系统构成面向终端的计算机网络。这种系统用一台中央主机连接大量的地理上处于分散位置的终端,其中终端都不具备自主处理的能力。例如,20世纪50年代初美国的半自动地面防空(SAGE)系统,该系统将远距离的雷达和其他设备的信息,通过通信线路汇集到一台旋风计算机,第一次实现了利用计算机远距离的集中控制和人—机对话。SAGE系统的诞生被誉为计算机通信发展史上的里程碑。从此,计算机网络开始逐步形成和发展。

2. 计算机—计算机网络

在主机—终端系统中,随着终端设备的增加,主机负荷不断加重,处理数据效率明显下降,数据传输速率较低,线路的利用率也低,因此,采用主机—终端系统的计算机网络已不能满足人们对日益增加的信息处理的需求。另外,由于计算机的性价比提高,在20世纪60年代末,出现了计算机与计算机互连的系统,它将多台自主计算机通过通信线路互连起来为用户提供服务,它的产生标志着计算机网络的兴起,并为Internet的形成奠定了基础。

最早的计算机—计算机网络是美国国防部高级研究计划局(Defense Advanced Research Projects Agency,DARPA)于20世纪60年代末联合计算机公司和大学共同研制而组建的ARPA网(Advanced Research Projects Agency Network,ARPANET),ARPANET中采用的许多网络技术,如分组交换、路由选择等,至今仍在使用。它是Internet的前身,标志着计算机网络的兴起。

3. 开放式标准化网络

随着大量厂商、公司都各自研制自己的计算机网络系统并提供服务,虽然计算机网络得到一定的应用,但相应的弊病也暴露出来,他们各自研制的网络系统没有一个统一的标准,不能实现互联。为了解决这一问题,20 世纪 70 年代末,国际标准化组织(International Standards Organization,ISO)成立了专门的工作组来研究计算机网络的标准。ISO 制定了计算机网络体系结构的标准及国际标准化协议,1984 年 ISO 正式颁布了"开放系统互连参考模型(Open System Interconnection/Reference Model,OSI/RM)",简称为 OSI 参考模型或 OSI/RM。OSI 参考模型将网络划分为七层,因此也称为 OSI 七层模型。

标准化的最大好处是开放性,虽然开放,但各厂商必须按该标准来生产计算机的相关设备。用户在组装一台计算机时,不必局限于只购买一个公司的产品,而是可以自由地选购兼容产品。这样,标准化的制定与实施不仅促进了企业的竞争,同时也大大加速了计算机网络的发展,计算机网络在各个领域的应用也越来越广泛,并为这些领域带来了巨大的工作效率和经济效益。

4. 网络互联与高速网络时代

20 世纪 90 年代以来,随着信息高速公路计划的提出与实施,Internet 在地域、用户、功能和应用等方面不断拓展,极大地促进了计算机网络技术的迅猛发展。这个阶段计算机网络的主要特点是综合化和高速化。

综合化是指采用交换的数据传送方式将多种业务综合到一个网络中完成,例如,它不但可以传输数据,还可以传输图像、声音、影像等多媒体信息,三网(电话网、有线电视网和数据网)融合甚至多网融合已成为一个重要的发展方向。

高速化是指传输数据的速率得到极大提高,早期的以太网数据传输速率只有 10 Mbit/s,而目前,速度达 100 Mbit/s 的以太网已相当普及,速度再提高十倍、达 Gbit/s 的产品也已面世。

4.1.2　计算机网络的分类

计算机网络的分类方法很多,可以从不同的角度对计算机网络进行分类,下面介绍几种常见的分类方法。

1. 按网络作用的地域范围分类

从网络作用的地域范围对网络进行分类,可以分为局域网、城域网和广域网 3 类。

局域网(Local Area Network,LAN):局域网用于将有限范围(如一个实验室、一幢大楼、一个校园)内的各种计算机、终端与外部设备互联成网。局域网按照采用的技术、应用范围和协议标准的不同可以分为共享局域网与交换局域网。局域网技术发展迅速,应用日益广泛,是计算机网络中最活跃的领域之一。

局域网的特点是:限于较小的地理区域内,一般不超过 2 km,通常是由一个单位组建拥有的,如一个建筑物内、一个学校内、一个工厂的厂区内等;并且局域网的组建简单、灵活,使用方便。局域网示意如图 4-1 所示。

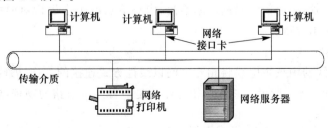

图 4-1　局域网

城域网（Metropolitan Area Network，MAN）：城市地区的网络常简称为城域网，也称市域网。目标是要满足几十千米范围内的大量企业、机关、公司的多个局域网互联的需求，以实现大量用户之间的数据、语音、图形与视频等多种信息的传输功能。在一个大型城市或都市地区，一个MAN通常连接着多个LAN，如连接政府机构的LAN、医院的LAN、电信的LAN、公司企业的LAN等。光纤连接的引入使MAN中高速的LAN互连成为可能。某教育城域网方案如图4-2所示。

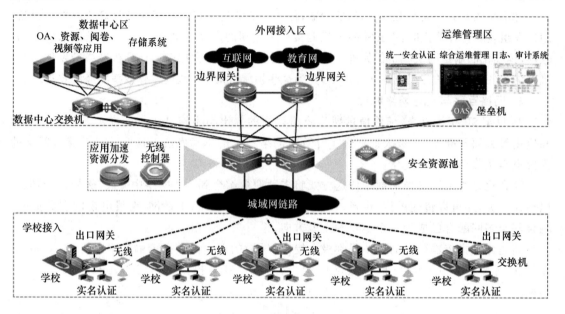

图 4-2　某教育城域网

广域网（Wide Area Network，WAN）：也称为远程网。它所覆盖的地理范围从几十千米到几千千米。广域网覆盖一个国家、地区或横跨几个洲，形成国际性的远程网络。广域网的通信子网主要使用分组交换技术。广域网的通信子网可以利用公用分组交换网、卫星通信网和无线分组交换网，它将分布在不同地区的计算机系统互连起来，达到资源共享的目的。某广域网示意如图4-3所示。

2. 按拓扑结构分类

计算机网络的拓扑结构主要有星形拓扑、总线形拓扑、环形拓扑、树形拓扑和网状拓扑等。

（1）星形拓扑

星形拓扑由中央节点与各个节点连接组成，如图4-4所示。这种网络各节点必须通过中央节点才能实现通信。

星形拓扑结构的优点是结构简单，组网容易，便于维护和管理，网络延迟时间短，误码率低；缺点是共享能力较差，通信线路利用率不高，中央节点的正常运行对网络系统来说是至关重要的，中央节点负担过重。

（2）总线形拓扑

用一条称为总线的中央主电缆将相互之间以线性方式连接的工作站连接起来的布局方式称为总线形拓扑，如图4-5所示。总线形拓扑结构是一种共享通路的物理结构，总线具有信息的双向传输功能。

这种结构的特点是结构简单灵活，建网容易，扩充或删除一个节点很容易，可靠性高，节点的故障不会殃及系统;其缺点是主干总线对网络起决定性作用,总线故障将影响整个网络,总线长度有一定限制,一条总线也只能连接一定数量的节点。

（3）环形拓扑

环形网中各节点通过环路接口连在一条首尾相连的闭合环形通信线路中,环路上的任何节点均可以请求发送信息,如图 4-6 所示。请求一旦被批准,便可以向环路发送信息。一个节点发出的信息必须穿越环中所有的环路接口,信息流中目的地址与环上某节点地址相符时,即被该节点的环路接口所接收,而后信息继续流向下一环路接口,一直流回到发送该信息的环路接口节点为止。这种结构特别适用于实时控制的局域网系统。

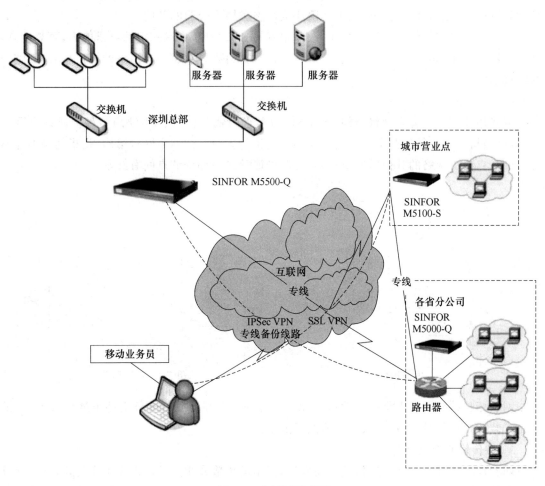

图 4-3　广域网示意图

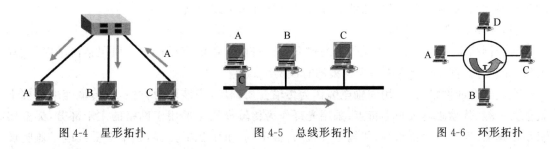

图 4-4　星形拓扑　　　　图 4-5　总线形拓扑　　　　图 4-6　环形拓扑

环形拓扑结构的优点是安装容易,费用较低,电缆故障容易查找和排除,有些网络系统为了提高通信效率和可靠性,采用了双环结构,即在原有的单环上再套一个环,使每个节点都具有两个接收通道,简化了路径选择的控制,可靠性较高,实时性强;缺点是节点过多时传输效率低,故扩充不方便。

(4) 树形拓扑

树形结构是总线形结构的扩展,它是在总线网上加上分支形成的,其传输介质可有多条分支,但不形成闭合回路,如图 4-7 所示。树形拓扑结构就像一棵"根"朝上的树,与总线形拓扑结构相比,主要区别在于总线形拓扑结构中没有"根"。这种拓扑结构的网络一般采用同轴电缆,用于军事单位、政府部门等上、下界限相当严格和层次分明的部门。

树形拓扑结构的优点是容易扩展,故障也容易分离处理,具有一定的容错能力,可靠性高,便于广播式工作,容易扩充;缺点是整个网络对根的依赖性很大,一旦网络的根发生故障,整个系统就不能正常工作。

(5) 网状拓扑

网状拓扑结构又有全网状结构(图 4-8(a))和半网状结构(图 4-8(b))两种。所谓全网状结构,就是指网络中任何两个节点间都是相互连接的。而所谓的半网状结构,是指网络中并不是每个节点都与网络的其他所有节点有连接,可能只是一部分节点间有互联。

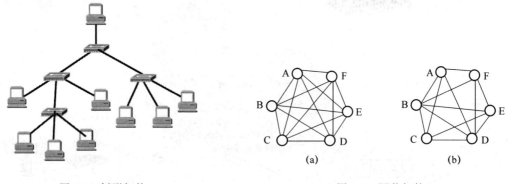

图 4-7　树形拓扑　　　　　　　　　　　　图 4-8　网状拓扑

网状拓扑结构的优点是可靠性高,资源共享方便,有好的通信软件支持下通信效率高;缺点是安装和维护困难,提供冗余链路增加了成本。

3. 按传输媒介进行分类

随着计算机技术和网络通信技术的发展,网络的传输介质也不断地发生变化。目前,计算机网络的传输介质有双绞线、光纤、红外线、微波等几种,其中通过双绞线和光纤所连接的网络称为有线网络,而通过红外线、微波等连接的网络称为无线网络。

(1) 有线网络

有线网络采用有线传输介质作为通信介质。目前常用的有线传输介质包括同轴电缆、双绞线、光纤等。图 4-9 所示为一个典型的有线网络。

在组建有线网络时,采用同轴电缆作为传输介质,具有安装较为方便,但传输速率和抗干扰能力一般,传输距离较短等特点;采用光纤作为传输介质主要用于网络的主干部分,无金属材质成本低,安装技术要求高,传输距离长,传输率高,抗干扰能力强,且不会受到电子监听设备的监听等,是组建高安全性网络的理想选择。

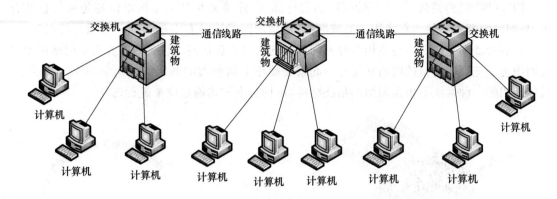

图 4-9 有线网络

目前,组建局域网最常用的有线传输介质是双绞线,它具有价格便宜、安装方便和灵活等优点。同时,也有信号易被干扰、传输距离短等缺点。

(2)无线网络

与有线网络不同,无线网络采用无线传输介质作为通信介质,目前流行的无线通信介质包括无线电、微波和红外系统等。图 4-10 所示为典型的无线局域网。

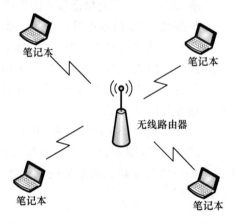

图 4-10 无线局域网

无线网的产生应该说是伴随着笔记本计算机、个人数字助理等便携式设备的日益普及和发展而产生和发展的。它具有安装灵活方便、可移动等优点,是未来网络的发展方向之一。

4.1.3 计算机网络设备

不论是局域网、城域网还是广域网,在物理上通常都是由网卡、网线、路由器、交换机、防火墙等网络连接设备和传输介质组成的。

网卡是一块被设计用来允许计算机在计算机网络上进行通信的计算机硬件,它使得用户可以通过电缆或无线相互连接,分别对应有线网卡(图 4-11(a))和无线网卡(图 4-11(b))。每一个网卡都有一个被称为 MAC 地址的独一无二的 48 位串行号,它被写在卡上的一块 ROM 中。在网络上的每一个计算机都必须拥有一个独一无二的 MAC 地址。没有任何两块被生产出来的网卡拥有同样的地址。这是因为电气与电子工程师协会(IEEE)负责为网络接口控制器(网卡)销售商分配唯一的 MAC 地址。

网线(图 4-12)是从一个网络设备(例如计算机)连接到另外一个网络设备传递信息的介质,是网络的基本构件。在常用的局域网中,使用的网线也具有多种类型。在通常情况下,一个典型的局域网一般是不会使用多种不同种类的网线来连接网络设备的。在大型网络或者广域网中为了把不同类型的网络连接在一起就会使用不同种类的网线。在众多种类的网线中,具体使用哪一种网线要根据网络的拓扑结构、结构标准和传输速度来进行选择。

(a) (b)

图 4-11 有线网卡和无线网卡 图 4-12 网线

图 4-13 路由器

路由器(Router)是连接因特网中各局域网、广域网的设备(图 4-13),它会根据信道的情况自动选择和设定路由,以最佳路径,按前后顺序发送信号。路由器是互联网络的枢纽,分为有线路由器和无线路由器,或者兼而有之。目前路由器已经广泛应用于各行各业,各种不同档次的产品已成为实现各种骨干网内部连接、骨干网间互联和骨干网与互联网互联互通业务的主力军。

交换机(Switch,意为"开关")是一种用于电信号转发的网络设备(图 4-14),通过 MAC 地址寻址,它可以为接入交换机的任意两个网络节点提供独享的电信号通路。最常见的交换机是以太网交换机,其他常见的还有电话语音交换机、光纤交换机等。

图 4-14 交换机

这里说的防火墙设备(图 4-15)指的是一个由软件和硬件设备组合而成,在内部网和外部网之间、专用网与公共网之间的界面上构造的保护屏障,安装有防火墙的网络,流入流出的所有网络通信和数据包均要经过此防火墙,从而保护内部网免受非法用户的侵入。防火墙主要由服务访问规则、验证工具、包过滤和应用网关 4 个部分组成。

图 4-15 防火墙

4.2　Internet 基础

4.2.1　Internet 的发展历程

Internet 是计算机交互网络的简称,称为互联网,又称因特网。它是利用通信设备和线路将全世界上不同地理位置的、功能相对独立的、数以千万计的计算机系统互连起来,以功能完善的网络软件(网络通信协议、网络操作系统等)实现网络资源共享和信息交换的数据通信网。

1. Internet 起源

Internet 是在美国较早的军用计算机网 ARPANET 的基础上经过不断发展变化而形成的,Internet 的起源主要可分为以下几个阶段。

(1) Internet 的雏形阶段

1969 年,美国国防部高级研究计划局(Advanced Research Projects Agency,ARPA)开始建立一个命名为 ARPANET 的网络,当时建立这个网络目的只是为了将美国的几个军事及研究用计算机主机连接起来,人们普遍认为这就是 Internet 的雏形。发展 Internet 时沿用了 ARPANET 的技术和协议,而且在 Internet 正式形成之前,已经建立了以 ARPANET 为主的国际网,这种网络之间的连接模式,也是之后 Internet 所用的模式。

(2) Internet 的发展阶段

1985 年,美国国家科学基金会(NFS)开始建立 NSFNET。NSF 规划建立了 15 个超级计算中心及国家教育科研网,用于支持科研和教育的全国性规模的计算机网络 NFSNET,并以此作为基础,实现同其他网络的连接。NSFNET 成为 Internet 上主要用于科研和教育的主干部分,代替了 ARPANET 的骨干地位。1989 年 MILNET(由 ARPANET 分离出来)实现和 NSFNET 连接后,就开始采用 Internet 这个名称。自此以后,其他部门的计算机网相继并入 Internet,ARPANET 宣告解散。

(3) Internet 的商业化阶段

20 世纪 90 年代初,商业机构开始进入 Internet,使 Internet 开始了商业化的新进程,也成为 Internet 大发展的强大推动力。1995 年,NSFNET 停止运作,Internet 已彻底商业化了。这种把不同网络连接在一起的技术的出现,使计算机网络的发展进入一个新的时期,形成由网络实体相互连接而构成的超级计算机网络,人们把这种网络形态称为 Internet(互联网络)。

Internet 商业化以后,已经成为人们的日常所需。联合国于 2019 年 9 月发布的《数字经济报告》指出,全球网民总数已经超过 35 亿,当前全球数据流量为 46 600 GB/s,而 1992 年是 100 GB/s,提高了 400 多倍。数字经济总量为 11.5 万亿美元,占全球经济总量的 15.5%。

2. 互联网在中国的发展历程

跨越长城,走向世界。1987 年 9 月 14 日,在这个极为普通的日子里,随着键盘被敲击发出的最后一声"吧嗒",中国向全球科学网发出了第一封电子邮件。自第一封邮件之后,我国互联网事业开始崛起。

1994 年,中国国家计算机与网络设施(NCFC)接入 Internet 的国际专线开通,中国实现了与国际互联网的全功能连接,正式成为真正拥有全功能互联网的国家,预示着中国互联网的到来。在中国实现与国际互联网的全功能接入以后,科研单位开始着手中国互联网基础设施和主干网的搭建,同时也有民营企业的参与,为中国互联网的商业化做好了铺垫。

1996 年底至 2000 年初,奠定未来中国互联网商业格局的很多大公司在这一时期成立,其中多以"网站建设"为主,也就是我们所说的门户时代。

在 2000 年的互联网泡沫形成后,中国互联网企业为了生存,为了实现盈利,都在探索新的商业模式。截至 2005 年,中国网民规模迅速增长到 1 亿多。这代表着互联网的概念已经深入人心,成熟的盈利模式可以开始实施,互联网的商业价值得以实现。典型的商业模式有四种:广告、网游、搜索引擎和电子商务。

2005 年,博客的盛行标志着 Web 2.0 的到来,由门户和搜索时代转向社交化网络,大批的社交型产品诞生,例如博客中国、天涯社区、人人网、开心网和 QQ 空间等。网民的地位开始由被动转向主动,不光是信息的接收者,也成为信息的创造者和传播者。

最初互联网的载体是 PC,后来发展为 PC 为主,手机为辅。直到 2012 年,手机网民首次超越 PC,成为中国网民的第一上网终端,预示着移动互联网的爆发。移动应用与消息流型社交网络并存,真正体现了互联网的社会价值和商业价值,呈现空前繁荣的景象。

《中国互联网络发展状况统计报告》(2019 年 7 月)指出,中国网民总数为 8.54 亿。2018 年,我国数字经济规模达 31.3 万亿元,占国内生产总值(GDP)的比重达 34.8%,已成为我国经济增长的重要引擎,是我国经济社会平稳向前发展的一大支柱。

3. 互联网的发展趋势、挑战和中国方案

随着计算机和网络技术的发展,互联网将会朝着移动化、万物互联和智能化方向发展。

(1)互联网移动化

无处不在的网络,随心所欲的沟通,移动互联网正在将这一梦想变为现实。移动互联网是宽带移动通信和互联网的完美结合,带来 ICT 大融合,产生新产业、新模式、新业态、新格局,是一场颠覆性的创新和变革。移动互联网的发展速度极大地超出了人们的想象,转瞬间便从概念变成了现实,并深刻地改变了个人、企业、政府等的习惯和行为。

(2)万物互联化

物联网(Internet of Things,IoT)即"万物相连的互联网",是在互联网基础上延伸和扩展的网络,将各种信息传感设备与互联网结合起来而形成的一个巨大网络,实现在任何时间、任何地点,人、机、物的互联互通。物联网是新一代信息技术的重要组成部分,IT 行业又叫泛互联,意指物物相连,万物万联。"物联网就是物物相连的互联网"有两层意思:第一,物联网的核心和基础仍然是互联网,是在互联网基础上延伸和扩展的网络;第二,其用户端延伸和扩展到了任何物品与物品之间,进行信息交换和通信。因此,物联网的定义是通过射频识别、红外感应器、全球定位系统、激光扫描器等信息传感设备,按约定的协议,把任何物品与互联网相连接,进行信息交换和通信,以实现对物品的智能化识别、定位、跟踪、监控和管理的一种网络。

物联网的应用涉及方方面面,在工业、农业、环境、交通、物流、安保等基础设施领域的应用,有效地推动了这些方面的智能化发展,使得有限的资源更加合理地使用分配,从而提高了行业效率、效益。在家居、医疗健康、教育、金融与服务业、旅游业等与生活息息相关的领域的应用,从服务范围、服务方式到服务质量等方面都有了极大的改进,大大地提高了人们的生活质量;在涉及国防军事领域方面,虽然还处在研究探索阶段,但物联网应用带来的影响也不可小觑,大到卫星、导弹、飞机、潜艇等装备系统,小到单兵作战装备,物联网技术的嵌入有效提升了军事智能化、信息化、精准化,极大提升了军事战斗力,是未来军事变革的关键。

(3)智能化

智能互联网是以物联网技术为基础,以平台型智能硬件为载体,按照约定的通信协议和数据交互标准,结合云计算与大数据应用,在智能终端、人、云端服务之间,进行信息采集、处理、分析、应用的智能化网络,具有高速移动、大数据分析和挖掘、智能感应与应用的综合能力,能够向传统行业渗透融合,提升传统行业的服务能力,连接百行百业,进行线上线下跨界全营销。智能互联网代表着互联网未来的发展方向。它不仅仅是传统互联网在工业领域的延伸,而且开启了一个人与物相连、物与物相连的大连接世界。

半个世纪以来,互联网寄托着人们追求自由、平等生活的美好愿景。泛在的连接、开放的创新、共享的精神,互联网激发了每个人的创造力,形成了百花齐放、百家争鸣的国际公共空间。同时,站在历史节点,网络空间不安全、不可信、不合理等问题日益突出。互联网领域缺少有共识性、有约束力、有效果的治理规则。面对互联网的挑战,我国提出了应对互联网全球治理变革的"中国方案"。

(1)核心理念

共建网络空间命运共同体:网络空间是人类共同的活动空间,必须坚持同舟共济、互信互利,摒弃零和博弈、赢者通吃。

坚持多边参与,发挥多方作用:中国愿以和平发展为主题,以合作共赢为核心,倡导和平、主权、共治、普惠作为网络空间国际交流与合作的基本原则。

(2)主要内容

四项原则:尊重网络主权、维护和平安全、促进开放合作、构建良好秩序。

五点主张:加快全球网络基础设施建设,促进互联互通;打造网上文化交流共享平台,促进交流互鉴;推动网络经济创新发展,促进共同繁荣;保障网络安全,促进有序发展;构建互联网治理体系,促进公平正义。

中国国家主席习近平同志在第二届世界互联网大会开幕式上的讲话中指出:纵观世界文明史,人类先后经历了农业革命、工业革命、信息革命。每一次产业技术革命都给人类生产生活带来巨大而深刻的影响。现在,以互联网为代表的信息技术日新月异,引领了社会生产新变革,创造了人类生活新空间,拓展了国家治理新领域,极大提高了人类认识世界、改造世界的能力。互联网让世界变成了"鸡犬之声相闻"的地球村,相隔万里的人们不再"老死不相往来"。可以说,世界因互联网而更多彩,生活因互联网而更丰富。

4.2.2　互联网协议——TCP/IP 协议

计算机网络是由许多具有信息交换和处理能力的节点互连而成的。要使整个网络有条不紊地工作,就要求每个节点必须遵守一些事先约定好的有关数据格式及时序等的规则。这些为实现网络数据交换而建立的规则、约定或标准就称为网络协议(Networking Protocol)。协议是通信双方为了实现通信而设计的约定或通话规则。

1. TCP/IP 协议

TCP/IP 是 Transmission Control Protocol/Internet Protocol 的简写,中文译为传输控制协议/因特网协议,又名网络通信协议,是 Internet 最基本的协议,也是 Internet 国际互联网络的基础,由网络层的 IP 协议和传输层的 TCP 协议组成。TCP/IP 定义了电子设备如何连入因特网,以及数据在它们之间传输的标准。协议采用了 4 层(数据链路层、网络层、传输层、应用层)的层级结构。图 4-16 所示为主机 A 和主机 B 通过 TCP/IP 协议通信的过程。

(1)数据链路层

数据链路层实现了网卡接口的网络驱动程序,处理数据在物理媒介(以太网、令牌环)上的传输,常用协议有 ARP(地址解析协议)和 RARP(逆地址解析协议),它们实现了 IP 地址和物理地址间的相互转换。网络层使用 IP 地址寻找机器,而数据链路层使用物理地址寻找机器,当网络层需要使用数据链路层提供的服务时,必须把 IP 地址转换为物理地址,这就用到了 ARP。RARP 仅用于网络上某些无盘工作站,因为缺乏存储设备,无盘工作站无法记住自己的 IP 地址,需要利用网卡上的物理地址来查询自身的 IP 地址。

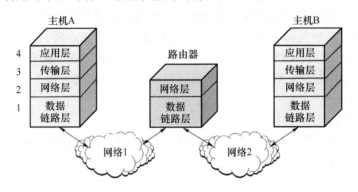

图 4-16　TCP/IP 协议通信原理

（2）网络层

实现数据包的选路和转发,WAN 使用多级路由器连接分散的主机或 LAN,两台主机一般不是直接相连的,而是通过多个中间节点(路由器)连接的。网络层的任务就是选择这些中间节点,确定两台主机之间的通信路径。同时网络层对上层协议隐藏了网络拓扑连接的细节,使得在传输层和网络应用程序来看,通信的双方是直接相连的。

网络层的核心协议是 IP 协议,根据数据包的目的 IP 地址来决定如何投递它。如果数据包不能直接发送给目的主机,那么 IP 协议就为它寻找合适的下一跳路由器,并将数据包交付给路由器转发。多次重复该过程最终将数据包送达目的地址,如果发送失败则被丢弃。可见,IP 协议使用逐跳方式确定通信路径。另外一个核心协议是因特网控制报文协议(Internet Control Message Protocol,ICMP),它是 IP 协议的重要补充。

（3）传输层

传输层为两台主机上的应用程序提供端到端的通信,只关心通信的起始端和目的端,不在乎数据包的中转过程。主要协议是 TCP 和 UDP。

（4）应用层

应用层负责处理应用程序的逻辑,数据链路层、网络层和传输层负责处理网络通信细节,这部分必须既稳定又高效,因此它们都在内核空间中实现。而应用层则在用户空间实现,它负责处理众多逻辑,比如文件传输、名称查询和网络管理等。主要协议包含 Telnet、OSPF、DNS 等。

TCP/IP 协议通信传输中的数据单位称为数据包,下面来看数据包在计算机网络中传输时是怎么封装和解封装的。比如两台计算机在发送信息,发送的内容就会形成一个个数据包,里面包括源地址、目的地址、发送的内容、运用的协议等。这个过程类似于发快递,发快递的时候要先把要寄的东西装起来,然后打印标签,贴上标签,交给快递公司。解封装就可以理解为取快递,先去快递站拿快递,拿快递的时候快递员会通过标签上的信息核对,拿到快递后就要拆快递,拆了快递才能知道里面是什么。解封装就是这样,也是通过 TCP/IP 协议 4 层模型一步一步拆开数据包的。

2. IP 地址

因特网是全世界范围内的计算机互联为一体而构成的通信网络的总称。连在某个网络上的两台计算机之间在相互通信时,在它们所传送的数据包里都会含有某些附加信息,这些附加信息就是发送数据的计算机的地址和接受数据的计算机的地址。像这样,人们为了通信的方便给每一台计算机都事先分配一个类似于我们日常生活中的电话号码的标识地址。对于计算机来说,网卡 MAC 地址虽然也是唯一的,但由于计算机是可以移动的,用网卡地址标识计算机的位置是十分不方便的,因此在 Internet 上采用 IP 地址作为计算机的地址。

IP 协议是为计算机网络相互连接进行通信而设计的协议。在互联网中,它是能使连接到网上的所有计算机网络实现相互通信的一套规则,规定了计算机在互联网上进行通信时应当遵守的规则。任何厂家生产的计算机系统,只要遵守 IP 协议就可以与因特网互联互通。IP 协议中有一个非常重要的内容,那就是给因特网上的每台计算机和其他设备都规定了一个唯一的地址,叫作"IP 地址"。正是由于有这种唯一的地址,才保证了用户在联网的计算机上操作时,能够高效而且方便地从千千万万台计算机中选出自己所需的对象来。

根据 TCP/IP 协议规定,IP 地址(IPv4)是由 32 位二进制数组成,而且在 Internet 范围内是唯一的。例如,某台连在因特网上的计算机的 IP 地址为

11010010 01001001 10001100 00000010

很明显,这些数字对于人来说不太好记忆。人们为了方便记忆,就将组成计算机的 IP 地址的 32 位二进制分成四个字节,每个字节 8 位二进制数,中间用小数点隔开,然后将每 8 位二进制转换成十进制数,表示成(a. b. c. d)的形式,这样上述计算机的 IP 地址就变成了 210.73.140.2,这种方法称为"点分十进制",每个字节的取值范围是 0~255 之间的十进制整数。

(1) 查看 IP 地址

下面介绍在 Windows 10 操作系统中查看本机 IP 地址的两种方法。

方法一:通过命令提示符查看。

第一步,在 Windows 10 系统中,按 Windows 键+R 键打开"运行"对话框,输入 cmd,如图 4-17 所示,单击"确定"按钮。

第二步,看到命令提示符之后,输入"ipconfig",按回车键,即可以看到计算机的 IP 地址,如图 4-18 所示。

图 4-17　"运行"对话框

图 4-18　查看 IP 地址

方法二:通过网络状态查看。

第一步,通过 Windows 10 系统的控制面板进入网络连接界面,如图 4-19 所示。

图 4-19 "网络连接"窗口

第二步,在以太网图标上右击,选择"状态"命令,如图 4-20 所示。

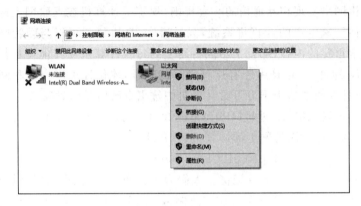

图 4-20 右键菜单

第三步,在以太网状态对话框中单击"详细信息"按钮,如图 4-21 所示。

第四步,在网络连接详细信息界面中即可以看到 IP 地址,如图 4-22 所示。

图 4-21 以太网状态

图 4-22 网络连接详细信息

　　IP 地址可以视为网络标识号码与主机标识号码两部分,因此 IP 地址由两部分组成,一部分为网络地址,另一部分为主机地址。IP 地址分为 A、B、C、D、E 5 类(图 4-23),它们适用的类型分别为大型网络、中型网络、小型网络、多播(或组播)地址、备用地址。常用的是 B 和 C 两类。

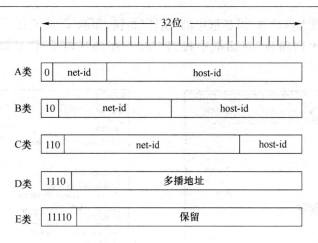

图 4-23　IP 地址的分类

5 类 IP 地址的取值和主机数如表 4-1 所示。

表 4-1　IP 地址类别及其特征

类别	首字节	网络号	主机号	每类地址范围	主机数
A 类	0	7 位	24 位	0.0.0.0～127.255.255.255	$2^{24}-2=16\,777\,214$ 台
B 类	10	14 位	16 位	128.0.0.0～191.255.255.255	$2^{16}-2=65\,534$ 台
C 类	110	21 位	8 位	192.0.0.0～223.255.255.255	$2^{8}-2=254$ 台
D 类	1110	多播地址		224.0.0.0～239.255.255.255	
E 类	11110	备用地址		240.0.0.0～247.255.255.255	

注意：A、B、C 三类 IP 地址主机数的计算中都有一个减 2 项，是因为全 0 全 1 的地址不可分配，作为保留地址。

（2）分配 IP 地址

IP 地址的分配方法包括手动配置和自动配置两种。

方法一：手动配置 IP 地址。

手动设置静态 IP 地址可以避免 IP 地址冲突，在计算机数量少的情况下可以手动设置静态 IP 地址。下面介绍 Windows 10 怎么手动设置 IP 地址。

步骤一：右击 Windows 10 系统桌面上的"网络"图标，单击弹出菜单上的"属性"命令，如图 4-24 所示，或者双击桌面右下角的宽带网络标识。

步骤二：单击"网络和共享中心"窗口中的以太网，如图 4-25 所示。

图 4-24　"网络"图标右键菜单

图 4-25　网络和共享中心窗口

步骤三：单击"以太网状态"对话框中的"属性"按钮，如图 4-26 所示。

步骤四：在"以太网属性"对话框中找到"Internet 协议版本 4"并双击打开，如图 4-27 所示。

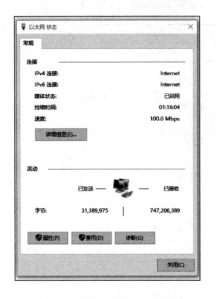 

图 4-26　"以太网状态"对话框　　　　　图 4-27　"以太网属性"对话框

步骤五：在弹出对话框中单击"使用下面的 IP 地址"和"使用下面的 DNS 服务器地址"选项，即设置静态 IP，如图 4-28 所示。

步骤六：根据自己的实际 IP 地址填写，然后单击"确定"按钮，如图 4-29 所示。

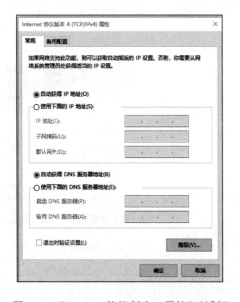 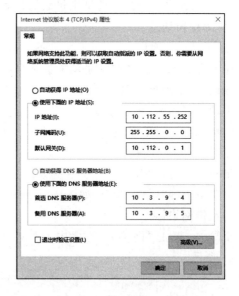

图 4-28　"Internet 协议版本 4 属性"对话框　　图 4-29　手动配置 IP 地址

方法二：自动配置 IP 地址。

Windows 10 默认是自动配置 IP 地址的，如图 4-28 所示。计算机能够自动获取 IP 地址，是因为网络中的动态主机配置协议（Dynamic Host Configuration Protocol，DHCP）服务器进行 IP 地址的自动分配。DHCP 提供了即插即用联网（Plug-and-Play Networking）的机制,这种机制允许一台计算机加入新的网络和获取 IP 地址而不用手工参与。需要 IP 地址的主机在启动时就向 DHCP 服务器广播发送发现报文（DHCP Discover）,这时该主机就成为 DHCP 客户。本地网络上的所有主机都能收到此广播报文,但只有 DHCP 服务器才回答此广播报文。DHCP 服务器先在其数据库中查找该计算机的配置信息。若找到,则返回找到的信息。若找不到,则从服务器的 IP 地址池（Address Pool）中取一个地址分配给该计算机。图 4-30 所示为 DHCP 服务器为自动获取 IP 地址的计算机分配 IP 地址的过程。

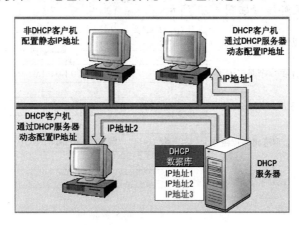

图 4-30　通过 DHCP 服务器获取 IP 地址

近年来由于互联网的蓬勃发展,IP 位址的需求量愈来愈大,使得 IP 位址的发放愈趋严格,其数量远远无法满足各国对 IP 地址的需求量,IPv4 定义的有限地址空间被耗尽,地址空间的不足妨碍互联网的进一步发展。

为了扩大地址空间,通过 IPv6 重新定义地址空间。IPv6 是互联网协议第 6 版的缩写,是用于代替 IPv4 的下一代 IP 协议。IPv4 采用 32 位地址长度,只有大约 43 亿个地址。IPv6 采用 128 位地址长度,几乎可以不受限制地提供地址。按保守方法估算 IPv6 实际可分配的地址,整个地球的每平方米面积上仍可分配 1 000 多个地址。在 IPv6 的设计过程中除了一劳永逸地解决了地址短缺问题以外,还考虑了在 IPv4 中解决不好的其他问题,主要有端到端 IP 连接、服务质量（Quality of Service，QoS）、安全性、多播、移动性、即插即用等。

3. 子网掩码

子网掩码是在 IPv4 地址资源紧缺的背景下为了解决 IP 地址分配而产生的虚拟 IP 技术,通过子网掩码将 A、B、C 三类地址划分为若干子网,从而显著提高了 IP 地址的分配效率,有效解决了 IP 地址资源紧张的局面。另外,在企业内网中为了更好地管理网络,网管人员也利用子网掩码的作用,人为地将一个较大的企业内部网络划分为更多个小规模的子网。图 4-18 查看 IP 地址、图 4-29 配置 IP 地址的界面同时显示了子网掩码。

与二进制 IP 地址相同,子网掩码也是一个 32 位的二进制数,由 1 和 0 组成,且 1 和 0 分别连续。子网掩码用于区别网络标识（Net ID）和主机标识（Host ID）。左边是网络位,用二进制数字"1"表示,1 的数目等于网络位的长度;右边是主机位,用二进制数字"0"表示,0 的数目等于主机位的长度。而且很容易通过 0 的位数确定子网的主机数（2 的主机位数次方－2,因为主机号全为 1 时表示该网络的广播地址,全为 0 时表示该网络的网络号,这是两个特殊地址），子网掩码告知路由器,地址的哪一部分是网络地址,哪一部分是主机地址,使路由器正确判断任意 IP 地址是否是本网段的,从而正确地进行路由。网络上,数据从一个地方传到另外一个地方,是依靠 IP 寻址。从逻辑上来讲,这个过程分两步:第一步,从 IP 中找到所属的网络,好比是去找这个人是哪个小区的;第二步,再从 IP 中找到主机在这个网络中的位置,好比是在小区里面找到这个人。

例:已知 IP 地址是 156.37.72.80,子网掩码是 255.255.192.0。试求网络地址,并求该子网下能连接多少台主机。

解：网络地址的求解步骤如图 4-31 所示。

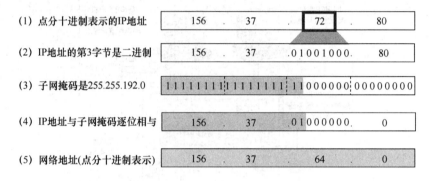

图 4-31　网络地址的求解步骤

因此,所求网络地址为 156.37.64.0。

子网掩码对应的主机号二进制位数为 14 位,因此可分配的主机数为

$$2^{14}-2=16\,384-2=16\,382$$

说明:之所以要减去 2 是因为全 1 和全 0 的主机号不分配。

4.2.3　域名系统

Internet 上当一台主机要访问另外一台主机时,必须首先获知其地址。虽然因特网上的节点都可以用 IP 地址唯一标识,并且可以通过 IP 地址被访问,但即使是将 32 位的二进制 IP 地址写成 4 个 0～255 的十位数形式,也依然太长、太难记。因此,人们发明了域名(Domain Name),域名可将一个 IP 地址关联到一组有意义的字符上去。用户访问一个网站的时候,输入该网站的域名,计算机网络中的域名服务器会将域名映射到 IP 地址,找到该域名对应的主机位置,实现网络访问。

一个单位的 Web 网站可看作是它在网上的门户,而域名就相当于其门牌地址,通常域名都使用该公司的名称或简称。例如我们常常访问的四大门户,其域名分别是新浪(www.sina.com.cn)、搜狐(www.sohu.com)、网易(www.163.com)、腾讯(www.qq.com);再比如某些大学的域名,清华大学(www.tsinghua.edu.cn/)、北京邮电大学(www.bupt.edu.cn)等。

域名由因特网域名与地址管理机构(Internet Corporation for Assigned Names and Numbers,ICANN)管理,这是为承担域名系统管理、IP 地址分配、协议参数配置,以及主服务器系统管理等职能而设立的非营利性机构。ICANN 为不同的国家或地区设置了相应的顶级域名,这些域名通常都由两个英文字母组成。例如:中国的顶级域名是.cn,.cn 下的域名由 CNNIC 进行管理,其他的如.uk 代表英国,.fr 代表法国,.jp 代表日本。

除了代表各个国家的顶级域名之外,ICANN 最初还定义了 7 个顶级类别域名,它们分别

是.com、.top、.edu、.gov、.mil、.net、.org,其中.com、.top 用于企业,.edu 用于教育机构,.gov用于政府机构,.mil 用于军事部门,.net 用于互联网络及信息中心等,.org 用于非营利性组织。随着因特网的发展,ICANN 又增加了两大类共 7 个顶级类别域名,分别是.aero、.biz、coop、.info、.museum、.name、.pro。其中.aero、.coop、.museum 是 3 个面向特定行业或群体的顶级域名:.aero 代表航空运输业,.coop 代表协作组织,.museum 代表博物馆;.biz、.name、.pro、.info 是 4 个面向通用的顶级域名:.biz 表示商务,.name 表示个人,.pro 表示会计师、律师、医师等,.info 则没有特定指向。

因特网 DNS 采用了层次树状结构的命名方法,一个节点的域名是由从该节点到根的所有节点的标记连接组成的,中间以点分隔。最上层节点的域名称为顶级域名(Top-Level Domain,TLD),第二层节点的域名称为二级域名,依此类推,"…. 三级域名. 二级域名. 顶级域名"。例如:mail. bupt. edu. cn。其特征是,从左到右,域的范围变大。DNS 的层次结构如图 4-32 所示。

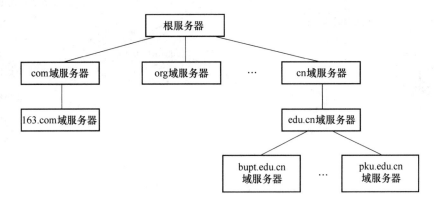

图 4-32　DNS 的层次结构

域名解析:就像我们初次拜访一个人一样,我们要知道人家的门牌号,然后按照地址去找。在 Internet 上只知道某台机器的域名还是不够的,还要有办法去找到域名对应的那台机器。寻找这台机器的任务由网上一种被称为域名服务器的设备来完成,而完成这一任务的过程就称为域名解析。当一台机器 a 向其域名服务器 A 发出域名解析请求时,如果 A 可以解析,则将解析结果发给 a,否则,A 将向其上级域名服务器 B 发出解析请求,如果 B 能解析,则将解析结果发给 a,如果 B 无法解析,则将请求发给再上一级域名服务器 C,如此下去,直至解析到为止。

【小知识】

当人们要访问一个公司的 Web 网站,又不知道其确切域名的时候,也总会首先输入其公司名称作为试探。但是,由一个公司的名称或简称构成的域名也有可能会被其他公司或个人抢注。甚至还有一些公司或个人恶意抢注了大量由知名公司的名称构成的域名,然后再高价转卖给这些公司,以此牟利。已经有一些域名注册纠纷的仲裁措施,但要从源头上避免这类现象发生,还需要有一套完整的限制机制,这个还没有。所以,尽早注册由自己名称构成的域名应当是任何一个公司或机构,特别是那些著名企业必须重视的事情。有的公司已经对由自己品牌构成的域名进行了保护性注册。

4.2.4 Internet 网络架构

1. C/S 架构

C/S(Client/Server)架构即客户机/服务器架构。C/S 架构通常采取两层架构,服务器负责数据的管理,客户机负责完成与用户的交互任务。其客户端包含一个或多个在用户的计算机上运行的程序。C/S 架构是一种软件系统体系结构,也是生活中很常见的。这种结构将需要处理的业务合理地分配到客户机端和服务器端,这样可以大大降低通信成本,但是升级维护相对困难。其工作原理如图 4-33 所示(C/S 客户端用户(图中靠上的两个用户)和服务器的交互)。

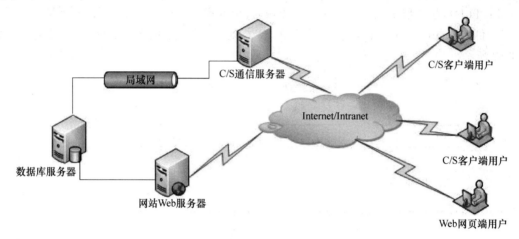

图 4-33 C/S 架构和 B/S 架构

C/S 架构应用实例:微信或 QQ 客户端和服务器基于 C/S 架构。

2. B/S 架构

B/S(Browser/Server)架构即浏览器/服务器架构。B/S 架构采取浏览器请求、服务器响应的工作模式。用户可以通过浏览器访问 Internet 上由 Web 服务器产生的文本、数据、图片、动画、视频点播和声音等信息;而每一个 Web 服务器又可以通过各种方式与数据库服务器连接,大量的数据实际存放在数据库服务器中;从 Web 服务器上下载程序到本地来执行,在下载过程中若遇到与数据库有关的指令,由 Web 服务器交给数据库服务器来解释执行,并返回给 Web 服务器,Web 服务器又返回给用户。在 B/S 模式中,用户是通过浏览器针对许多分布于网络上的服务器进行请求访问的,浏览器的请求通过服务器进行处理,并将处理结果以及相应的信息返回给浏览器,其他的数据加工、请求全部都是由 Web Server 完成的。通过该框架结构以及植入操作系统内部的浏览器,该结构已经成为当今软件应用的主流结构模式。其工作原理如图 4-33 所示(Web 网页端用户(图中最靠下的那个用户)和服务器的交互)。

B/S 架构应用实例:微信网页版。

说明:客户端 QQ 是基于 C/S 架构的,要先下载 QQ 客户端,可以在本地处理一些自主问题而无须经过服务器的处理,当用户 A 与用户 B 聊天时,聊天记录经过服务器的指定传送给对方。而 B/S 用浏览器进行网页操作就可以了,不需要下载指定登录工具。

3. P2P 架构

无论是 C/S 架构还是 B/S 架构,所有内容与服务都在服务器上,客户向服务器请求内容或服务,客户自己的资源不共享。这种集中式机构面临服务器负载过重、拒绝服务供给、网络带宽限制等难以解决的问题。

P2P 是英文 Peer-to-Peer(对等)的简称,又被称为点对点或者对等连接。点对点技术依赖网络中参与者的计算能力和带宽,而不是把依赖都聚集在较少的几台服务器上。点对点连接的方式从本质上看仍然是使用客户/服务器方式,只是对等连接中的每一个主机既是客户又同时是服务器。例如主机 C 请求 D 的服务时,C 是客户,D 是服务器。但如果 C 又同时向 F 提供服务,那么 C 又同时起着服务器的作用。P2P 架构就是一种"我为人人,人人为我"的资源共享思想,可缓解集中式机构的问题,充分利用终端的丰富资源。其工作原理如图 4-34 所示。

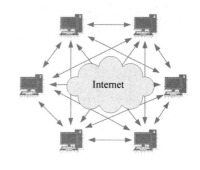

图 4-34　P2P 网络结构

应用实例:迅雷下载。在某用户自己下载的同时,该用户的计算机还要同时做主机上传,这种下载方式,一般来说,同时下载的人越多速度越快。

4.2.5　Internet 典型应用

1. WWW 服务

20 世纪 40 年代以来,随着科学经济的发展,人们对于信息的需求增长越来越快。随着计算机的产生,计算机成为主要的信息存储工具。基于计算机之间的通信问题(也就是存储信息之间的交互问题),慢慢产生了互联网这一新兴的行业,WWW 技术也是这个产业环境之下的产物。WWW 是 World Wide Web 的缩写,也可以简称为 Web,中文名称为"万维网"。它的主要目的是计算机用户通过 WWW 来实现对其他计算机资源的访问。从技术角度上说,WWW 是一种软件,是 Internet 上那些支持 WWW 协议和超文本传输协议(Hypertext Transfer Protocol,HTTP)的客户机与服务器的集合。通过它可以存取世界各地的超媒体文件,包括文字、图形、声音、动画、资料库及各式各样的内容。现在 WWW 技术已经成为计算机用户不能缺少的一项基本技术,WWW 的产生对以后的计算机发展有着至关重要的作用。

浏览器是 WWW 服务的客户端浏览程序,万维网和计算机用户主要是通过浏览器来进行"互动"。计算机用户可通过浏览器向万维网(Web)服务器发送各种请求,并对从服务器发来的超文本信息和各种多媒体数据格式进行解释、显示和播放。目前常用的浏览器有微软的 IE 浏览器,国内的 360 浏览器、QQ 浏览器、搜狗浏览器等。

在浏览器的地址栏输入网址,例如 www.baidu.com,按键盘的回车键,即可实现网页的登录,如图 4-35 所示。这时,可以看到地址栏显示为 https://www.baidu.com/。HTTP 是应用层协议,是一个简单的请求—响应协议,是 WWW 的支撑协议。HTTP 虽然使用极为广泛,但是却存在不小的安全缺陷,主要是其数据的明文传送和消息完整性检测的缺乏,而这两点恰好是网络支付、网络交易等新兴应用中安全方面最需要关注的。于是出现了 HTTP 改进型——HTTPS(Hypertext Transfer Protocol over Secure Socket Layer),是以安全为目标的 HTTP 通道,在 HTTP 的基础上通过传输加密和身份认证保证了传输过程的安全性。HTTPS 在 HTTP 的基础上加入 SSL 层,HTTPS 的安全基础是 SSL,因此加密的详细内容就需要 SSL。

图 4-35　使用 IE 浏览器打开网页

2. 电子邮件(E-mail)

电子邮件(Electronic Mail,E-mail)是一种用电子手段提供信息交换的通信方式,是 Internet 应用最广的服务之一。通过网络的电子邮件系统,用户可以用非常低廉的价格(不管发送到哪里,都只需负担电话费和网费即可),以非常快速的方式(几秒钟之内可以发送到世界上任何你指定的目的地),与世界上任何一个角落的网络用户联系。这些电子邮件可以是文字、图像、声音等各种形式,可以附带文件。同时,用户可以得到大量免费的新闻、专题邮件,并实现轻松的信息搜索。

电子邮件地址的格式由三部分组成,例如 USER@163.com,第一部分"USER"代表用户信箱的账号,对于同一个邮件接收服务器来说,这个账号必须是唯一的;第二部分"@"是分隔符,读作"at",表示"在"的意思;第三部分"163.com"是用户信箱的邮件接收服务器域名,用以标志其所在的位置。

电子邮件服务由专门的服务器提供,例如 QQ 邮箱、网易邮箱、新浪邮箱等,用户申请邮箱时需要登录该邮箱的服务器网页。以 163 邮箱申请为例,登录网址 mail.163.com,如图 4-36 所示。

图 4-36　163 邮箱页面

单击页面中的"注册新账号"按钮,打开图 4-37 所示页面。输入自己希望的邮箱地址(可使用字母、数字、下划线等组成,与他人已经注册的邮箱不可重复,否则会收到提示该邮箱已被注册)、密码和手机号码,并勾选"同意《服务条款》《隐私政策》和《儿童隐私政策》"前面的复选框,完成注册。

图 4-37　163 邮箱申请界面

除了上述典型的 Internet 应用外,类似网络即时通信工具等 Internet 应用工具日益普遍,成为人们日常生活的重要部分。

3. 电子商务

电子商务是指利用电子网络进行的商务活动。电子商务包含两个方面的含义:一个是"电子",另一个是"商务",电子商务的核心是"商务","电子"是"商务"的工具和手段,是为了商务的目的而采用的先进手段。电子商务的产生是计算机技术和 Internet 技术发展以及商务应用需求驱动的必然结果。

电子商务涵盖的范围很广,一般可分为企业对企业(Business-to-Business,B2B)、企业对消费者(Business-to-Consumer,B2C)、消费者对消费者(Consumer-to-Consumer,C2C)三大类模式。此外还有消费者对企业(Consumer-to-Business,C2B)、企业对市场营销(Business-to-Marketing,B2M)、生产厂家对消费者(Manufacturers-to-Consumer,M2C)、企业对行政机构(Business-to-Government,B2G)、消费者对行政机构(Consumer-to-Government,C2G)、线上到线下(Online To Offline,O2O)等多种电商模式。

电子商务的特点如下。

- 高效性:提供给买卖双方进行交易的一种高效的服务方式。
- 方便性:足不出户即可享受到各种消费和服务。
- 安全性:通过技术手段和安全电子交易协议标准来保证。
- 集成性:充分利用原有的信息资源和技术,更加高效地完成企业的生产、销售和客户服务。
- 扩展性:网上的用户数量不断增长,电子商务系统必须要有与其相适应的扩展性。

使用电子商务购物的流程如图 4-38 所示。

随着国内互联网使用人数的增加,利用互联网进行网络购物并以银行卡付款的消费方式已渐趋流行,市场份额也在迅速增长,各种类型的电商网站也将层出不穷。大部分人都有电子商务购物的体验,大到电商平台如淘宝、京东、拼多多等,小到微信里的微商,无不体现着信息时代消费模式的变化。

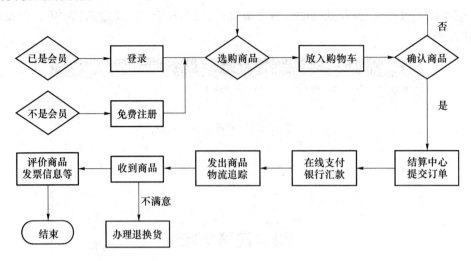

图 4-38 电子商务购物流程

4.2.6 我国的"互联网＋"国家战略

"互联网＋"简单来说就是"互联网＋传统行业",随着科学技术的发展,利用信息和互联网平台,互联网与传统行业融合,利用互联网的优势,创造新的发展机会。"互联网＋"通过其自身的优势,对传统行业进行优化升级,使得传统行业能够适应当下的新发展,从而最终推动社会不断地向前发展。

"互联网＋"是互联网思维的进一步实践成果,推动经济形态不断地发生演变,从而带动社会经济实体的生命力,为改革、创新、发展提供广阔的网络平台。通俗来说,"互联网＋"就是"互联网＋各个传统行业",但这并不是简单的两者相加,而是利用信息通信技术以及互联网平台,让互联网与传统行业进行深度融合,创造新的发展生态。它代表一种新的社会形态,即充分发挥互联网在社会资源配置中的优化和集成作用,将互联网的创新成果深度融合于经济、社会各领域之中,提升全社会的创新力和生产力,形成更广泛的以互联网为基础设施和实现工具的经济发展新形态。2015 年 7 月 4 日,国务院印发《国务院关于积极推进"互联网＋"行动的指导意见》。2016 年 5 月 31 日,教育部、国家语委在京发布《中国语言生活状况报告(2016)》。"互联网＋"入选十大新词和十个流行语。

"互联网＋"概念的中心词是互联网,它是"互联网＋"计划的出发点。"互联网＋"计划具体可分为两个层次的内容来表述。一方面,可以将"互联网＋"概念中的文字"互联网"与符号"＋"分开理解。符号"＋"意为加号,即代表着添加与联合。这表明了"互联网＋"计划的应用范围为互联网与其他传统产业,它是针对不同产业间发展的一项新计划,应用手段则是通过互联网与传统产业进行联合和深入融合的方式进行。另一方面,"互联网＋"作为一个整体概念,其深层意义是通过传统产业的互联网化完成产业升级。互联网通过将开放、平等、互动等网络特性在传统产业的运用,通过大数据的分析与整合,试图理清供求关系,通过改造传统产业的生产方式、产业结构等内容,来增强经济发展动力,提升效益,从而促进国民经济健康有序发展。

与传统企业相反的是,当前"全民创业"时代的常态下,与互联网相结合的项目越来越多,这些项目从诞生开始就是"互联网＋"的形态,因此它们不需要再像传统企业一样转型与升级。"互联网＋"正是要促进更多的互联网创业项目的诞生,从而无须再耗费人力、物力及财力去研究与实施行业转型。可以说,每一个社会及商业阶段都有一个常态以及发展趋势,"互联网＋"提出之前的常态是千万企业需要转型升级的大背景,后面的发展趋势则是大量"互联网＋"模式的爆发以及传统企业的"破与立"。例如,"互联网＋商业"诞生了电子商务,"互联网＋医疗"诞生了远程医疗,"互联网＋教育"诞生了 MOOC 等。

4.3　网络安全技术

随着计算机应用范围的扩大和互联网技术的迅速发展,计算机信息技术已经渗透到人们生活的方方面面,网上购物、商业贸易、金融财务等经济行为都已经实现网络运行,"数字化经济"引领世界进入一个全新的发展阶段。然而,计算机网络具有连接形式多样性、终端分布不均匀性和网络的开放性、互联性等特征,致使网络易受黑客、恶意软件和其他不轨人员的攻击,计算机网络安全问题日益突出。在网络安全越来越受到人们重视和关注的今天,网络安全技术作为一个独特的领域越来越受到人们关注。

4.3.1　网络安全的定义和主要安全因素

所谓网络安全是指网络系统的硬件、软件及其系统中的数据受到保护,不受偶然的因素或者恶意的攻击而遭到破坏、更改、泄露,确保系统能连续、可靠、正常地运行,网络服务不中断。常见的影响网络安全的问题主要有病毒、黑客攻击、系统漏洞、资料篡改等,这就需要我们建立一套完整的网络安全体系来保障网络安全可靠地运行。

影响网络安全的主要因素包括以下几种。

(1) 信息泄密。主要表现为网络上的信息被窃听,这种仅窃听而不破坏网络中传输信息的网络侵犯者被称为消极侵犯者。

(2) 信息被篡改。这是纯粹的信息破坏,这样的网络侵犯者被称为积极侵犯者。积极侵犯者截取网上的信息包,并对之进行更改使之失效,或者故意添加一些有利于自己的信息,达到信息误导的目的,其破坏作用最大。

(3) 传输非法信息流。只允许用户同其他用户进行特定类型的通信,禁止其他类型的通信,如允许电子邮件传输而禁止文件传送。

(4) 网络资源的错误使用。如不合理的资源访问控制,一些资源有可能被偶然或故意地破坏。

(5) 非法使用网络资源。非法用户登录进入系统使用网络资源,造成资源的消耗,损害了合法用户的利益。

(6) 环境影响。自然环境和社会环境对计算机网络都会产生极大的不良影响,如恶劣的天气、灾害、事故会对网络造成损害和影响。

(7) 软件漏洞。软件漏洞包括以下几个方面:操作系统、数据库及应用软件、TCP/IP 协议、网络软件和服务、密码设置等的安全漏洞。这些漏洞一旦遭受计算机病毒攻击,就会带来灾难性的后果。

(8) 人为安全因素。除了技术层面的原因外,人为的因素也构成了目前较为突出的安全因素,无论系统的功能多么强大或者配备了多少安全设施,如果管理人员不按规定正确使用,甚至人为泄露系统的关键信息,则其造成的安全后果是难以衡量的。这主要表现在管理措施不完善、安全意识薄弱、管理人员误操作等。

4.3.2 网络安全技术

网络安全技术随着人们网络实践的发展而发展,其涉及的方面非常广,主要的技术如下:认证技术、数据加密技术、防火墙技术、入侵检测技术、虚拟专用网技术等,这些都是网络安全的重要防线。

1. 认证技术

对合法用户进行认证可以防止非法用户获得对公司信息系统的访问,使用认证机制还可以防止合法用户访问他们无权查看的信息。

身份认证技术是在计算机网络中确认操作者身份的过程而产生的有效解决方法。计算机网络世界中一切信息包括用户的身份信息都是用一组特定的数据来表示的,计算机只能识别用户的数字身份,所有对用户的授权也是针对用户数字身份的授权。如何保证以数字身份进行操作的操作者就是这个数字身份的合法拥有者,也就是说保证操作者的物理身份与数字身份相对应,身份认证技术就是为了解决这个问题。作为保护网络资产的第一道关口,身份认证有着举足轻重的作用。

2. 数据加密技术

加密就是通过一种方式使信息变得混乱,从而使未被授权的人看不懂它。主要存在两种主要的加密类型:私钥加密和公钥加密。

(1)私钥加密

私钥加密又称对称密钥加密,因为用来加密信息的密钥就是解密信息所使用的密钥。私钥加密为信息提供了进一步的机密性,它不提供认证,因为使用该密匙的任何人都可以创建、加密和发送一条有效的消息。这种加密方法的优点是速度很快,很容易在硬件和软件中实现。

(2)公钥加密

公钥加密比私钥加密出现得晚,私钥加密使用同一个密钥加密和解密,而公钥加密使用两个密钥,一个用于加密信息,另一个用于解密信息。公钥加密系统的缺点是它们通常是计算密集的,因而比私钥加密系统的速度慢得多,不过若将两者结合起来,就可以得到一个更复杂的系统。

3. 防火墙技术

防火墙是网络访问控制设备,用于拒绝除了明确允许通过之外的所有通信数据,它不同于只会确定网络信息传输方向的简单路由器,而是在网络传输通过相关的访问站点时对其实施一整套访问策略的一个或一组系统。大多数防火墙都采用几种功能相结合的形式来保护自己的网络不受恶意传输的攻击,其中最流行的技术有静态分组过滤、动态分组过滤、状态过滤和代理服务器技术,它们的安全级别依次升高,在具体实践中既要考虑体系的性价比,又要考虑安全兼顾网络连接能力。此外,现今良好的防火墙还采用了 VPN、检视和入侵检测技术。

防火墙的安全控制主要是基于 IP 地址的,难以为用户在防火墙内外提供一致的安全策略;而且防火墙只实现了粗粒度的访问控制,也不能与企业内部使用的其他安全机制(如访问控制)集成使用;另外,防火墙难以管理和配置,由多个系统(路由器、过滤器、代理服务器、网关、堡垒主机)组成的防火墙,管理上难免有所疏忽。

4. 入侵检测技术

入侵检测技术是为保证计算机系统的安全而设计与配置的一种能够及时发现并报告系统中未授权或异常现象的技术,是一种用于检测计算机网络中违反安全策略行为的技术。在入侵检测系统中利用审计记录,入侵检测系统能够识别出任何不希望有的活动,从而限制这些活动,以保护系统的安全。在校园网络中的入侵检测技术最好采用混合入侵检测,在网络中同时采用基于网络和基于主机的入侵检测系统,则会构架成一套完整立体的主动防御体系。

5. 虚拟专用网(VPN)技术

VPN 是目前解决信息安全问题的最新、最成功的技术课题之一,所谓 VPN 技术就是在公共网络上建立一个临时的、安全的连接,使数据通过安全的“加密管道”在公共网络中传播。在公共通信网络上构建 VPN 有两种主流的机制,这两种机制为路由过滤技术和隧道技术。目前 VPN 主要采用如下四项技术来保障安全:隧道技术(Tunneling)、加解密技术(Encryption & Decryption)、密钥管理技术(Key Management)和使用者与设备身份认证技术(Authentication)。虚拟专用网是对企业内部网的扩展。

4.3.3　网络安全的意义

计算机和网络技术具有的复杂性和多样性,使得计算机和网络安全成为一个需要持续更新和提高的领域。目前黑客的攻击方法已超过了计算机病毒的种类,而且许多攻击都是致命的。在 Internet 上,因互联网本身没有时空和地域的限制,每当有一种新的攻击手段产生,就能在一周内传遍全世界。这些攻击手段利用网络和系统漏洞进行攻击,从而造成计算机系统及网络瘫痪。蠕虫、后门(Back-doors)、拒绝服务(Denial of Services,DoS)和网络监听(Sniffer)是大家熟悉的几种黑客攻击手段。这些攻击手段都体现了它们惊人的威力,且有愈演愈烈之势。这几类攻击手段的新变种,与以前出现的攻击方法相比,更加智能化,攻击目标直指互联网基础协议和操作系统层次,从 Web 程序的控制程序到内核级 Rootlets。黑客的攻击手法不断升级翻新,向用户的信息安全防范能力不断发起挑战。

由于计算机网络系统应用范围的不断扩大,人们对网络系统的依赖程度增大,因而对计算机网络系统信息的安全保护提出了更高要求。现在,计算机网络系统的安全已经成为关系到国家安全和主权、社会稳定、民族文化继承和发扬的重要问题。因此,充分认识到网络的脆弱和潜在威胁并采取强有力的安全防范措施,对于提高网络的安全性能将显得十分重要。

2018 年 4 月 20 日至 21 日,习近平总书记在全国网络安全和信息化工作会议上指出,没有网络安全就没有国家安全,就没有经济社会稳定运行,广大人民群众的利益也难以得到保障。要树立正确的网络安全观,加强信息基础设施网络安全防护,加强网络安全信息统筹机制、手段、平台建设,加强网络安全事件应急指挥能力建设,积极发展网络安全产业,做到关口前移,防患于未然。

2019 年 9 月 16 日至 22 日举行的国家网络安全宣传周活动中,习近平总书记强调,国家网络安全工作要坚持网络安全为人民、网络安全靠人民,保障个人信息安全,维护公民在网络空间的合法权益。要坚持网络安全教育、技术、产业融合发展,形成人才培养、技术创新、产业发展的良性生态。要坚持促进发展和依法管理相统一,既大力培育人工智能、物联网、下一代通信网络等新技术、新应用,又积极利用法律法规和标准规范引导新技术应用。要坚持安全可控和开放创新并重,立足于开放环境维护网络安全,加强国际交流合作,提升广大人民群众在网络空间的获得感、幸福感、安全感。

练 习 题

一、选择题

1. 第二代计算机网络的主要特点是（　　）。

A. 计算机—计算机网络　　　　　　　　B. 以单机为中心的联机系统

C. 国际网络体系结构标准化　　　　　　D. 各计算机制造厂商网络结构标准化

2. 以下属于广域网范围的是（　　）。

A. 家庭网　　　　　B. 校园网　　　　　C. 教育网　　　　　D. Internet

3. 当一台主机从一个网络移到另一个网络时，以下说法正确的是（　　）。

A. 必须改变它的 IP 地址和 MAC 地址

B. 必须改变它的 IP 地址，不需要改动 MAC 地址

C. 必须改变它的 MAC 地址，不需要改动 IP 地址

D. MAC 地址、IP 地址都不需要改动

4. 与 10.110.12.29 mask 255.255.255.224 属于同一网段的主机 IP 地址是（　　）。

A. 10.110.12.0　　　　　　　　　　　B. 10.110.12.30

C. 10.110.12.31　　　　　　　　　　　D. 10.110.12.32

5. 21.255.255.255.240 可能代表的是（　　）。

A. 一个 B 类网络号　　　　　　　　　B. 一个 C 类网络中的广播

C. 一个具有子网的网络掩码　　　　　D. 以上都不是

6. 在 Internet 上浏览时，浏览器和 WWW 服务器之间传输网页使用的协议是（　　）。

A. IP　　　　　B. HTTP　　　　　C. FTP　　　　　D. Telnet

7. 在 IP 地址方案中，159.226.181.1 是一个（　　）。

A. A 类地址　　　　B. B 类地址　　　　C. C 类地址　　　　D. D 类地址

8. 一般来说，用户上网要通过因特网服务提供商，其英文缩写为（　　）。

A. IDC　　　　　B. ICP　　　　　C. ASP　　　　　D. ISP

9. 在以下传输介质中，带宽最宽、抗干扰能力最强的是（　　）。

A. 双绞线　　　　B. 无线信道　　　　C. 同轴电缆　　　　D. 光纤

10. 下面关于 IPv6 协议优点的描述中，准确的是（　　）。

A. IPv6 协议允许全局 IP 地址出现重复

B. IPv6 协议解决了 IP 地址短缺的问题

C. IPv6 协议支持通过卫星链路的 Internet 连接

D. IPv6 协议支持光纤通信

二、填空题

1. 黑客常见的攻击手段有_____、_____、_____、_____。

2. IP 地址 10.125.118.70 是_____类 IP 地址。

3. 若某用户在 163.com 上注册的邮箱用户名是 user，则完整的邮箱应该是_____。

4. TCP/IP 协议是_____层协议。

5. 常见的互联网架构有_____、_____、_____。

三、解答题

1. 某公司申请到一个 C 类 IP 地址，但要连接 6 个子公司，最大的一个子公司有 26 台计算机，每个子公司在一个网段中，则子网掩码应设为多少？

2. 简述因特网引用域名的意义。

3. 计算机网络有哪些常见的分类方法和类型？

4. 影响网络安全的因素主要有哪些？

5. 谈一谈"互联网＋"对我国发展的战略意义。

第 5 章　Word 2019 文字处理软件

Microsoft 公司的 Word 文字处理软件是 Office 系列软件中的主要软件之一，自问世以来，已得到广泛使用。利用 Word 可轻松制作日常生活所需的各种文件，包括图文并茂的文档、格式规范的简历、古色古香的诗词、条理清晰的表格、美观大方的传真等。

5.1　Office 2019 概述

Microsoft Office 2019 是 Microsoft 公司推出的最新的 Office 系列软件，它可以运行于 Windows 10 操作系统中。Office 2019 不但保留了熟悉和亲切的经典功能，还采用了更加美观实用的工作界面，在兼容性、智能性和稳定性方面取得了明显的进步，并且拥有众多的创新功能。这款系列软件不仅可以帮助用户提高工作效率，创建出种类繁多、美观实用的文件，甚至可以完成多个伙伴同时编辑同一份文档的任务。作为一款集成软件，Microsoft Office 2019 由各个功能组件组成，涉及办公应用的各个方面，其常用组件简介如下。

Word 2019 为中文文字处理软件，适合于家庭、一般办公人员和专业排版人员。利用 Word 可以创建和编辑具有专业外观的文档，如信函、论文、报告和小册子等。

Excel 2019 是一个电子表格软件。利用 Excel 可以制作出各种复杂的电子表格，完成烦琐的数据计算，可以对数据进行分析和统计，并将数据转换为多种漂亮的图形显示出来或打印出来。

PowerPoint 2019 是制作和演示幻灯片的软件。使用 PowerPoint 可以方便地创建出形象生动、图文并茂、主次分明的幻灯片，用于教学、演讲、商务演示等领域。

Access 2019 是一个小型数据库管理系统，利用 Access 可以将信息保存在数据库中，并可对数据进行统计、查询以及生成报告等操作。即使是没有数据库语言基础的用户，也可以用它来完成数据管理任务。

OneNote 2019 是一个类似于现实中笔记本的程序，它可以帮助用户或团队更加轻松、有效地编辑、组织、查找、共享笔记资料和各种类型的信息。

Publisher 2019 主要用于创建和发布各种出版物，如海报、宣传册、明信片、贺卡等，这些出版物可以用于桌面打印、大规模商业印刷、电子邮件分发或在 Web 上查看等。

Outlook 2019 是一个电子邮件客户端程序，可以用来收发邮件及管理联系人。此外，Outlook 还是一个强大的日程管理工具，可以帮助用户安排日程，分配各种工作和任务。

目前，Microsoft Office 系列软件已成为办公自动化软件的主流。本章主要介绍 Word 2019 的使用，第 6 章和第 7 章分别介绍 Excel 2019 和 PowerPoint 2019 的使用。

5.2 Word 2019 概述

5.2.1 Word 2019 的功能特点

文字处理是计算机的重要应用领域之一。微软公司推出的 Word 是全球最受欢迎的字处理软件之一,它历经 30 多年的发展,先后推出了多个版本,是一款集文字编辑、表格制作、图片插入、图形绘制、格式排版与文档打印功能于一体的文字处理软件,具有强大的文本编辑和排版功能,以及图文混排和表格制作功能,可以与其他多种软件进行信息交互。它界面友好,使用方便直观,具有"所见即所得"的特征。

Word 2019 是 Word 2016 的升级版本,是 Microsoft Office 2019 的主要组件之一。与旧版本相比,Word 2019 在功能、易用性和兼容性等方面都有了明显提升,全新的阅读模式、专业级的图文混排功能、丰富的样式效果,让用户在处理文档时更加得心应手。

5.2.2 Word 2019 的工作环境

从 Office 2007 开始,微软采用了全新的操作界面,传统的菜单和工具栏被功能区所代替。在 Office 2019 中,这种界面得到了进一步完善和加强。

图 5-1 显示了 Word 2019 的界面组成,本节将对其中的主要部分进行介绍。Excel、PowerPoint 及其他 Office 组件也采用了类似的界面,熟悉其中一种后,就可以举一反三对其他几个组件的界面组成有所了解。

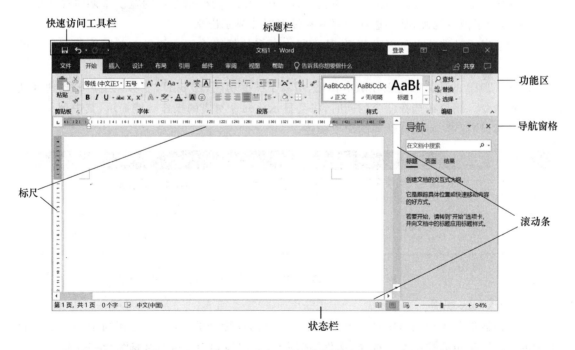

图 5-1 Word 2019 的用户界面

1. 标题栏
标题栏位于 Word 窗口最上方的位置,其中间部分显示了当前编辑的文档和正在运行的程序名,右侧提供最小化、最大化(或还原)和关闭运行程序按钮。双击标题栏可以让 Word 窗口在最大化和还原状态之间实现切换。

2. 快速访问工具栏

默认状态下,快速访问工具栏位于标题栏的左侧,使用它可以快速访问频繁使用的命令,默认状态下只包含了保存、撤销键入、重复键入三个最基本的命令,用户可以通过单击其右侧的按钮▾把一些常用的命令添加到其中,以方便使用。

3. 功能区

功能区由多个选项卡组成(图 5-2),这些选项卡相当于旧版本 Office 的工具栏和菜单,所不同的是,单击它们并不会弹出相应的菜单,而是显示相应的选项卡。功能区承载了比工具栏和菜单更加丰富的内容,包括工具、按钮、控件等各个命令按照一定的分组排列在各个选项卡中,通过它们用户可以方便地执行各项操作。

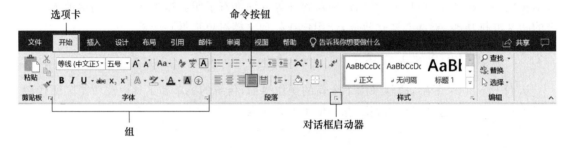

图 5-2　Word 2019 的功能区

功能区中显示的内容并不是一成不变的,Office 2019 会根据窗口的宽度来调整显示的内容。同时,为了减少混乱,某些选项卡只有在需要时才显示出来。

用户双击活动选项卡可以隐藏组,从而留出更多的编辑空间。如果需要再次使用组中的所有命令,再次双击活动选项卡,相应的组就会重新出现。

Office 2019 的功能区与以往版本相比,增添了图标功能(图 5-3),能够让用户轻松地找到某个操作命令。用户在选择命令的同时,将会显示该命令对应的操作功能提示,其中列出了该命令的名称、快捷键、使用特性等的简要描述。

图 5-3　Word 2019 功能区的图标显示功能

4. Backstage 视图

在功能区的各个选项卡中,"文件"是其中一个比较特别的选项卡,它相当于 Office 旧版本中的"文件"菜单或按钮。选择"文件"选项卡,会切换到 Backstage 视图,在 Backstage 视图中用户可以执行文档管理,例如创建、保存、发送、打印文档等的相关操作。

如图 5-4 所示,Backstage 视图实际上是一个类似于多级菜单的分级结构,分为 3 个区域。左侧区域为命令选项区,该区域列出了与文档有关的操作命令选项。在这个区域选择某个选项后,中间区域将显示该类命令选项的可用命令按钮,而文档属性信息、打印浏览或预览文档内容等会在最右侧的区域显示出来。

按下 Esc 键或者选择"开始""插入"等其他选项卡即可退出 Backstage 视图。

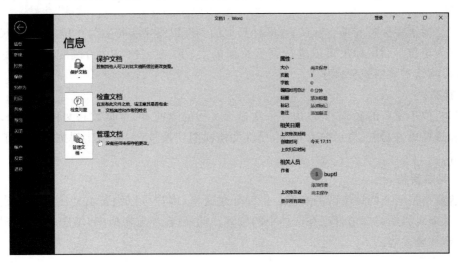

图 5-4　Backstage 视图

5. 对话框启动器

对话框启动器是一些小图标,这些图标出现在某些组的右下角,如图 5-2 所示。单击对话框启动器将打开相关的对话框或任务窗格,其中提供了与该组相关的更多选项。例如,单击功能区"开始"选项卡"字体"组中的对话框启动器,将打开"字体"对话框,如图 5-5 所示。

6. 文档编辑区

文档编辑区是 Word 2019 的工作窗口面积最大的区域,也是进行编辑操作时最主要的工作区域,文档所有内容的录入和格式编排都是在这里进行的。

为了方便用户设置字符格式,从 Word 2007 版本开始新增了浮动工具栏。当用户在编辑区选择文本并指向所选文本时,浮动工具栏将以淡出形式出现,如图 5-6 所示。

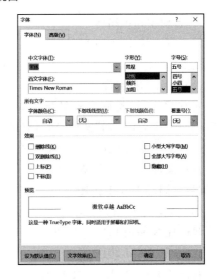

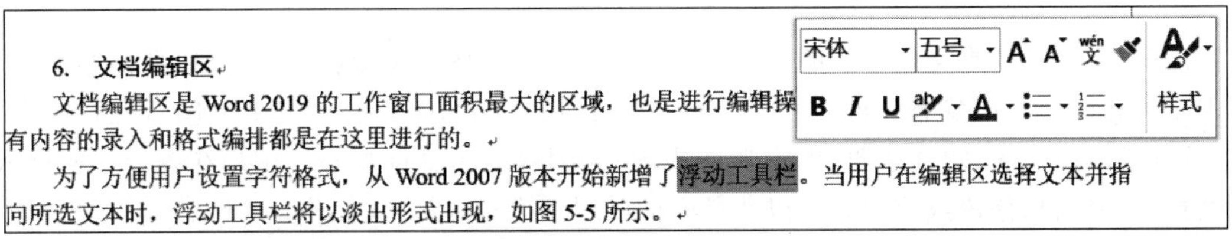

图 5-5　"字体"对话框

6. 文档编辑区

文档编辑区是 Word 2019 的工作窗口面积最大的区域,也是进行编辑操作时,有内容的录入和格式编排都是在这里进行的。

为了方便用户设置字符格式,从 Word 2007 版本开始新增了浮动工具栏。当用户在编辑区选择文本并指向所选文本时,浮动工具栏将以淡出形式出现,如图 5-5 所示。

图 5-6　浮动工具栏

7. 滚动条

在 Word 2019 主窗口的右侧有一个垂直滚动条,下边有一个水平滚动条。通过滚动条的调整可以看到超出窗口范围的内容。

8. 标尺

标尺分为水平标尺和垂直标尺,水平标尺上的刻度以汉字字符数为单位,垂直标尺上的刻度以行数为单位。利用标尺可以进行调整页面的上、下、左、右页边距,改变表格的宽度和高度,设置段落缩进等格式化操作。

9. 状态栏

状态栏位于窗口的底部,从左边起依次显示文档的当前页、总页数和文档的字数,提供检查校对和选择语言功能、显示输入状态,提供文档视图切换按钮、显示比例按钮和调节显示比例控件等。

10. 导航窗格

导航窗格位于文档编辑区的右侧。借助导航窗格,用户可以浏览文档中的标题或文档中的页面,从而可以始终知道自己在文档中的位置。此外,在导航窗格中,用户还可以查找字词、表格、图形和公式等。

5.2.3 Word 2019 的启动和退出

1. 启动 Word 2019

安装好 Office 2019 后,可以有很多方法启动该程序。对于 Word 2019,一般采用以下三种方法。

(1)通过"开始"菜单

安装程序后,程序会在开始菜单中生成相应的快捷方式,执行"开始"→"所有应用"→"Microsoft Word 2019"选项,即可启动 Word 2019。

(2)通过 Word 2019 的快捷方式

若在桌面上建立了 Word 2019 的快捷方式,用户只要双击桌面上的 Word 2019 快捷图标,就可以启动 Word 2019。

(3)通过打开 Word 文档

双击任意 Word 文档,即可打开 Word 2019 程序和文件。

2. 退出 Word 2019

右击任务栏中 Word 文档图标,在弹出的快捷菜单中选择"关闭所有窗口",即可退出 Word 2019 应用程序。

5.2.4 Word 2019 的视图模式

所谓视图,指的是文档窗口的显示方式。如图 5-7 和图 5-8 所示,用户可以使用"视图"选项卡中的相关命令或状态栏的文档视图切换按钮切换视图。Word 2019 中包括五种视图模式,分别是页面视图、阅读视图、Web 版式视图、大纲视图和草稿视图。用户在查看文档格式,对文档进行编辑、修改或审阅时可以选择不同的视图模式,以方便操作。

1. 页面视图

页面视图将文档以页面的形式显示出来,文档在主界面中看上去像是一张纸,其显示效果与实际打印的效果相同。在页面视图中,用户可以对页面中的文本、图片和其他元素进行操作,也可以编辑页眉和页脚、调整页边距、处理分栏等。

图 5-7　"视图"选项卡

图 5-8　文档视图切换按钮

在此视图中输入和编辑文本,两页之间空白处显得过大而影响编辑时,可以将鼠标指针移到页面的底部或顶部,当鼠标指针变为"⊞"时双击,即可隐藏页面顶部和底部的空白空间来节省屏幕空间。在该区域再次双击鼠标,可以使空白区域重新显示。

Word 2019 新增了页面视图下的"翻页"功能,类似于翻阅纸质书籍或在手机上使用阅读软件的翻页效果。使用翻页功能后,Word 文档页面可以像图书一样左右翻页,上、下滚动鼠标中间的滚轮即可实现翻页,并且在该模式下允许直接编辑文档。

在页面视图中,单击"视图"选项卡"页面移动"组中的"翻页"按钮,即可进入翻页查看模式,如图 5-9 所示。滚动鼠标滚轮,即可像翻书一样"横版"翻页查看。如果要结束翻页视图,单击"视图"选项卡"页面移动"组中的"垂直"按钮即可。

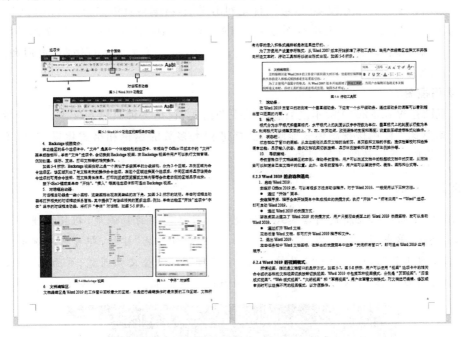

图 5-9　翻页查看模式

2. 阅读视图

阅读视图能够更方便地查看文档,它是从 Word 2003 版本才开始有的,为用户阅读文档带来很大的方便。进入该视图后,Word 2019 的功能区、编辑按钮等窗口元素都被隐藏起来,取而代之的是"阅读工具栏"(图 5-10)。阅读版式视图允许在同一窗口中显示单页或双页文档,用户在浏览文档时,不仅可以切换页面,进行文档的保存、查找、打印、翻译等操作,还可以更改页面颜色,调整文档列宽和文字间距,大声朗读文字并突出显示朗读的每一个单词等。

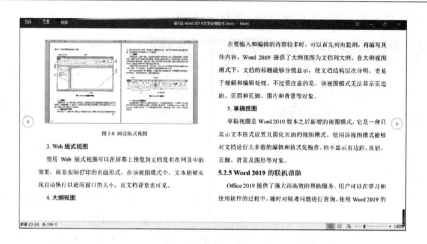

图 5-10　阅读视图

3．Web 版式视图

使用 Web 版式视图可以在屏幕上预览到文档发布在网页中的效果，而非实际打印的页面形式。在该视图模式中，文本能够实现自动换行以适应窗口的大小，且文档背景也可见。

4．大纲视图

在要输入和编辑的内容较多时，可以首先列出提纲，再编写具体内容。Word 2019 提供了大纲视图为文档列大纲。在大纲视图模式下，文档的标题能够分级显示，使文档结构层次分明，更易于理解和编辑处理。不过要注意的是，该视图模式无法显示页边距、页眉和页脚、图片、背景等对象。

5．草稿视图

草稿视图是 Word 2010 版本之后新增的视图模式，它是一种只显示文本格式设置且简化页面的视图模式。使用该视图模式能够对文档进行大多数的编辑和格式化操作，但不显示页边距、页眉、页脚、背景及图片等对象。

【小知识】

Word 2019 新增的沉浸式阅读模式不仅提高了用户阅读的舒适度，而且方便有阅读障碍的人阅读文档。单击"视图"选项卡"沉浸式"组中的"学习工具"按钮，即可进入沉浸式阅读模式。通过"学习工具"选项卡中的工具按钮（图 5-11），可以调整文档列宽、页面色彩、文字间距等，还可以使用微软"讲述人"功能，直接将文档的内容读出来。

图 5-11　沉浸式阅读模式"学习工具"选项卡

5.2.5　Word 2019 的联机帮助

Office 2019 提供了强大而高效的帮助服务，除了传统的帮助文字外，还提供了帮助视频文件。用户可以在学习和使用软件的过程中，随时对疑难问题进行查询。启动帮助服务时，用户的计算机必须与互联网相连接。使用 Word 2019 的帮助服务，通常采用以下几种方法。

（1）通过快捷键

启动 Word 2019 后，按 F1 键，即可打开帮助文档窗格，如图 5-12 所示。在该窗格中，用户既可以在搜索框中输入关键字来搜索相关帮助，也可以按照功能分类进行详细查询。

（2）通过功能区

单击 Word 2019 功能区的"帮助"选项卡，在"帮助"组中单击"帮助"按钮，即可打开"帮助"窗格（图 5-13）。

图 5-12　帮助窗格

图 5-13　"搜索"文本框

（3）通过窗口界面

在功能区"帮助"选项卡右侧的"搜索"文本框中输入"帮助"，按 Enter 键后即可打开帮助文档窗格。

（4）通过"文件"选项卡

单击 Word 2019 功能区的"文件"选项卡，在窗口右上角单击 ? 按钮，即可打开远程在线 Office 帮助页面。

5.3　文　档　操　作

1. 创建文档

Word 的所有操作都是针对文档进行的，因此新建文档是使用 Word 软件的第一步。新建文档的常见方法有如下三种。

（1）利用快捷菜单创建文档

在 Windows 操作系统的桌面上或文件系统的任意文件夹中右击，在弹出的快捷菜单中选择"新建"→"Microsoft Word 文档"命令，即可创建一个空白的 Word 文档。

（2）利用程序直接创建新文档

启动 Word 2019 程序后，在主界面模板区域 Microsoft 提供了数十种可供选择的本机或远程文档模板类型，如图 5-14 所示。选择某种模板后，可快速创建相应类型的文档。

（3）利用"文件"选项卡

单击 Word 2019 功能区的"文件"选项卡，在菜单中选择"新建"命令，在"新建"选项列表中可以选择 Microsoft 提供的数十种模板类型，以制作各类文档。

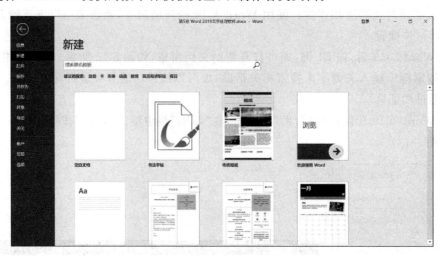

图 5-14　"文件"选项卡中的"新建"选项列表

2. 保存文档

文档的保存是办公工作中非常重要的操作。在工作中，养成随时进行保存操作的习惯，可以避免因为计算机死机、突然断电或误操作等意外情况而造成的损失。

（1）常规保存方法

保存 Word 文档的方法比较简单，单击 Word 2019 窗口左上角的保存按钮■或按下 Ctrl＋S 组合键都可以保存文档。

如果当前编辑的 Word 文档已经保存过，用户想要重新把它保存在其他位置，可单击功能区的"文件"选项卡，在展开的菜单中选择"另存为"命令，打开"另存为"对话框后再重新指定文档的保存位置、文件名和保存类型。

（2）文档自动保存

Word 2019、Excel 2019 和 PowerPoint 2019 均具有自动文档恢复功能，即程序能自动定时保存当前打开的文档。当遇到突然断电或程序崩溃等意外情况时，程序能够使用自动保存的文档来恢复尚未来得及保存的文档，这样可以有效地避免造成重大损失。在 Word 2019中，用户可以通过单击功能区的"文件"选项卡，选择"选项"命令，在打开的"Word 选项"对话框中，单击左侧的"保存"选项，即可设置自动保存文档的时间间隔、是否开启自动文档恢复功能和自动恢复文档的保存位置等操作（图 5-15）。

图 5-15　"Word 选项"对话框的"保存"选项

Word 2019 应用程序可以被保存为多种文档格式,而 Office 2019 应用程序之间也可以实现文档格式的相互转换。Word 2019 可以保存或转换的常用文档类型如表 5-1 所示。

表 5-1　Word 2019 可以保存或转换的常用文档类型

文档格式	说明
.doc	Word 2003 以及更低版本的 Word 中的默认版本格式
.dot	基于.doc 格式的模板文件
.docm	在.doc 格式的基础上,额外启用了宏的文档
.docx	Word 2007 以及更高版本的 Word 程序在兼容.doc 格式的基础上推出的新的文档格式。.docx 基于 XML 压缩文件格式,与.doc 相比,.docx 文档的体积更小
.dotx	基于.docx 格式的模板文件
.dotm	基于.docx 格式的模板文件,但额外启用了宏
.pdf	由 Adobe 公司开发的电子图书格式,是一种已经广泛使用的数字信息传播和打印标准
.xps	由微软开发的电子图书格式,功能没有.pdf 强大,无须安装第三方软件就可以阅读此格式的文档
.mht,.mhtml	属于单个文件网页格式,如果需要将文档发到网络上,且不想产生太多个文件时,可以选择这种保存格式
.htm,.html	网页文件格式,将文档保存为此格式后,将生成多个相关的网页文件

5.4　文　本　编　辑

在 Word 中编辑文档时,经常需要执行一些诸如录入文字和符号、选取和移动文本、替换文档中的错误内容、切换至文档的不同位置等基本操作。要学会使用 Word 编辑文档,第一步就是要了解将文本录入文档的方法。

5.4.1　文本的录入

在当前文档工作窗口的"文档编辑区",有一个闪烁的竖形短线,即光标插入点。在输入文本时,输入的文本总是位于光标插入点的左侧。而随着文本的输入,插入点也不断地向右移动。一行输入完毕,插入点会自动跳到下一行的起始位置;一页输入完毕,插入点会自动跳到下一页。只有在结束一个段落时,需要按 Enter 键,以表明一个段落的结束。而插入点的位置既可以用键盘的方向键确定,也可以单击鼠标左键,将光标置于文档中已有文本的任意位置。

除了明确插入点的位置,还需要确认在 Word 状态栏上显示的当前状态是"插入"还是"改写"。在"插入"状态下(默认),录入的文本插入光标所在位置,光标后面的文本将随之后移;而在"改写"状态下,会自动用当前输入的文本替换掉光标后面的文本。切换"插入"和"改写"状态非常简单,一种方法是用鼠标单击状态栏上的"插入"或"改写"字样;另一种方法是按键盘上的 Insert 键。

1. 文字的输入

输入文本之前要选择输入法,用户可以使用 Ctrl＋Space 组合键在中、英文输入法之间切换,用 Ctrl＋Shift 组合键在各种输入法之间进行切换。除此之外,用户也可以单击任务栏右侧的语言指示器,在打开的输入法菜单中选择所需的输入法。

2. 符号的输入

在文档中通常不会只有中文或英文字符,在很多情况下还需要输入一些键盘上没有的符号,如"Ω""©"等。Word 2019 提供了符号插入功能,可以在文档中插入各种符号,如图 5-16所示。单击"插入"选项卡,在"符号"组单击"符号"按钮,在其下拉菜单中选择需要的符号。如果在"符号"下拉菜单中未发现需要的符号,则在"符号"下拉菜单中选择"其他符号"选项,并在弹出的"符号"对话框中选择其他符号,如图 5-17 所示。

图 5-16 "插入"选项卡的"符号"按钮下拉菜单 　　　　　图 5-17 "符号"对话框

5.4.2 文档的定位

对文档尤其是长文档进行编辑时,将文档定位到需要查阅或编辑的位置可不是一件容易的事。除了拖动垂直滚动条的滑块可以实现文档的翻页操作外,Word 2019 还提供了多种定位文档的功能,利用这些定位功能可以帮助用户快速切换到文档中指定的位置。

1. 利用导航窗格定位文档

Word 2019 提供了导航窗格,利用它用户可以快速定位到文档中需要阅读或者编辑的位置。单击"视图"选项卡,在"显示"组勾选"导航窗格"复选框,默认将在 Word 2019 窗口右侧出现导航窗格,如图 5-18 所示。如果文档已经建立大纲文本或标题,那么导航窗格将显示大纲

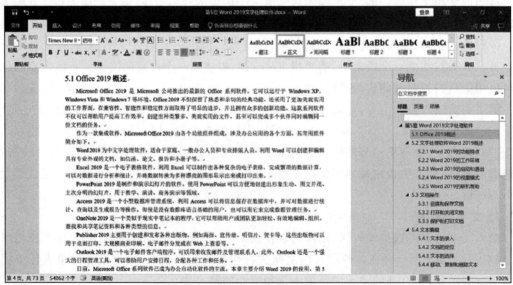

图 5-18 导航窗格

或标题列表，单击任意一个大纲或标题，Word 2019 将自动切换到文档中相应对象所在的位置。

2. 使用"定位"对话框定位文档

对于一些无法通过导航窗格快速定位的文档，例如快速找到文档中的某节或某页，可以利用"定位"对话框来完成。单击"开始"选项卡，在"编辑"组单击"查找"按钮右边的下拉按钮，在打开的菜单中选择"转到"命令，将会打开"查找和替换"对话框的"定位"选项卡，在"定位目标"列表中选择要定位的对象类型，并输入对象或增加或减少或具体定位到的数目，最后单击"定位"按钮即可，如图 5-19 所示。

图 5-19　"查找和替换"对话框

5.4.3　文本的选择

Windows 环境下的软件操作有一个共同规律，即"先选定，后操作"。在用 Word 2019 进行文本编辑前，首先需要用户确定编辑对象，即需要编辑的文本。而默认文档文本是以白底黑字显示，被选择的文本则是高亮显示。选定了文本，才能方便地对其实施诸如删除、替换、移动和复制等操作。选定文本的方法如下。

1. 使用鼠标选定文本

将鼠标指针移到被选择文本的开始位置（或结束位置），按住鼠标左键，将鼠标指针拖动到被选择文本的结束位置（或开始位置），再松开鼠标左键，此时被选定的文本被蓝色亮条覆盖，表示选定完成。常用的鼠标选定文档操作说明如表 5-2 所示。

表 5-2　Word 2019 常用的鼠标选定操作

选定内容	操作说明
一个单词或汉字	在所需的文字、词组或英文单词中双击
一句	按住 Ctrl 键，在需要选定的句中单击
一行	将光标移至该行左侧，当指针变成"⟋"后单击
连续多行	将光标移至要选择的首（末）行左侧，当指针变成"⟋"后按住鼠标左键向下（上）拖到想要选择的位置松开
一段	将光标移至该段左侧，当指针变成"⟋"后双击
整篇文档	将光标移至文档的左侧，当指针变成"⟋"后三击
连续文本	将光标定位在要选定文本的起始处，按住鼠标左键拖到结束位置松开（或按住 Shift 键单击结束处）
不连续文本	先选定一个文本区域，然后在按住 Ctrl 键的同时再选定其他的文本区域
矩形区域文本	将光标定位在要选定的文本起始处，按住 Alt 键的同时按住鼠标左键拖到结束位置松开

2. 使用键盘选定文本

除了使用鼠标选定文本外,用户还可以通过键盘选定文本。利用光标移动键将插入点定位到欲选定文本的开始位置,再按键盘选定组合键,移动组合键中的方向标,当灰色覆盖部分一直延伸到欲选定文本的结束位置后释放按键,选定完成。常用键盘选定组合键及功能说明如表 5-3 所示。

表 5-3　常用键盘组合键及功能说明

组 合 键	功 能 说 明	组 合 键	功 能 说 明
Shift＋↑	向上选定一行	Shift＋PageUp	选定内容向上扩展一屏
Shift＋↓	向下选定一行	Shift＋PageDown	选定内容向下扩展一屏
Shift＋Home	选定内容扩展至行首	Ctrl＋A	选定整个文档
Shift＋End	选定内容扩展至行尾		

若要取消选定的文本,将鼠标指针移到非选定的区域,单击鼠标或按键盘的箭头键即可。

应注意的是,处于被选定状态的文本在文档中应是唯一的。也就是说,对文档内容重新选定时,原有选定内容会自动撤销。

5.4.4　查找和替换

如果需要在一篇文档中查找某个特定内容,或更改在文档中多次出现的某个内容,仅靠手工逐个实现是既费时费力又容易出现遗漏的工作。Word 2019 提供了功能强大的查找和替换功能,能够帮助用户非常轻松、快捷地完成操作。

1. 查找

查找文本是指从当前文档中查找指定的内容。"查找"命令能够快速确定给定文本出现的位置,同时也可以通过设置高级选项查找特定格式的文本、特殊字符等。

在"开始"选项卡的"编辑"组中单击"查找"按钮,将打开窗口右侧的 🔍 导航窗格,如图 5-20 所示。在窗格的"搜索文档"输入框中输入需要查找的文字,单击"搜索"按钮后,Word 2019 将在"导航"窗格中列出文档中包含查找文字的段落,同时查找文字在文档中将突出显示。此时,在导航窗格中单击该段落选项,文档将定位到该段落。

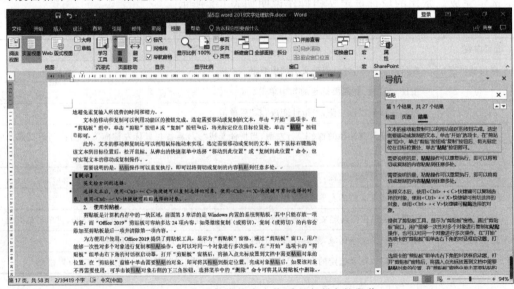

图 5-20　在导航窗格中查找到文字所在的段落

如图 5-21 所示，单击"导航"窗格上的下三角按钮，在打开的菜单中选择"高级查找"命令，将打开 Office 旧版本也有的"查找和替换"对话框。单击"更多"按钮将使对话框完全显示。在对话框的查找内容文本框中输入需要查找的文字，在"搜索选项"栏中对文档搜索进行设置后，单击"查找下一处"按钮，Word 将把文档中找到的内容高亮显示出来。如果需要在文档中接着查找，可继续单击"查找下一处"按钮往下查找。

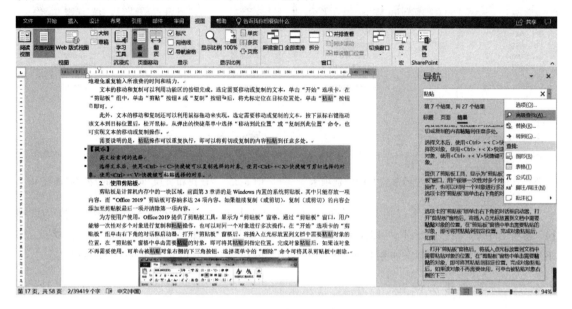

图 5-21　在导航窗格中选择"高级查找"选项

【小知识】

"查找和替换"对话框的"搜索选项"栏（图 5-22）用于对文档的搜索进行设置。"搜索"下拉列表框中的选项用于选择查找或替换的方向；"全字匹配"复选框被勾选时，只有全字相匹配的单词才能找到；勾选"使用通配符"复选框时，可以在查找时使用通配符；勾选"同音（英文）"复选框时，可以将同音的英文单词都找出来；勾选"查找单词的所有形式（英文）"复选框时，可以将单词的所有形式都找出来。

2. 替换

在找到需要的文字后，有时需要将其替换为其他的文字，如果逐个查找后再进行替换，操作效率较低。此时，可以使用 Word 的替换功能，自动将找到的内容替换为需要的内容。实际上，替换操作和查找操作是一个对话框不同选项卡对应的功能，用户可以在"查找和替换"对话框（默认打开如图 5-22 所示）的"替换"选项卡中进行替换操作。在"替换"选项卡中，将要查找的文字和替换的文字分别输入"查找内容"文本框和"替换为"文本框，如图 5-23 所示。查到相应文字后，经确认如果不需替换，则用户可单击"查找下一处"按钮；如果需要替换，则单击"替换"按钮，替换后系统自动查找下一处；如果用户确认要将查找到的所有文字换成替换文字，则直接单击"全部替换"按钮即可。

图 5-22　"查找和替换"对话框的"查找"选项卡　　　图 5-23　"查找和替换"对话框的"替换"选项卡

　　查找和替换的对象不仅可以是普通文本,还可以是格式或特殊格式。单击"查找"或"替换"选项卡中的"格式"按钮,可以从获得的菜单中选择相应的命令来设置查找或替换格式,如字体、段落格式或样式等。如果单击"不限定格式"按钮,将取消设定的查找或替换格式。

5.4.5　拼写与语法检查

　　用户在输入文本时,很难保证输入文本的拼写和语法都完全正确,而 Word 2019 中的拼写和语法检查功能就是一个能够在一旁时刻提醒,从而帮助用户减少输入错误的助手。当在文档中输入不在 Word 字典中的单词时,Word 会自动在该单词下面用红色波浪线标记;当在输入文档时出现了输入错误或特殊用法时,Word 会在出现错误的部分用蓝色双实线标记。

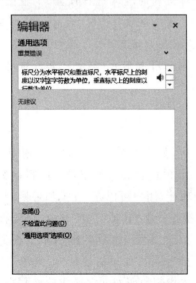

　　单击功能区的"审阅"选项卡,在"校对"组中单击"拼写和检查"按钮,打开"编辑器"窗格,如图 5-24 所示。在该窗格中,Word 会逐条提示用户所选文字中包含不在字典中的单词以及输入错误或有特殊用法的地方。对于不在字典中的单词,用户可以选择将单词添加到字典中或者直接忽略;而对于输入错误或有特殊用法的地方,用户除了忽略错误外,还可以选择接受 Word 给出的修改建议。

　　单击"文件"选项卡的"选项"按钮,会打开"Word 选项"对话框,单击左侧的"校对"选项,可打开相应的"校对"列表(图 5-25)。用户可以根据实际需要选中或取消"校对"选项列表的若干选项,从而完成 Word 2019 的拼写和语法检查工具的设置。

图 5-24　"编辑器"窗格

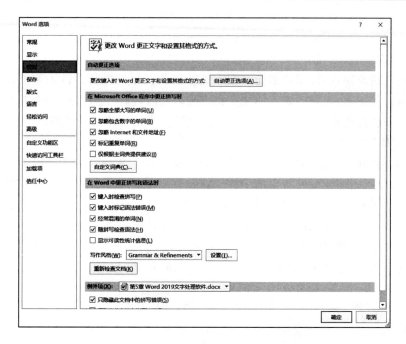

图 5-25　"Word 选项"对话框的"校对"选项列表

5.5　格式编排

　　Word 文档中往往包含一个或多个段落,每个段落都由一个或多个字符构成,这些段落或字符都需要设置固定的外观效果,这就是所谓的格式。文字的格式包括文字的字体、字号、颜色、字符边框或底纹等,而段落的格式包括段落的对齐方式、缩进方式以及段落或行的间距等。对于一篇设计精美的文档,除了需要对字符和段落的格式进行设置外,还需要有美观的视觉外观,即需要对文档的整个页面进行设计,如页面大小、页边距、页面版式布局以及页眉页脚等。本节将对文字、段落和页面格式的设置进行介绍。

5.5.1　字体格式编排

　　文字是文档的基本构成要素,一篇编排合理的文档中,不同的内容会使用不同的字体、字形和字号,不同的字符间距、文字效果等,以便使文档层次分明,使人阅读时一目了然,如图 5-26 所示。

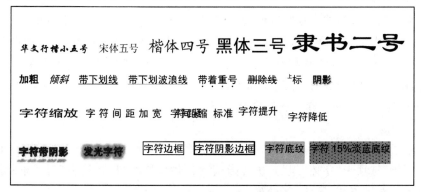

图 5-26　字符格式化设置举例

在 Word 2019 中,用户对**字体格式**的设置主要可以通过功能区"开始"选项卡"字体"组中的命令按钮来实现,功能更全的字符格式设置可单击"字体"组对话框启动器,通过打开的"字体"对话框来完成。

在字符输入前或输入后,用户都能对文字进行格式设置的操作。输入前可以选择新的格式定义将要输入的文本;而对已输入的文字格式进行修改,同样遵循"先选定,后操作"的原则,即首先选定需要进行格式设置的部分,然后对选定的文本进行格式的设置。

1. 设置字体和字号

字体指的是某种语言字符样式,字号指的是字符大小。Word 2019 提供了常见的中英文字体,用户也可以根据需要安装自己的字体。在设置时,如果需要对已有文字进行修改,最简单的方法是选中需要设置字体和字号的文字,在"开始"选项卡的"字体"组中依次单击"字体"下拉列表框和"字号"下拉列表框,在其中选择需要使用的字体和字号,被选择的文字将发生改变;也可以单击"字体"组对话框启动器,在弹出的"字体"对话框"字体"选项卡的"中文字体"下拉列表、"西文字体"下拉列表和"字号"下拉列表中进行设置,如图 5-27 所示。

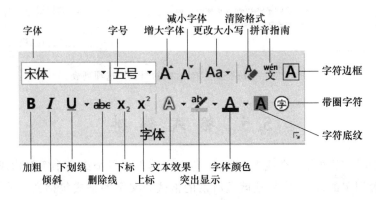

图 5-27 "字体"组中的常用命令按钮

特别地,在 Word 2019 中,用户可以直接在"字体"下拉列表中输入字体名称来设置文字字体,也可以在"字号"下拉列表框中输入数字来设置文字的大小,其输入值为 1~1 638。

在 Word 中,表述字体大小的计量单位有两种。一种是汉字的字号,如初号、小初、一号……七号、八号;另一种是用国际上通用的"磅"来表示,如 4、4.5、10、12……48、72 等。中文字号中,"数值"越大,字就越小,所以八号字是最小的;在用"磅"表示字号时,数值越小,字符的尺寸越小,数值越大,字符的尺寸越大。

2. 设置字形

字形是文字的字符格式。在"开始"选项卡的"字体"组及"字体"对话框的"字体"选项卡中,Word 2019 提供了多个命令按钮或选项用于对文字的字形效果进行设置,如设置文字的加粗和倾斜、给文字添加下划线和删除线、增大和缩小文字、给文字设置颜色以及为文字添加底纹和边框等,由于上述常见的操作从 Word 旧版本中延续下来,比较简单,所以下面仅对特殊或 Word 2019 新增的字形设置方法作简要介绍。

（1）拼音指南

此功能用于给选定的文字加拼音,如图 5-28 所示。操作步骤如下:①选定要加拼音的文字;②单击"开始"选项卡"字体"组的"拼音指南"按钮,弹出"拼音指南"对话框;③在该对话框中设置拼音的对齐方式、字体、字号等。

（2）带圈字符

有时候，需要对指定的文字用方形、圆形、三角形等形状圈住，用于特别说明某种意义，如图 5-29 所示。操作步骤如下：①选定要加圈的字符；②单击"开始"选项卡"字体"组的"带圈字符"按钮 ⊕，弹出"带圈字符"对话框；③在对话框中选择带圈的"样式"，也可以选择不同的"圈号"。

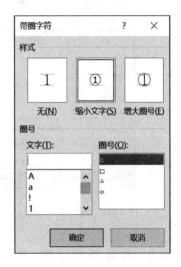

図 5-28　"拼音指南"对话框　　　　　　　　图 5-29　"带圈字符"对话框

（3）制作荧光笔突出显示效果

在 Word 中编辑文档时，对于一些需要突出显示的文本，还可以为其制作荧光笔效果，即将文字以带颜色的背景突出显示。用户可以使用下述方法进行设置。

方法一：选中文字，单击"开始"选项卡"字体"组的"以不同颜色突出显示文本"按钮 ab，即可将选中的文字突出显示。

方法二：先单击"以不同颜色突出显示文本"按钮 ab 使鼠标指针处于"⤴"状态，然后用鼠标在希望突出显示的文字上拖拽。

此外，用户可以单击"以不同颜色突出显示文本"按钮右侧的小三角按钮，在其下拉菜单中选择突出显示的颜色。退出此状态可以再次单击该命令按钮或按 Esc 键，鼠标指针恢复正常状态。

（4）为文本添加特效

Word 2019 继续延续了 2010 版本之后的文本字体美化功能，用户可以为字体添加轮廓、阴影、映像、发光等特效。需要注意的是，此功能无法在兼容模式下使用，即无法在 .doc 格式的文档中进行编辑。操作步骤如下：①选定要添加特效的文本；②单击"开始"选项卡"字体"组的"文本效果"按钮 A，在其下拉菜单中选择需要的效果；或在"字体"对话框中单击"文字效果"按钮，在弹出的"设置文本效果格式"对话框中进行设置。

3. 设置字符间距

"字体"对话框除了可以设置文字字体、字号和字形的"字体"选项卡（图 5-30）外，还包含"高级"选项卡。在"高级"选项卡中，用户可以设置字符间距和使文字更加精美的 OpenType 字体效果。其中，字符间距指的是文档中两个字符间的距离，设置字符间距是进行文档排版的一个重要内容，其中"缩放"下拉列表框用于调整文字横向缩放的大小；"间距"下拉列表框用于调整文字间的距离,"位置"下拉列表框用于调整字符在垂直方向上的距离,如图 5-31 所示。

图 5-30 "字体"对话框的"字体"选项卡

图 5-31 "字体"对话框的"高级"选项卡

5.5.2 段落格式编排

段落指的是一个或多个包含连续主题的句子。在输入文字时,按 Enter 键,Word 会自动插入一个段落标识"↵"并开始一个新的段落。一定数量的字符和其后面的段落标识组成了一个完整的段落。设置一个段落的格式时,一般不需要选中内容,只要光标置于要格式化的段落就可以;设置多个段落的格式时,需要把多个段落都选中。"段落"组中的常用命令按钮如图 5-32 所示。

段落格式主要包括段落对齐方式、段落缩进、行间距和段间距等。段落格式的设置主要通过"开始"选项卡"段落"组的中的命令按钮来实现,也可单击"段落"组对话框启动器,通过打开的"段落"对话框来完成。

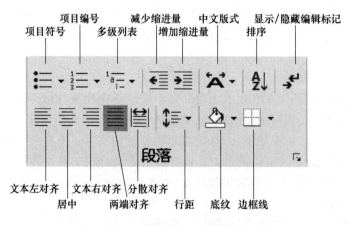
图 5-32 "段落"组中的常用命令按钮

1. 设置段落对齐方式

对齐方式是指段落按照什么方式将文本对齐,它决定了段落边缘的外观和方向。在

Word 2019 中,段落的对齐方式共有 5 种(图 5-33),分别是左对齐、居中对齐、右对齐、两端对齐和分散对齐。每种对齐方式的含义如下。

- 左对齐:段落每一行的左边缘与左页边距对齐。
- 居中对齐:使段落每一行全部向页面正中间对齐,如果某行没有输满字符,字符间距不变,所有文本居中对齐。
- 右对齐:段落每一行的右边缘与右页边距对齐。
- 两端对齐:段落的每一行都均匀分布在左右页边距之间,Word 自动调整文字的水平间距,使段落右边对齐成一条直线,但该对齐方式对有回车符的最后一行没有效果。
- 分散对齐:段落的每一行以字符为单位均匀分布,使段落的两端都对齐,如果某一行没有输满字符,则 Word 自动更改该行的字符间距,直至该行两端的文本和其他行两端的文本对齐为止。

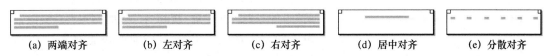

| (a) 两端对齐 | (b) 左对齐 | (c) 右对齐 | (d) 居中对齐 | (e) 分散对齐 |

图 5-33 段落对齐的各种方式

将插入点放置在所需设置的段落中,单击"开始"选项卡"段落"组中的对齐方式按钮;或打开"段落"对话框,在"缩进和间距"选项卡"常规"选项组的"对齐方式"下拉列表中选择要设置的对齐方式即可。

【小知识】

"两端对齐"和"分散对齐"对于英文文本来说,前者以单词为单位,自动调整单词间空格的大小;而后者以字符为单位,均匀地分布。对于中文文本,除了每个段落的最后一行外,效果相似;而在最后一行,前者实质效果是左对齐,后者能左、右均匀对齐。

2. 设置段落缩进

段落缩进指的是一个段落首行、段落左边和右边距离页面左右两侧以及相互之间的距离关系。Word 共有四种段落的缩进方式,如图 5-34 所示,其含义如下。

- 首行缩进:段落中第一行相对于左页边距的缩进,其余各行不进行段落缩进。
- 悬挂缩进:段落中第一行不进行缩进,其余各行相对于第一行的缩进。
- 左缩进:段落每一行相对于左页边距的缩进。
- 右缩进:段落每一行相对于右页边距的缩进。

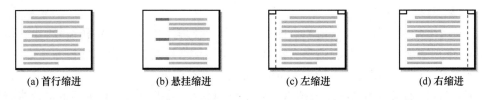

| (a)首行缩进 | (b)悬挂缩进 | (c)左缩进 | (d)右缩进 |

图 5-34 段落的缩进方式

Word 2019 共有多种方法设置段落的缩进方式,比较简单的方法是使用主界面尺上的缩进标记进行设置。在文档中单击将插入点光标放置到需要调整缩进的段落中,单击主界面右侧垂直滚动条上方的"标尺"按钮，打开水平标尺和垂直标尺。如图 5 35 所示，在水平标尺上，有四个段落缩进滑块，分别对应首行缩进、悬挂缩进、左缩进和右缩进的操作。按住鼠标左键对它们进行拖拽即可设置相应的缩进。如果要精确缩进，可在拖动的同时按住 Alt 键，此时标尺上会出现以字符为单位的缩进的准确距离。

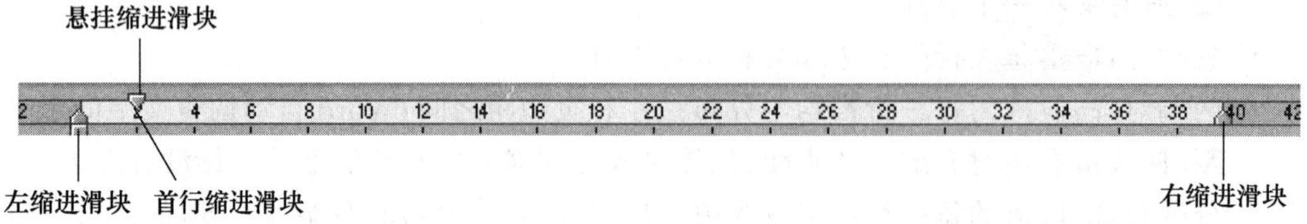

悬挂缩进滑块

左缩进滑块　首行缩进滑块

右缩进滑块

图 5-35　水平标尺与各滑块的名称

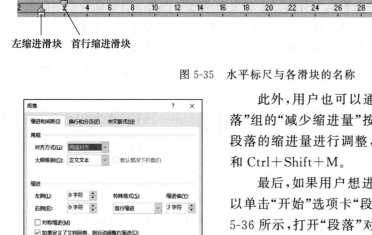

图 5-36　"段落"对话框"缩进和间距"选项卡

此外，用户也可以通过单击"开始"选项卡中"段落"组的"减少缩进量"按钮和"增加缩进量"按钮，对段落的缩进量进行调整，其对应的快捷键为 Ctrl＋M 和 Ctrl＋Shift＋M。

最后，如果用户想进行精确的段落缩进调整，可以单击"开始"选项卡"段落"组的对话框启动器，如图 5-36 所示，打开"段落"对话框，通过"缩进和间距"选项卡中"缩进"选项区域的文本框或下拉列表进行设置，其中的左缩进和右缩进设置也可以通过"布局"选项卡中"段落"组的"左缩进"和"右缩进"编辑框来完成。

3. 设置段间距和行间距

段间距指的是段落和段落之间的间距，行间距指的是段落中行与行之间的间距。在 Word 2019 中，用户可以单击"开始"选项卡"段落"组中的"行距"按钮，在打开的下拉菜单中选择行距值设置段落的行距，选择"增加段落前间距"或"增加段落后间距"调整所选段落的前后段间距。

与段落缩进的设置一样，如果用户需要对段落的格式进行详细调整，可以使用"段落"对话框"缩进和间距"选项卡中的"间距"选项区域对应的文本框或下拉列表进行设置，其中段间距的设置也可以通过"布局"选项卡"段落"组中的"段前间距"和"段后间距"编辑框来完成。

4. 设置项目符号和编号

项目符号和编号是放在段落前的点或其他符号。合理使用项目符号和编号，能够使文档层次分明、条理清楚且容易阅读、编辑。在对篇幅较长且结构复杂的文档进行编辑处理时，项目符号和编号是十分有用的。一般来说，如果文档中存在并列关系的段落，可以在各个段落之前添加项目符号；如果一组同类型段落有一定的条理关系，或需要对并列关系的段落进行数量统计，则可使用项目编号。

在文档中选择需要插入项目符号的段落，单击"开始"选项卡"段落"组中的"项目符号"按钮可以在段落之前插入最近使用的项目符号，如图 5-37 所示。用户也可以单击"项目符号"

按钮右侧的下拉按钮,在展开的列表中选择其他样式的项目符号。如果在列表中的"项目符号库"中没有用户需要的项目符号,可以单击"定义新项目符号"选项,如图 5-38 所示,打开"定义新项目符号"对话框,在对话框中进行项目符号字符和对齐方式的选择即可。

图 5-37   选择项目符号列表　　　　　图 5-38   "定义新项目符号"对话框

若用户希望为段落设置编号,可以用类似设定项目符号的方法操作,即通过单击"开始"选项卡"段落"组中的"项目编号"按钮及其右侧的下拉按钮进行设置,如图 5-39 所示。

在设置了项目符号或编号的段落结尾处,按 Enter 键后,就会在下一行新段落的前面自动添加相同的项目符号或顺序递增的项目编号。如图 5-40 所示,如果用户想在新段落的前面设置不同的项目符号或编号,需要在新设置的编号或符号上右击,在弹出的快捷菜单中选择"重新开始于 1"或"继续编号值"命令,在选择项目符号列表级联菜单中重新选择列表样式,或在"设置编号值"对话框中设置新的编号。

图 5-39   选择项目编号列表　　　　　图 5-40   "定义新编号格式"对话框

5. 段落边框和底纹

在 Word 2019 中,用户可以给选定的段落添加边框和底纹,从而达到突出显示的效果。选定需要添加边框和底纹的段落,在"开始"选项卡"段落"组中单击"下框线"按钮 ⊞ · 右侧的下拉按钮,在弹出的列表中选择"边框和底纹"选项,打开"边框和底纹"对话框,如图 5-41 所示。在"边框和底纹"对话框中选择"边框"选项卡和"底纹"选项卡,并在其中选择相应选项即可完成操作。

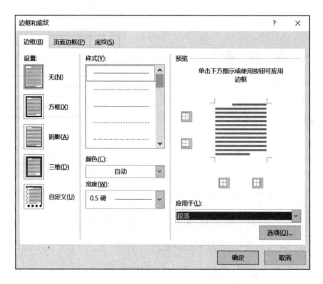

图 5-41 "边框和底纹"对话框

6. 分栏设置

所谓分栏,指的是将文档中所选段落或文字设置为多栏,从而呈现出报纸、杂志中经常使用的多栏排版页面。通常情况下,Word 2019 提供五种分栏类型,即一栏、两栏、三栏、偏左和偏右。用户可以根据实际情况选择合适的分栏。

选中要分栏的段落或文字,单击"布局"选项卡"页面设置"组中的"栏"按钮,在展开的列表中选择上述五种中的任意一种即可,如图 5-42 所示。若用户希望对分栏做更详细的设置,可以在展开的列表中选择"更多栏"选项,在打开的"栏"对话框中,设置栏数、栏宽、栏间距、是否加分隔线等内容,如图 5-43 所示。

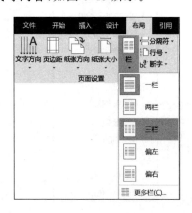

图 5-42 "栏"下拉列表

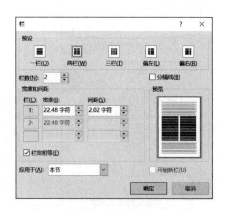

图 5-43 "栏"对话框

7. 首字下沉

在报刊文章中，经常看到文章的第一自然段第一行第一个字较其他正文字体偏大，并且向下一定的距离，这就是首字下沉。首字下沉的目的是希望引起读者的注意，并从该字开始阅读。

设置首字下沉时，首先将插入点置于要设定成首字下沉的段落，单击"插入"选项卡"文本"组的"首字下沉"按钮，在打开的下拉列表中按照需要选择"下沉"或"悬挂"选项，如图 5-44 所示。单击"首字下沉选项"命令，在打开的"首字下沉"对话框中，如图 5-45 所示，完成首字的字体、下沉的行数以及与正文的距离等相关设置。如果要去掉已有首字下沉的设置，操作方法和建立首字下沉相同，只要在"首字下沉"下拉列表中选择"无"即可。

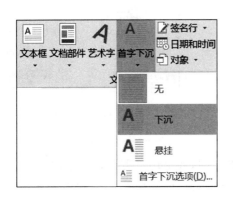

图 5-44　"首字下沉"下拉列表　　　　图 5-45　"首字下沉"对话框

5.5.3　页面格式编排

一篇文档，无论是作为书籍的一部分，还是作为论文、报告，都必须进行页面格式的设置。Word 2019 提供了丰富的页面格式设置选项，允许用户根据自己的需要更改页面的大小、设置纸张方向、调整页边距大小、设置页眉页脚以及使用分节符来设置页面的版式等，以满足各种打印输出的需求。

1. 设置页面大小

Word 2019 提供了信纸、法律专用纸、A4、A5、B5、Executive 等若干常见的纸张大小，用户可以通过单击"布局"选项卡，在"页面设置"组单击"纸张大小"按钮，在下拉菜单中选择需要的纸张大小规范即可，如图 5-46 所示。如果 Word 提供的纸张大小不能满足用户的需求，那么在下拉菜单中选择"其他纸张大小"选项，弹出"页面设置"对话框后，在"纸张"选项卡的"纸张大小"区域自定义纸张的宽度和高度，如图 5-47 所示。Word 文档以最常使用的 A4 纸为默认页面。假如用户需要将文档打印到 A5、B5 等不同大小的纸张上，最好在修改文档之前，就先修改页面的大小。虽然页面大小的设置操作也可以在文档编辑的过程中进行，但是如果文档编辑完成后再进行页面大小的修改往往会造成版式混乱，从而加大了用户编辑文档的工作量。

图 5-46　"页面大小"下拉列表　　　　图 5-47　"页面设置"对话框的"纸张"选项卡

2. 设置纸张方向

默认情况下,Word 2019 的纸张方向是纵向的,如果用户需要将纸张的宽和高互换,那么可以将纸张方向设置为横向。单击"布局"选项卡,在"页面设置"区域单击"纸张方向"按钮,在其下拉菜单中选择"横向"即可。此外,用户也可以通过"页面设置"对话框"页边距"选项卡中的"纸张方向"区域进行选定。

3. 调整页边距

页边距指的是页面的正文区域和纸张边缘之间的空白距离。设置页边距就是根据打印排版的要求,增大或减小正文区域的大小。页边距的设置在文档排版时是十分重要的,页边距太窄会影响文档的修订,太宽又会影响文档的美观且浪费纸张。默认情况下,Word 文档页面左右两边距与文档之间的距离为 3.18 厘米,上下两边与文档之间的距离则为 2.54 厘米,如图 5-48 所示。当这个页边距不符合实际打印需求时,用户可以自行调整。同样选择"布局"选项卡,单击"页面设置"组中的"页边距"按钮,会看到在列出的菜单中,Word 2019 提供了若干种页边距样式,用户可以选择其中的某一个页边距样式进行设置。如果 Word 提供的所有页边距样式均不符合自己的要求,用户可以在上述菜单中选择"自定义页边距"选项,在弹出的"页面设置"对话框的"页边距"选项卡中设置各项参数,如图 5-49 所示,其中包括上、下、左、右的边距大小,装订线的大小和位置,以及应用到此页边距设置的页码范围等。

4. 设置文字方向

Word 文档中的文字可以是水平方向的,也可以设置成其他方向的。将插入点置于文档中,在"布局"选项卡的"页面设置"组中选择"文字方向"按钮,在下拉列表中选择需要的文字方向格式,如图 5-50 所示。更多的选择可通过单击下拉列表中的"文字方向选项"命令,在弹出的"文字方向-主文档"对话框中进行设置,如图 5-51 所示。

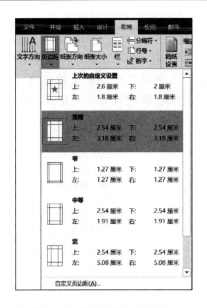

图 5-48　"页边距"下拉列表

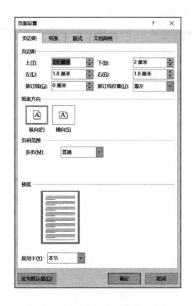

图 5-49　"页面设置"对话框的"页边距"选项卡

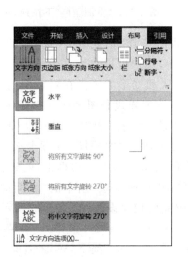

图 5-50　"文字方向"下拉列表

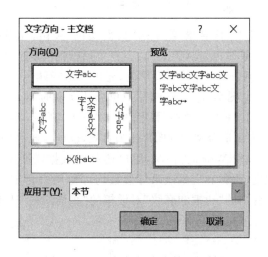

图 5-51　"文字方向-主文档"对话框

5. 设置页面背景

使用 Word 2019 编辑文档时，用户可以根据需要对页面进行多种装饰，如添加水印效果、调整页面颜色、自定义页面边框等内容。在"设计"选项卡中，单击"页面背景"组中的按钮即可设置相应内容。

在编辑 Word 文档中添加水印效果，可以起到声明版权、强化宣传或美化文档等作用。水印可以是内置或自定义的文字，也可以是指定的图片。在"页面背景"组中单击"水印"按钮，在下拉列表中可以看到 Word 2019 提供的几个简单的文字水印样式，如机密、严禁复制等。如需呈现其他的文字或图片水印，可在列表中选择"自定义水印"选项，在弹出的"水印"对话框中进行设置，如图 5-52 所示，其中包括图片水印的插入、缩放和是否设置为冲蚀效果等；文字水印的语言、内容、字体、字号、颜色、版式、是否半透明等项目。设置完水印的文档也可删除水印，只需要单击"水印"按钮在下拉列表中选择"删除水印"即可。

Word 文档中，白底黑字是经典配色，假如用户想要获得特别的视觉效果，可以首先根据需要调整页面颜色。在"页面背景"组中单击"页面颜色"按钮，如图 5-53 所示，在其下拉列表中选择一种颜色，如果 Word 提供的现有颜色都不符合要求，则可以在下拉列表中选择"其他颜色"选项，在弹出的"颜色"对话框中进行选择。除了直接设置页面背景颜色外，Word 还提供了填充效果的功能，使用此功能可以将指定的颜色、图案、纹理或图片填充到页面背景中。

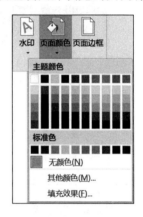

图 5-52　"水印"对话框　　　　　　　　图 5-53　"页面颜色"下拉列表

单击"页面背景"组中的"页面颜色"按钮，在下拉列表中选择"填充效果"选项，就会弹出"填充效果"对话框（图 5-54）。在对话框的"渐变"选项卡中，用户可以自定义单色、双色，也可以选择 Word 内置的预设颜色，还可以选择颜色的底纹样式和变形方式。在对话框的"纹理"选项卡和"图案"选项卡中，用户可以从众多的 Word 内置的纹理样式和图案样式中选择其一填充到页面背景中。在选择图案时，用户还需自定义前景和背景的颜色。此外，如果用户磁盘中已经保存有更适合文档的图片作为背景，也可以通过"填充效果"对话框的"图片"选项卡来完成。

在编辑 Word 文档时，用户还可以根据需要为文档页面添加边框。边框的线条样式、颜色、宽度、阴影和三维效果等参数均可由用户自定义。单击"页面背景"组中的"页面边框"按钮，在弹出的"边框和底纹"对话框的"页面边框"选项卡中完成相应设置，如图 5-55 所示。

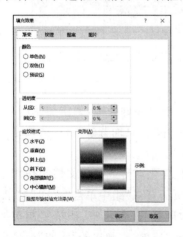

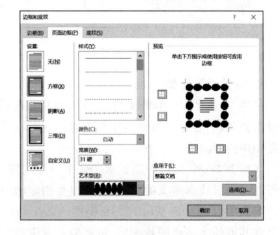

图 5-54　"填充效果"对话框　　　　　图 5-55　"边框和底纹"对话框的"页面边框"选项卡

6. 设置页眉、页脚和页码

页眉和页脚分别位于文档每页页面的顶部和底部，用于说明或重复文档的一些相关信息，可以是文字,诸如书名、章节标题、日期、页码和作者等,也可以是和文档内容相关的图片信息。

在功能区中单击"插入"选项卡,在"页眉和页脚"组中单击"页眉"按钮,在展开的列表中用户可以选择 Word 2019 内置的若干页眉样式,也可以选择"编辑页眉"选项,从而进入页眉编辑区,此时插入点出现在页眉的中间位置等待用户输入内容,同时在功能区出现了"页眉和页脚工具"选项卡下的"设计"选项卡,如图 5-56 所示。

图 5-56　"页眉和页脚工具"选项卡下的"设计"选项卡

用户可以在页眉编辑区中输入页眉的内容,并利用功能区"开始"选项卡的相关按钮编辑页眉的格式;也可以在"页眉和页脚工具"选项卡"设计"选项卡的"插入"组中,选择日期和时间、文档信息、文档部件、图片等按钮,在页眉选定的位置处插入相应的对象;还可以利用"设计"选项卡"位置"组中的微调框设置页眉与页面顶端的距离。单击"设计"选项卡中"关闭"组的"关闭页眉和页脚"按钮,即可退出页眉的编辑状态,插入点回到正文编辑区。

页脚的插入和编辑方法与页眉相似,即可通过功能区"插入"选项卡中"页眉和页脚"组中的"页脚"按钮进行设置。此外,用户也可以在进行页眉或页脚的编辑过程中,单击"页眉和页脚工具"选项卡下"设计"选项卡"导航"组中"转至页脚"或"转至页眉"按钮,来实现页眉和页脚编辑过程的相互转换。

完成页眉和页脚的创建后,如果需要对页眉和页脚进行修改编辑,可以在页眉或页脚区域双击,即可进入页眉和页脚的编辑状态。如果需要去除添加的页眉或页脚,可以在"设计"选项卡"页眉和页脚"组单击"页眉"按钮或"页脚"按钮,在下拉列表中选择"删除页眉"或"删除页脚"命令即可。

有些文章有许多页,为了便于整理和阅读,通常需要为文档添加页码。在 Word 2019 中,页码不仅可以作为页眉或页脚的一部分插入文档中,也可以单独地进行页码的插入和编排,而此时,页码的添加和设置与页眉页脚的添加和设置方法基本相同。

在功能区中打开"插入"选项卡,在"页眉和页脚"组中单击"页码"按钮,在下拉列表中选择页码的插入位置及样式。接着,在新出现的"页眉和页脚工具"选项卡下"设计"选项卡的"插入"组中,单击"页码"按钮,在下拉列表中选择"设置页码格式"命令,在弹出的"页码格式"对话框中进行页码编号格式样式的选择,也可通过"开始"选项卡进行页码字体格式的设置。最后,在"设计"选项卡的"关闭"组中单击"关闭页眉和页脚"按钮,即可退出页码编辑状态。

7. 分页和分节

在 Word 文档中,在上一页结束和下一页开始之前的位置之间,Word 会自动插入一个分页符,这称为"软"分页符。如果用户想要根据排版的要求在特定的位置强制分页,则需要插入一个"硬"分页符。具体操作比较简单,将插入点定位在要分页处,在功能区"插入"选项卡的"页"组中单击"分页"按钮即可。

将插入点置于某一段落后,可通过"段落"对话框的"换行与分页"选项卡(图 5-57)设置该段落的分页属性:在"分页"选项区域中勾选"段中不分页"复选框,会使段落每一行调整到一页中,即避免段落放在两个页面;勾选"段前分页"复选框,可以在段落前指定分页;勾选"与下段同页"复选框,可使所选段落与后面与之关联密切的段落放在同一页;勾选"孤行控制"复选框,则会在页面的顶部或底部放置段落的两行以上。

除了分页符外,用户也可给文档手动插入分节符,使不同节的内容分别设置不同的版式和格式。Word 2019 共有 4 种类型的分节符,用户可以将插入点置于文档中需要分节的位置,在"布局"选项卡的"页面设置"组中单击"分隔符"按钮,在下拉列表中选择相应的分节符(图 5-58)。不同类型分节符的功能如下。

- 下一页:插入分节符后面的内容在新的一页中开始编辑,即分页同时分节。
- 连续:用户在编辑完一个段落后,如果想要将接下来的若干段落设置为不同的格式或版式,可以插入连续的分节符,即分节不分页。
- 偶数页:若需要将插入点后面的若干段落变成一个新节,并让它们从下一个偶数页开始,则可以插入偶数页分节符。
- 奇数页:若需要将插入点后面的若干段落变成一个新节,并让它们从下一个奇数页开始,则可以插入奇数页分节符。

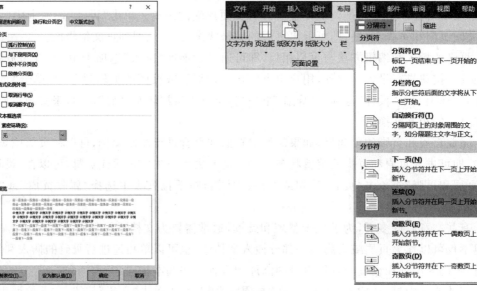

图 5-57 "段落"对话框的"换行与分页"选项卡   图 5-58 "布局"选项卡的"分隔符"下拉列表

5.6 图 文 混 排

全部都是文字的文档会使阅读者感到单调,很快就会产生阅读疲劳。在文档中插入适当的图片、表格、艺术字等各种类型的对象,会使文档更具感染力,在丰富版面的同时,也能够使文档更容易阅读。

5.6.1 插入图片和剪贴画

Word 对图像文件的支持十分优秀,它可以支持当前流行的所有格式的图像文件,如 BMP 文件、JPG 文件和 GIF 文件等。用户除了可以插入本机图片、联机图片外,还可以插入屏幕截图。在文档中插入图片后,用户可以方便地对其进行简单的编辑、样式和版式的设置等。

1. 插入图片文件

Word 2019 不仅可以插入保存在计算机硬盘或网络其他节点中的各种常见格式的图片文件,从其他图形处理软件(如 CorelDraw)导入图片,而且可以从扫描仪或数码相机中直接获取图片。将光标置于文档中需要插入图片的地方,在功能区单击“插入”选项卡,在“插图”组中单击“图片”按钮,就会打开“插入图片”对话框。通过对话框的下拉列表选择合适的文件夹,并选择所需的图片后,单击“插入”按钮即可。

2. 插入联机图片

Word 2019 联机图片来自必应网站。在 Word 2019 中插入联机图片的方法与插入图形文件类似。首先将光标置于文档中需要插入联机图片的位置,单击“插入”选项卡中“插图”组的“联机图片”按钮,在打开的“联机图片”对话框中,选择“动物”“背景”“苹果”等不同的图片类型,如图 5-59 所示。在显示出的相关类型图片中找出要插入的图片,单击“插入”按钮即可将该图片从必应网站中下载并插入文档中。此外,用户也可在“联机窗口”上部文本框中输入要插入图片的关键字,搜索到相关图片后进行选择,再将其中某张图片插入 Word 文档中。

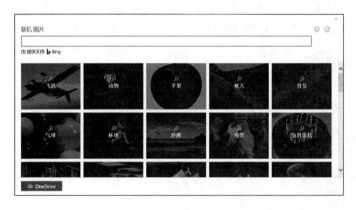

图 5-59　“联机图片”对话框

3. 屏幕截图

当文档被保存为.docx 格式时,Word 2019 将启动屏幕截图功能,该功能可将显示器屏幕中的画面截取下来,并插入文档中。单击“插入”选项卡,在“插图”组中单击“屏幕截图”按钮,在其下拉菜单中选择要截取图像的窗口,随后该窗口的图像就会出现在文档插入点的位置;如果用户只需要截取窗口部分区域的图像,在单击“屏幕截图”按钮后的下拉菜单中选择“屏幕剪辑”选项,快速切换到要截取图像的窗口,并在该窗口中拖拽鼠标圈选截取区域,释放左键后,该区域的图像就会出现在文档中。

当文档保存成兼容 Word 97-2003 的 DOC 格式时,可以利用 PrintScreen 键来完成截取屏幕图像的操作。打开要截取图像的窗口,按下 PrintScreen 键,即将当前屏幕中显示的图像复制到剪贴板上。在文档中将光标置于要插入屏幕截图的位置,右击,在弹出的快捷菜单中选择“粘贴选项”区域中的“粘贴”图标即可插入屏幕截图。

在文档中插入图片后,图片的大小、位置和样式等不一定符合要求,需要进行各种编辑才能达到令人满意的效果。单击要编辑的图片,在“图片工具”选项卡下的“格式”选项卡中,用户可以通过单击命令按钮或设置项对图片进行各种编辑工作,如图 5-60 所示。用户也可以右击要编辑的图片,在快捷菜单中选择“设置图片格式”命令,在弹出的“设置图片格式”窗格中完成详细的设置，如图5-61所示。

图5-60 "图片工具"选项卡下的"格式"选项卡

（1）调整图片大小和旋转图片

用户可以对插入的图片重新调整大小，也可以设置旋转角度，使其适合文档排版的需要。在插入的图片上单击，拖拽图片边框上的八个"尺寸控制柄"，可以快速改变图片的大小；将鼠标指针放置到图片顶部的"旋转控制柄"上，拖动鼠标则能够对图像进行旋转操作。

此外，用户也可以通过功能区设置项精确调整图片的大小和旋转的角度。单击图片，在"图片工具"选项卡下的"格式"选项卡中，输入"大小"组中"高度"和"宽度"文本框的值，可精确调整图片的大小。单击"大小"组的对话框启动器，在弹出的"布局"对话框的"大小"选项卡中，用户还可精确设置图片的旋转角度、缩放比例、是否锁定纵横比等内容，如图5-62所示。

图5-61 "设置图片格式"窗格 图5-62 "布局"对话框的"大小"选项卡

在"布局"对话框中勾选"锁定纵横比"复选框，则无论是手动调整图片的大小还是通过输入图片宽度和高度值调整图片的大小，图片的大小都将保持原始的宽度和高度的比值；另外，通过"缩放"选项区域调整图片高度和宽度的值，将能够按照与原始高度和宽度值的百分比来调整图片的大小。

（2）裁剪图片

如果插入Word文档的图片中包含与主题无关的内容，用户可以使用Word 2019自带的图片裁剪功能，将图片主题周围的无关内容删除掉。Word 2019的图片裁剪功能不仅能够实现常规的图片裁剪，还可以按比例裁剪，或将图片裁剪为不同的形状。

双击要裁剪的图片，Word将自动切换到"图片工具"选项卡下的"格式"选项卡，在"大小"组中单击"裁剪"按钮，此时图片的周围会出现一个方框，即裁剪框，拖动裁剪框上的控制柄，以调整裁剪框包围住的图片范围。操作完成后,按 Enter 键,图片裁剪框外的部分将被删除。

如果用户在裁剪图片时,单击"裁剪"按钮上的下三角按钮,在下拉列表中单击"纵横比"选项,并在下级列表中选择裁剪图片使用的纵横比,则 Word 将按照选定的纵横比裁剪图像;如果在下拉列表中选择"裁剪为形状"选项,并在弹出的列表中选择形状,则图片将被裁剪为指定的形状。

（3）删除背景

杂乱的图片背景不但会影响文档的美观,而且还可能降低文档的可读性。假如用户所插入的图片带有背景,而用户又想完成"去背景"处理,则可以使用 Word 2019 的"删除背景"功能去掉背景。

选择要删除背景的图片,在"格式"选项卡的"调整"组中单击"删除背景"按钮,就会在图片的周围出现一个方框。拖动方框周围的控制点,让其刚好围住图像的主体,反复进行调整直到满意为止。接下来,在新出现的"背景消除"选项卡中单击"标记要保留的区域"按钮,再单击"保留更改"按钮就完成了删除图片背景的操作。需要注意的是,删除背景操作实际上只是把图片背景内容隐藏起来,并没有真正将背景删除。当需要还原为原图片时,只要在"背景消除"选项卡中单击"放弃所有更改"按钮即可。

（4）调整图片色彩

在 Word 2019 中,用户能够对插入图片的亮度、对比度及色彩进行简单调整,使图片的效果得到改善。选择插入的图片,在"格式"选项卡的"调整"组中单击"校正"按钮,在下拉列表的"锐化/柔化"及"亮度/对比度"栏中单击相应的选项,即可将图片的这些属性调整为预设值,如图 5-63 所示。用户也可以在下拉列表中选择"图片校正选项",在弹出的"设置图片格式"窗格的"图片更正"设置组中进行精确调整。类似地,用户也可以通过"调整"组中的"颜色"下拉列表,将所选图片的颜色饱和度和色调设置为预设值,将图片转为 Word 2019 内置的预设色彩。此外,用户也可以使图片部分区域变得透明,在"颜色"下拉列表中选择"设置透明色"命令,并在图片中单击即可将单击点处相似的颜色设置为透明色,如图 5-64 所示。

图 5-63　"调整"组中的"校正"下拉列表

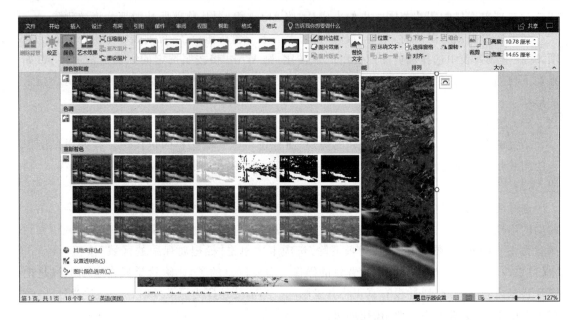

图 5-64 "调整"组中的"颜色"下拉列表

(5) 图片的艺术处理

Word 2019 不仅提供了多种图片预设样式，而且还能够为插入的图片添加某些特效。这些外观样式和图片特效，使得用户不需要专业图像处理软件，也能够方便地更改图片的外观，从而使其更具表现力。

单击插入的图片，在"格式"选项卡中单击"调整"组的"艺术效果"按钮，在打开的下拉列表中选择一款预设的图片特效，即可将该特效应用到选择的图片上。另外，在"格式"选项卡中单击"图片样式"组的"快速样式"按钮，在下拉列表中选择合适的样式可以将图片指定为预置的样式；单击"图片边框"按钮，使用打开的下拉列表可以对图片边框的颜色、轮廓线的粗细和轮廓线的样式等进行设置；单击"图片效果"按钮，选择下拉列表中的选项，可以为图片添加特别效果。在为图片添加特效或更改外观样式后，如果用户对获得的效果不满意，可以单击"调整"组中的"重设图片"按钮将图片恢复到插入时的原始状态。

(6) 设置图片的版式

图片的版式指的是插入文档中的图片与文档中文字间的相对关系，使用"格式"选项卡"排列"组的按钮和选项能够对插入文档的图片进行排版。图片排版的操作主要包括设置图片在页面中的位置和设置文字相对图片的环绕排列方式等。

在文档中选择需要设置版式的图片，在"格式"选项卡的"排列"组中，单击"位置"按钮，在打开的下拉列表的"文字环绕"组中选择相应的选项，设置为 Word 2019 内置的图片在页面中的九种位置，如图 5-65 所示；在下拉列表中选择"其他布局选项"选项，打开"布局"对话框的"位置"选项卡，用户可以对图片在页面中的位置进行更为精细的设置，如图 5-66 所示。

此外，单击插入的图片，在"排列"组中单击"环绕文字"按钮，在打开的下拉列表中选择某一种图片和文字的环绕方式，如图 5-67 所示，可以改变文字环绕的效果；在该列表中选择"其他布局选项"选项，将打开"布局"对话框的"文字环绕"选项卡，如图 5-68 所示，用户可以在其中对图片和文字的环绕方式进行精确设置，其中包括文字相对于图片的位置和文字与图片之间的距离等内容。

图 5-65　"排列"组中的"位置"下拉列表

图 5-66　"布局"对话框的"位置"选项卡

图 5-67　"排列"组中的"环绕文字"下拉列表

图 5-68　"布局"对话框的"文字环绕"选项卡

在文档中，图片和文字的相对位置有两种情况。一种是嵌入式的排版方式，正文只能显示在图片的上方或下方，此时用户可以利用"开始"选项卡"段落"组的五个对齐方式按钮对图片的位置进行设置；另一种方式为非嵌入式方式，就是在单击图片后出现的"格式"选项卡"排列"组的"环绕文字"下拉列表中除了"嵌入型"之外的方式，在这种情况下，图片和文字可以混排，文字可以环绕在图片的左右两侧或上方下方。

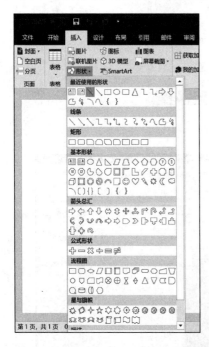

图 5-69　"插图"组的"形状"下拉列表

5.6.2　插入自选图形

在 Word 2019 文档中，用户可以方便地绘制数量众多、形状各异的自选图形，并可对自选图形进行编辑和设置。在 Word 中，自选图形既包括直线、矩形和圆等这样的基本形状，又包括连接符、箭头、流程图符号、旗帜和标注等。

1. 绘制自选图形

如图 5-69 所示，在功能区"插入"选项卡的"插图"组中单击"形状"按钮，在下拉列表中选择需要绘制的自选图形的形状，当光标变为"＋"形状时，按住鼠标左键，在文档中拖动到合适的位置后释放鼠标，就可以绘制相应的自选图形。

2. 编辑自选图形

与图片和剪贴画类似，绘制好自选图形后，自选图形的大小、位置、形状样式等不一定符合要求，需要用户进行各种编辑工作。单击要编辑的自选图形，在功能区新出现的"绘图工具"选项卡下的"格式"选项卡（图 5-70）中，用户可以通过单击命令按钮或设置项对自选图形进行各种编辑工作。

用户也可以右击要编辑的自选图形,在快捷菜单中选择"设置图形格式"命令,通过弹出的"设置图形格式"对话框完成详细的设置。

图 5-70　"绘图工具"选项卡下的"格式"选项卡

（1）调整图形的大小、角度和位置

单击插入的自选图形,拖动图形边框四周的"尺寸控制柄",可以更改图形的大小;拖动图形边框上方的"旋转控制柄",可调整图形的放置角度;将指针放置在图形上,拖动图形可以改变图形在文档中的位置。此外,用户也可以在"格式"选项卡的"大小"组中单击对话框启动器,在弹出的"布局"对话框"大小"选项卡中对自选图形的高度和宽度、旋转角度及页面中的位置进行精确设置,如图 5-71 所示。

图 5-71　"布局"对话框的"大小"选项卡

（2）设置图形的形状样式

用户可以单击"格式"选项卡下"形状样式"组中的其他按钮 ,将下拉列表中 Word 2019内置的形状样式直接应用到所选择的图形上;也可以单击"形状样式"组中的"形状填充"按钮,在下拉列表中自定义自选图形的填充颜色（图 5-72）,单击"形状轮廓"按钮,在下拉列表中设置自选图形轮廓的线型、线条虚实和粗细等内容（图 5-73）,单击"形状效果"按钮,在下拉列表中设置自选图形的阴影、发光、三维旋转等图形效果（图 5-74）。

3. 为自选图形添加文字

在 Word 中,用户可以在自选图形上添加文字,文字作为自选图形的一部分能够随着图形的移动而移动。同时,自选图形上的文字能够像普通文字那样设置样式,并能快速创建艺术字效果。

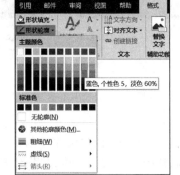

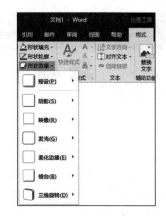

图 5-72 "形状填充"下拉列表　　　图 5-73 "形状轮廓"下拉列表　　　图 5-74 "形状效果"下拉列表

在插入的自选图形上右击,选择快捷菜单中的"添加文字"命令,此时光标定位在自选图形内,输入要添加的文本,即可完成操作。文本的字体、字号、颜色等属性可以通过"开始"选项卡"字体"组中的工具按钮进行设置;用户也可以将"格式"选项卡"艺术字样式"组中的内置艺术字样式直接应用到添加的文字中,也可自定义文字的填充颜色、轮廓线和文本效果。

4. 设置自选图形的版式

自选图形的版式与图片的版式类似,指的是插入文档中的自选图形与文档中文字之间的相对关系。单击自选图形后,使用"格式"选项卡"排列"组的工具能够对插入文档的自选图形进行排版,具体可参照图片的版式设置方法。

5.6.3　插入文本框

文本框是一种比较特殊的对象,用户可以在文本框中输入文本、插入图片等对象,而且其本身的格式也可以设置。由于文本框可以被用户按照自己的意愿放置在页面中的任意位置,所以对于报纸类文档的排版非常有用。

1. 插入内置文本框

Word 2019 提供了功能强大的文本框样式库,用户可以直接从其中选择具有特殊用途的文本框并添加到文档中。打开"插入"选项卡,单击"文本"组中的"文本框"按钮,在下拉列表的内置栏中选择需要使用的文本框,如图 5-75 所示,则选定的文本框即被插入页面中。直接在文本框中输入文字,即可完成文本框的创建。

2. 绘制文本框

Word 2019 除了为用户准备了几十种已经设置好的文本框样式外,也允许用户自己绘制文本框。打开"插入"选项卡,单击"文本"组中的"文本框"按钮,在打开的下拉列表中选择"绘制文本框"或"绘制竖排文本框"命令,此时鼠标指针变成十字标志,在文档中按下鼠标左键并拖动鼠标即可完成横排或竖排文本框的绘制。最后,在文本框中输入文字或插入图片等对象,以完成文本框的创建。

3. 设置文本框格式

文本框可以看作是一个特殊的自选图形,文本框的版式、大小、填充颜色、边框线条的设置等与自选图形的设置方法基本相同。这些设置都可以在"绘图工具"选项卡下的"格式"选项卡中完成。而文本框内的段落和文字的设置方法与页面中的段落和文字的设置方法一样，可以在"开始"选项卡中进行设置。

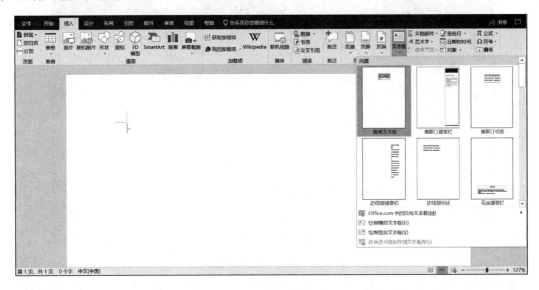

图 5-75　"文本框"下拉列表

5.6.4　插入表格

表格作为一种简明扼要的表达方式，结构严谨、效果直观，而且包含的信息量大，能够比文字更清晰且直观地描述内容。用户可以利用 Word 2019 提供的表格处理功能方便地创建和编辑各种简单表格，如课程表、作息时间表等，如要制作大型、复杂的表格或是要对表格中的数据进行计算、分析或统计，则需要选择 Microsoft Office 的另外一个常用组件——Excel。

1. 快速插入表格

在 Word 2019 中插入表格的方法有两种，第一种是通过"插入表格"按钮快速插入表格，第二种是使用"插入表格"对话框来实现表格的插入。

第一种方法是首先将插入点置于文档需要插入表格的位置，在"插入"选项卡的"表格"组中单击"表格"按钮，在下拉列表的"插入表格"栏中会看到一个 8 行 10 列的按钮区。在该按钮区中移动鼠标，文档中将会出现与列表中的鼠标划过的区域具有相同行列数的表格。当行列数满足需要时，单击鼠标左键，文档即会创建相应的表格，如图 5-76 所示。在生成的表格中，行与列交叉的位置称为单元格，单元格之间被边框线分隔。

第二种方法是在单击"表格"按钮后，在其下拉列表中选择"插入表格"命令，通过设置打开的"插入表格"对话框来完成的。如图 5-77 所示，在该对话框的"行数"和"列数"微调框中输入数值以设置表格的行数和列数，在"'自动调整'操作"栏中选择插入表格大小的调整方式。

2. 绘制表格

在 Word 中，用户可以手动绘制表格。手动绘制表格的最大优势在于，用户可以像使用笔在纸上画表一样，在文档中随心所欲地制作各种类型的表格。具体方法如下。

将插入点置于文档中需要插入表格的位置，在"插入"选项卡的"表格"组中单击"表格"按钮，在下拉列表中选择"绘制表格"命令。此时，鼠标指针变成铅笔形ℓ，在文档中拖动鼠标首先绘制的是表格的外边框线,继续拖动鼠标,可以绘制表格内边框线,即水平边框线或垂直边框线。若在某个单元格中沿对角线斜向拖动鼠标还能添加一条斜向框线。

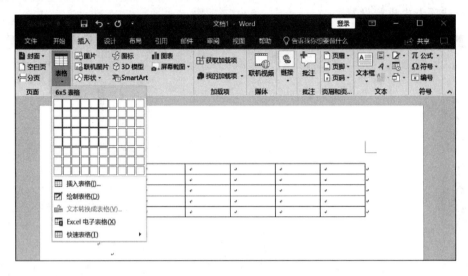

图 5-76　移动鼠标创建表格

在绘制过程中,用户可以利用"表格工具"选项卡下"设计"选项卡中的"边框"组提供的工具,如图 5-78 所示,设置边框线的线型、边线的粗细、边框线的颜色等。如果绘制错误,可以单击"布局"选项卡的"橡皮擦"按钮,此时鼠标指针形状变成橡皮擦,可以用它擦除之前绘制的表格边框线。

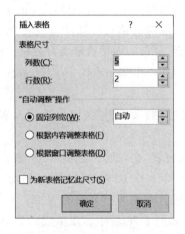

图 5-77　"插入表格"对话框

图 5-78　"设计"选项卡的"边框"组

3. 表格的编辑与修改

(1) 表格和单元格的选定

编辑表格时,用户必须首先根据需要选取若干单元格、行、列或整个表格。一种方法是选择功能区"表格工具"选项卡下的"布局"选项卡,将插入点置于某单元格中,单击"表"组中的"选择"按钮,在下拉列表中选择对应的命令即可。其中"选择行"、"选择列"和"选择表格"命令选择的是插入点所在单元格所处的行、列或整个表格。另一种方法是主要通过鼠标快速选取,具体方法如表 5-4 所示。

表 5-4　表格中的鼠标选定操作

选定对象	快速操作
一个单元格	光标移至单元格上三击或者光标移至单元格最左边,成"➴"时单击
一行	光标移至行左边,成"⬈"时单击
一列	光标移至列顶端边框,成"⬇"时单击
选定连续多个单元格、多行或多列	将鼠标指针直接拖过单元格、行或列;或者先选定一个单元格、一行或一列,然后按住 Shift 键并单击最后一个单元格、最后一行或最后一列
选择不连续的单元格	先选定一个单元格,然后按住 Ctrl 键单击另一单元格
整个表格	单击表格左上角的十字标志✛;或者将鼠标指针指向表格的左端边沿处,按 Ctrl 键的同时单击以选中表格

（2）行列的操作

表格创建后,往往要对表格的结构进行编辑修改,如在表格中插入或删除行和列、在表格的某个位置插入或删除单元格等。在 Word 2019 中,在表格中插入或删除行和列一般都有两种方法,即使用"布局"选项卡下"行和列"组中的命令按钮,如图 5-79 所示,或使用右击鼠标后弹出的快捷菜单中的命令。

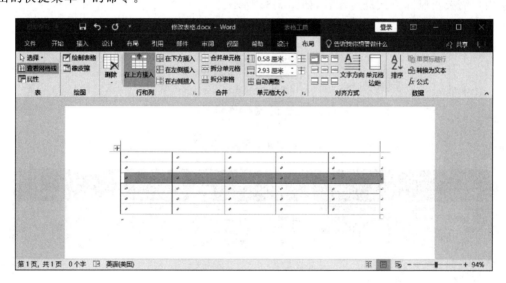

图 5-79　在上方插入行

在创建的表格中单击,将插入点放置在需要进行行列操作的单元格中。打开"布局"选项卡,在"行和列"组中单击相应的按钮即能在指定位置插入行或者列。在单元格中右击,在快捷菜单中选择"插入"命令,在级联菜单中选择插入行列的方式,也能在指定位置插入行或者列,如图 5-80 所示。

在表格的某个单元格中右击,选择快捷菜单中的"插入"命令,在级联菜单中选择"插入单元格"命令,此时将打开"插入单元格"对话框,如图 5-81 所示。在该对话框中单击选中相应的单选按钮选择单元格的插入方式,即可在指定位置插入一个单元格。

如果要删除行、列或单元格,可将插入点放置在需要删除的行、列中任选一个单元格或要删除的单元格中,单击"行和列"组的"删除"按钮,在下拉列表中选择相应的选项即可删除相应

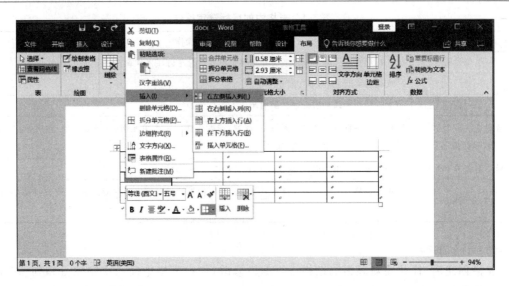

图 5-80　选择"在左侧插入列"命令

对象,如图 5-82 所示。如果选择"删除单元格"选项,则会打开"删除单元格"对话框,在该对话框中用户需要对删除方式进行设置,如图 5-83 所示。

图 5-81　"插入单元格"对话框

图 5-82　选择"删除列"命令

(3) 表格、行、列和单元格尺寸的调整

如需调整表格的尺寸,则令鼠标指针指向表格的右下角,当出现调整句柄"□"且鼠标指针呈斜向双箭头状时,按住鼠标左键拖动。在拖动的过程中,会出现一个虚框表示改变后表格的大小,拖动到合适位置松开鼠标左键,即可实现表格的缩放。

选定需要调整宽度的列,在"布局"选项卡的"表"组中单击"属性"按钮,在弹出的"表格属性"对话框中单击"列"标签,勾选"指定宽度"复选框,根据需要在"度量单位"下拉列表中选择单位,在"指定宽度"微调框中调整具体的宽度,如图 5-84 所示。行高的设定和列宽类似,默认情况下,Word 会根据单元格的内容自动调整行高。选定需要调整尺寸的单元格,利用"布局"选项卡"单元格大小"组的"高度"和"宽度"微调框来调整选定单元格的高度和宽度,如图 5-85 所示。

图 5-83　"删除单元格"对话框　　　　　　图 5-84　"表格属性"对话框的"列"选项卡

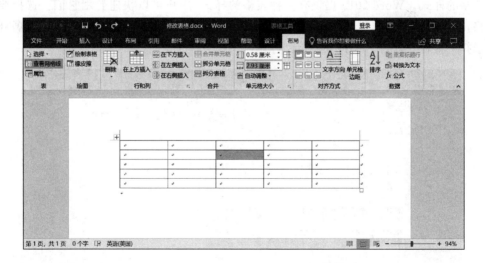

图 5-85　设置选定单元格的高度和宽度

（4）表格和单元格的合并和拆分

拆分表格是将一个表格拆分成两个表格;合并单元格是将几个单元格合并成为一个单元格;而拆分单元格就是将一个单元格分为若干个大小相同的单元格。在 Word 2019 中,使用

"布局"选项卡"合并"组中的命令按钮便可实现表格的拆分、单元格的合并和拆分操作。

将插入点放置到表格中需要拆分成的第二个表格的第一行中任意一个单元格内,在"布局"选项卡的"合并"组中单击"拆分表格"按钮,则原表格根据选定位置,被拆分成两个表格;在表格中选择需要合并的单元格,在"布局"选项卡下的"合并"组中单击"合并单元格"按钮,则选择的单元格被合并成为一个单元格;将插入点放置到需要拆分的单元格中,在"布局"选项卡的"合并"组中单击"拆分单元格"按钮,将打开"拆分单元格"对话框,在对话框中设置单元格拆分的行列数后单击"确定"按钮关闭对话框,则选择的单元格被拆分。

4. 录入内容

表格的架构确定后,就可以向表格中录入内容了。首先,使用鼠标左键或键盘中的上、下、左、右光标键将插入点置于需要插入内容的单元格中。接着,用户可以使用键盘录入文本,也可以向单元格中插入图片和剪贴画、自选图形、文本框等对象。用户可以像对待普通文本、普通图片、普通图形等对象一样对单元格中的内容进行格式设置。

5. 美化表格

创建好表格的基本框架和录入内容后,用户可以根据需要对表格进行美化,例如调整表格中字符的对齐方式、设置表格的样式、添加底纹和边框等,让表格的可读性更强。

(1)调整表格内容的对齐方式

Word 2019 提供了多种表格内容的对齐方式,可以让文字居中对齐、右对齐或两端对齐等,而居中又可分为靠上居中、水平居中和靠下居中;靠右对齐可以分为靠上右对齐、中部右对齐和靠下右对齐;两端对齐可以分为靠上两端对齐、中部两端对齐和靠下两端对齐。选择要设置对齐方式的表格或表格中的若干单元格,在"表格工具"选项卡下单击"布局"选项卡,在"对齐方式"组单击要设置的对齐方式按钮即可。

(2)套用样式美化表格

在文档中默认插入的表格样式比较普通,如果用户对文档版式美观有较高的要求,则还需调整表格的样式。Word 2019 提供有多种表格的样式,用户可以快速套用它们。选择要设置的表格,在"表格工具"选项卡下"设计"选项卡的"表格样式"组中单击其他按钮▾,在展开的菜单中选择一种样式即可,如图 5-86 所示。

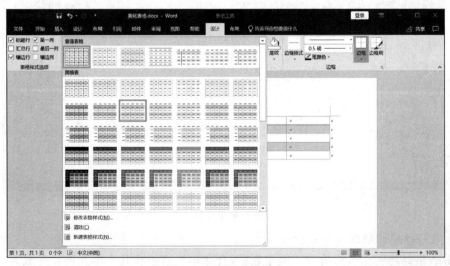

图 5-86 套用表格样式

（3）设置表格的边框和底纹

除了套用 Word 2019 自带的样式美化表格外，用户还可以自定义表格的边框和底纹。如果用户只需要简单设置表格的边框和底纹颜色，那么选择表格后，在"表格工具"选项卡下"设计"选项卡的"边框"组中单击"笔颜色"按钮，在下拉菜单中选择一种颜色；在"边框"组中单击"边框"按钮，在下拉菜单中选择一种边框样式即可。

如果用户需要进一步设置表格的边框和底纹，那么选择表格后，在"边框"组中单击"边框"按钮，在其下拉菜单中选择"边框和底纹"选项，如图 5-87 所示，弹出"边框和底纹"对话框，在"边框"选项卡的"设置"列表中先选择一种边框设置方式，在"样式"列表中选择表格边框的线条样式，在"颜色"下拉菜单中选择边框的颜色，在"宽度"下拉菜单中选择边框的宽度大小，最后在"预览"区域中单击图示或使用按钮可应用边框设置。在"边框和底纹"对话框中选择"底纹"选项卡，在"填充"下拉菜单中选择底纹的颜色，如需填充图案，可在"样式"下拉菜单中选择图案的样式，在"颜色"下拉菜单中选择图案颜色，如图 5-88 所示，预览效果满意后，单击"确定"按钮可应用底纹设置。

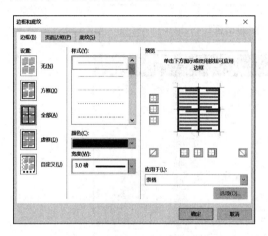

图 5-87　"边框和底纹"对话框的"边框"选项卡

图 5-88　"边框和底纹"对话框的"底纹"选项卡

5.6.5　插入图标

Office 2019 新增了插入图标的功能。选择"插入"选项卡，在"插图"组中单击"图标"按钮，在打开的"插入图标"对话框中显示出"安全与司法""标志和等号""车辆"等十多种不同的类型（图 5-89），每一种类型包含若干种不同的图标。在其中选择任意数量的图标，然后单击右下方的"插入"按钮，即可插入文档中。插入图标并选择某图标后，即会激活"图形工具"的"格式"选项卡，该选项卡"图形样式"组中的命令按钮可以设置图标的填充颜色、形状轮廓以及图形效果；该选项卡"排列"组中的命令按钮可以调整图标的版式。

5.6.6　插入 3D 模型

Office 2019 还新增了插入 3D 模型的功能。选择"插入"选项卡，在"插图"组中单击"3D 模型"按钮，在打开的"插入 3D 模型"对话框中选择要插入的 3D 模型，单击"插入"按钮，即可将其插入文档中。选中插入的 3D 模型，则会弹出"3D 模型工具"的"格式"选项卡，通过该选项卡中的"3D 模型视图"样式列表可以选择 3D 模型的不同视图，通过"大小"组的"高度"和

"宽度"文本框可以改变 3D 模型的大小,如图 5-90 所示。此外,通过拖拽插入 3D 模型中心的"⊕"标记,可以调整 3D 模型显示的角度。Word 2019 支持的 3D 模型文件格式有.fbx、.obj、.3mf、.ply、.stl、.glb。

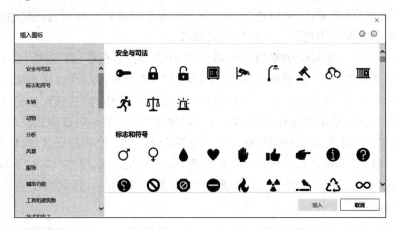

图 5-89 "插入图标"对话框

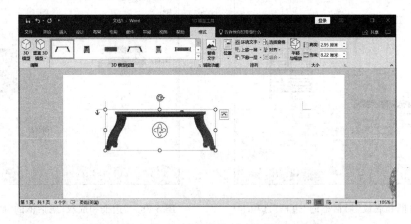

图 5-90 "3D 模型工具"选项卡下的"格式"选项卡

5.6.7 插入 SmartArt 图形

SmartArt 图形是信息和观点的视觉表示形式。用户可以根据需要创建不同的 SmartArt 图形,从而快速、轻松、有效地传达信息。Word 2019 提供的 SmartArt 图形共分为 8 大基本图形类别,分别为列表、流程、循环、层次结构、关系、矩阵、棱锥图和图片等,每种类别又包含几个不同的布局。

1. 添加 SmartArt 图形及添加文字

将光标定位在需要插入 SmartArt 图形的位置,单击"插入"选项卡,在"插图"组单击"SmartArt"按钮,在弹出的"选择 SmartArt 图形"对话框的左侧列表中选择一种图形类别,在中间的 SmartArt 图形列表中选择合适的布局,如图 5-91 所示,单击"确定"按钮,选定的 SmartArt 图形就会插入文档中。

插入 SmartArt 图形后,用户会看到构成 SmartArt 图形的形状中会显示"[文本]"占位符,用户可通过单击将插入点定位至某形状,并将自己的内容输入,从而代替"[文本]"占位符。用户也可以通过 SmartArt 图形左侧的"文本"窗格,来输入和编辑在 SmartArt 图形中显示的文字,如图 5-92 所示。

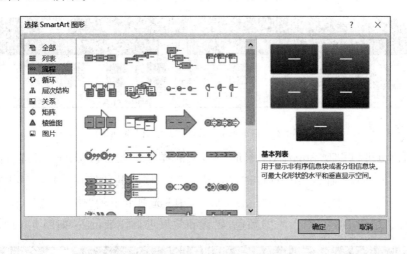

图 5-91　"选择 SmartArt"对话框

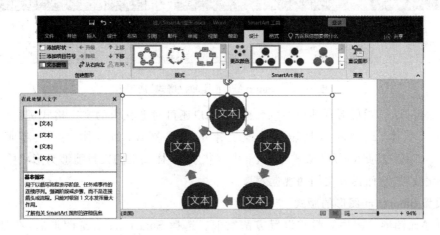

图 5-92　SmartArt 左侧的"文本"窗格

2. 调整 SmartArt 图形的布局结构

除了输入文字外,用户也可以在 SmartArt 图形中添加、删除形状或重设形状级别以调整布局结构。选择插入 SmartArt 图形中的某个形状,在"SmartArt 工具"选项卡下的"设计"选项卡里单击"布局"组的"添加形状"按钮,在下拉菜单中选择要添加的位置即可添加形状;选择某个形状后,直接按下 Delete 键,即可删除形状;在"布局"组中单击"升级"按钮、"降级"按钮、"上移"按钮、"下移"按钮和"从右到左"按钮等,即可重设形状级别或移动形状在 SmartArt 图形中的位置。

此外,在"文本"窗格中添加和编辑内容时,SmartArt 图形也会自动更新,即 Word 2019 也可通过"文本"窗格来调整 SmartArt 图形的布局结构。需要注意的是,当用户添加、删除形状以及编辑文字时,形状的排列和这些形状内的文字会自动更新,从而保持 SmartArt 图形布局的原始设计和边框。

3. 美化 SmartArt 图形

初步创建 SmartArt 图形后,用户可更改形状的填充色,让其与文档的整体风格一致。选择插入的 SmartArt 图形,在"SmartArt 工具"选项卡下"设计"选项卡(如图 5-93 所示)的"SmartArt 样式"组中单击"更改颜色"按钮,在下拉菜单中选择一种颜色即可。

图 5-93 "SmartArt 工具"的"设计"选项卡

此外,用户也可以更改 SmartArt 图形中形状的样式。在"SmartArt 工具"选项卡下"设计"选项卡的"SmartArt 样式"组中单击"快速样式"按钮(或其他按钮▼),在其下拉菜单中选择一种合适的预设三维样式;而选择"SmartArt 工具"选项卡下的"格式"选项卡,用户也可以通过"形状样式"组中的工具对形状的颜色、轮廓和效果进行详细设置,如图 5-94 所示。

图 5-94 "SmartArt 工具"的"格式"选项卡

除了 SmartArt 图形形状的填充色和样式,用户还可对形状内的文字格式进行设置。"开始"选项卡"字体"组中的工具能够修改文字的基本格式,如字体、字号、字形等;而在"SmartArt 工具"选项卡下的"格式"选项卡中,"艺术字"样式组的工具能够为形状中的文字添加各种美化效果,从而提升文档的视觉效果。

4. 设置 SmartArt 图形的版式

SmartArt 图形与图片的版式设置方法类似。选择 SmartArt 自选图形后,在"SmartArt 工具"选项卡下"格式"选项卡的"排列"组中利用相应的工具能够完成对 SmartArt 图形的排版工作,如图 5-94 所示。

5.6.8 插入艺术字

在编辑文档的过程中,为了使文字的字形变得更具艺术性,可以应用 Word 2019 提供的艺术字功能来绘制特殊的文字。在 Word 2019 中,艺术字是作为一种图形对象插入的,所以用户可以像编辑图形对象那样编辑艺术字。

在功能区"插入"选项卡的"文本"组中单击"艺术字"按钮,如图 5-95 所示,在下拉列表中选择需要使用的艺术字样式,即可在文档中插入艺术字文本框。在文本框中输入文字,就可以获得需要的艺术字效果。同时,Word 2019 功能区中显示出"绘图工具"选项卡下的"格式"选项卡,用户可以通过"艺术字样式"组中的工具来设置已插入的艺术字样式,具体方法与设置自选图形中的文字类似。而艺术字的字体和字号则可通过"开始"选项卡"字体"组的工具进行调整。

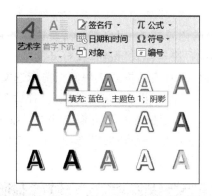

图 5-95　"艺术字"下拉列表

5.6.9　插入公式

在编写数学、物理和化学等自然学科的文档时，往往需要输入大量的公式。为了方便用户操作，从 Word 2007 版本开始，微软便在 Word 中加入了强大的公式输入工具，用户使用这个工具能够像输入普通文字那样实现烦琐公式的输入和编辑。

将光标置于要插入公式的地方，单击"插入"选项卡，在"符号"组中单击"公式"按钮下方的下拉按钮，先在其下拉菜单中查看有无需要插入的公式，如果没有则选择"插入新公式"选项。此时 Word 将插入公式对象框，其功能区自动切换到"公式工具"选项卡下的"设计"选项卡。单击公式对象框及"设计"选项卡，在"结构"组中选择插入公式的结构及结构中要编辑的位置，最后输入数字和运算符号。其中数字可直接输入，运算符号则可在"设计"选项卡的"符号"组中单击选择，如图 5-96 所示。

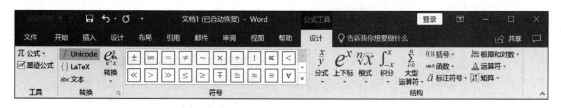

图 5-96　"公式工具"的"设计"选项卡

5.7　高效排版

5.7.1　样式的创建及使用

编辑大量同类型的文档时，为了提高工作效率，有经验的用户都会制作一份模板，在模板中预先设置好各种文本的样式，在编辑时便可直接套用样式而无须一一设置了。所谓样式，是 Word 中一组已经命名的字符、段落格式的集合。Word 自带有一些书刊的标准样式，如正文、标题、副标题、强调等，用户也可以自定义样式，包括自定义样式的名称、设置对应的字符、段落的样式等。使用样式既可以提高排版的速度，保证一篇文档或同样类型的文档中字符和段落格式的统一性，又可以方便地修改成批的文档，当对某个样式进行修改后，应用该样式的文本格式就会自动做相应修改。

1. 应用样式

　　Word 2019 提供了一整套的内置样式,用户首先需要选择要套用样式的文档内容,接着在"开始"选项卡中单击"样式"组的"快速样式"按钮,在打开的"快速样式"列表中单击"快速样式库"中的某一样式,即可快速将样式对应的格式应用到当前所选文本中,如图 5-97 所示。如果用户想要应用的样式在"快速样式库"中没有,则需要单击"样式"组的对话框启动器,打开"样式"窗格,如图 5-98 所示。在"样式"窗格的右下角单击"选项"命令,打开"样式窗格选项"对话框,选择"选择要显示的样式"列表中的"所有样式"选项,如图 5-99 所示,单击"确定"按钮后即可在"样式"窗格中看到所有可用的样式。

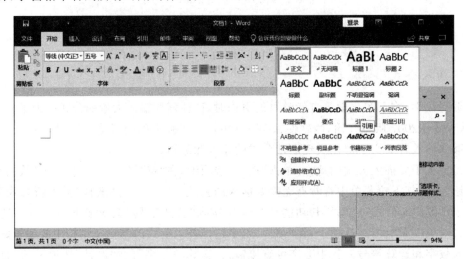

图 5-97　"快速样式"列表

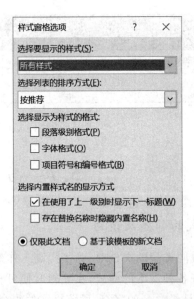

图 5-98　"样式"窗格　　　　　图 5-99　"样式窗格选项"对话框

2. 新建样式

　　如果用户在编辑文档时觉得 Word 提供的内置样式不太够用,可以自行创建新样式以满足实际需求。

在 Word 2019 中，设置好文档中字体和段落的格式，在"开始"选项卡的"样式"组中单击"快速样式"按钮，在打开的"快速样式"列表中的选择"创建样式"命令后弹出如图 5-100 所示的"根据格式化创建新样式"对话框。在该对话框的"名称"文本框中输入新样式的名称，如果用户对预览区域新创建的默认样式不满意，则可单击"修改"按钮，在弹出的对话框中进一步设置新样式的其他格式。

还有一种方法是在"开始"选项卡中单击"样式"组的对话框启动器，即打开"样式"窗格。在该窗格中单击左下角的"新建样式"按钮，也会弹出"根据格式化创建新样式"对话框，如图 5-101 所示，用户可在该对话框中创建新样式。创建好新样式后，用户可在"快速样式库"中看到该样式并可应用该样式，方法与应用 Word 默认样式相同。

图 5-100　输入样式名称　　　　　图 5-101　"根据格式化创建新样式"对话框

3．修改样式

对于自定义的快速样式，用户可以随时对其进行修改。在"样式"窗格或在"快速样式库"中右击需要修改的样式，在弹出的快捷菜单中选择"修改"命令，此时将打开"修改样式"对话框，用户可对选择的样式进行修改。如果需要对字体、段落或边框等进行更为详细的修改，可单击对话框左下角的"格式"按钮，在弹出的菜单中选择相应的命令做进一步设置。修改样式后，单击"确定"按钮关闭"修改样式"对话框，则所选样式被修改，同时使用该样式的段落格式也被修改。

4．删除样式

用户可以删除自定义的快速样式，只需要在"样式"窗格右击需要修改的样式，在弹出的快捷菜单中选择删除该样式的命令即可。所选样式被删除后，使用该样式的文档格式将被恢复到默认状态。需要注意的是，用户只能删除自定义的快速样式，而不能删除 Word 提供的内置样式。

5.7.2 目录的创建和编辑

对于一篇较长的文档来说，文档中的目录是不可或缺的一部分。利用目录，用户不仅可以了解文档结构，把握文档内容，而且还可以在联机时实现快速定位。制作目录时用户无须按章节手动输入，Word 2019 提供了抽取文档目录的功能，可自动将文档中的标题抽取出来。自动生成目录的前提是：文章中各级标题段落使用了内置的"大纲级别格式"或"标题样式"。其中，"大纲级别格式"可以通过"大纲视图"进行设置，也可以通过"段落"对话框"缩进和间距"选项卡的"大纲级别"下拉列表来完成，而标题样式的选择参见 5.7.1 节。下面将介绍如何使用内置样式创建目录和自定义目录，如何修改和删除目录等。

1. 创建目录

打开需要创建目录的文档，在文档中单击，将插入点放置在需要添加目录的位置。在功能区中选择"引用"选项卡，单击"目录"组中的"目录"按钮，在下拉列表中选择一款自动目录样式（图 5-102），此时在插入点光标处将会获得所选样式的目录（图 5-103）。

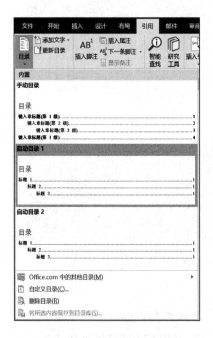

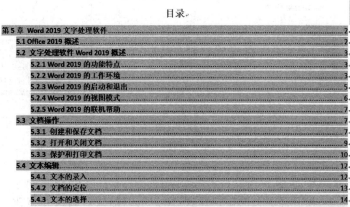

图 5-102 选择目录样式 　　　　　　　　　图 5-103 添加的目录效果

除了使用 Word 2019 内置样式创建目录之外，用户也可以自定义目录。将插入点放置到需要添加目录的位置，单击"引用"选项卡"目录"组中的"目录"按钮，在下拉列表中选择"插入目录"选项，此时将弹出"目录"对话框，如图 5-104 所示。在"目录"对话框中，用户可以对新创建的目录样式进行设置。例如，选择是否显示页码，设置页码是否右对齐，是否选择超链接而不选择页码，选择制表符前导符，目录内容与页号之间的连接符号的格式样式等操作。此外，单击"目录"对话框中的"选项"按钮，在打开的"目录选项"对话框中，用户可以设置采用目录形式的样式内容，即设置标题与目录级别的对应关系及显示级数，如图 5-105 所示。

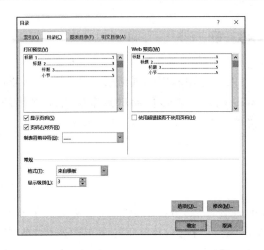

图 5-104　"目录"对话框

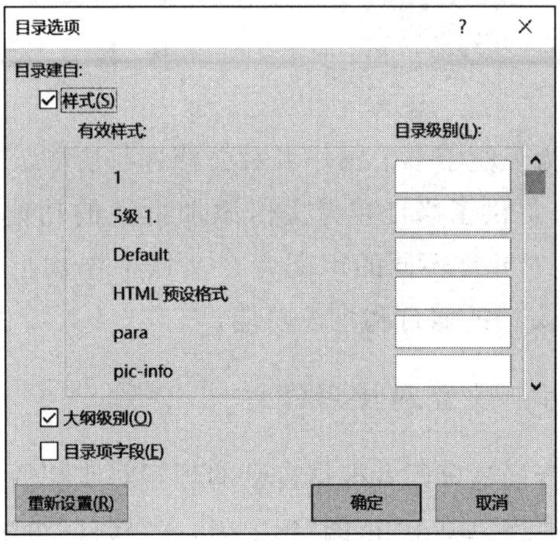

图 5-105　"目录选项"对话框

2. 修改目录

目录的修改也需要通过"样式"对话框完成。选择已创建好的目录,单击"目录"按钮下拉列表中的"自定义目录"选项,此时将弹出"样式"对话框,如图 5-106 所示。在该对话框中单击"修改"按钮,在弹出的"样式"对话框左侧"样式"列表中选择需要修改的目录,单击"修改"按钮后,弹出图 5-107 所示的"修改样式"对话框。用户可以在该对话框中对选定的样式进行修改,例如修改选定目录的字体、颜色、字号等。依次单击"确定"按钮以关闭"修改样式"对话框、"样式"对话框和"目录"对话框后,Word 会提示是否替换现有目录,单击"确定"按钮,目录的样式将得到修改。

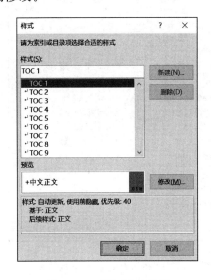

图 5-106　"样式"对话框

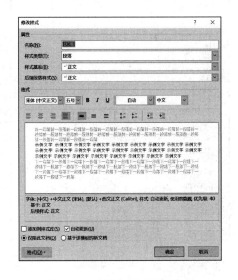

图 5-107　"修改样式"对话框

3. 删除目录

选择已创建好的目录,单击"引用"选项卡"目录"组中的"目录"按钮,在下拉列表中选择"删除目录"选项,被选中的目录将被删除。

5.8　文　档　审　阅

为了便于多个操作者对文档进行协同处理,方便工作团队中的其他用户对文档进行审阅,Word 提供了修订和为文档添加批注的功能。Word 2019 能够自动记录审阅者对文档的修改,同时允许不同的审阅者在文档中添加批注说明,以记录自己的意见。本节将介绍 Word 2019 文档的修订和批注功能。

5.8.1　设置和使用修订

修订是审阅者根据自己的理解对文档所做的各种修改,Word 2019 会自动记录审阅者的修订痕迹。单击"审阅"选项卡,在"修订"组中单击"修订"按钮,在其下拉菜单中选择"修订"选项,此时审阅者对文档所做的任何修改,诸如添加了哪些文字、修改了哪些样式、删除了哪些内容等都会标记在文档中。

在"修订"组中单击对话框启动器,在打开的"修订选项"对话框中可以设置显示修订的内容,如图 5-108 所示。在该对话框中单击"高级选项"按钮,打开"高级修订选项"对话框,用户可以在"高级修订选项"对话框中自定义修订的标记等参数,如图 5-109 所示。完成设置后单击"确定"按钮关闭"高级修订选项"对话框,则在文档中可以看到修订标记发生了变化。

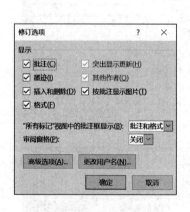

图 5-108　"修订选项"对话框

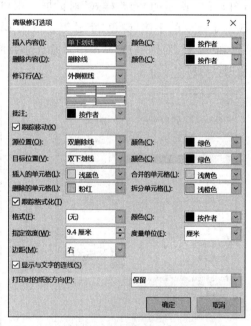

图 5-109　"高级修订选项"对话框

5.8.2　接受和拒绝修订

在审阅修订后的文档时,用户可以根据需要,选择接受或者拒绝修订的内容。选定修订的文本后右击,在弹出的快捷菜单中选择"接受修订"选项即可接受修订结果(图 5-110),如果对修订的内容不满意,则可选择"拒绝修订"选项。除此之外,用户也可以在选定修订的文本后,在功能区"审阅"选项卡的"更改"组中单击"接受"按钮或"拒绝"按钮,以完成接受或拒绝修订的操作。

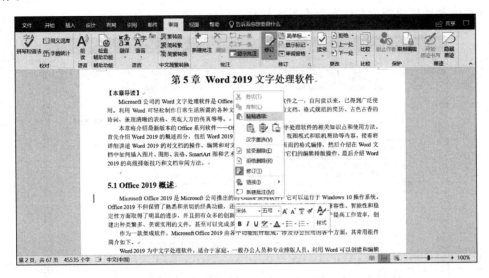

图 5-110 利用快捷菜单接受或拒绝修订

如果文档中存在多个修订,且用户需要边审阅文档,边处理修订的内容时,用户可以首先在"更改"组中单击"上一处"或"下一处"按钮,将插入点定位到上一处或下一处修订处,判断是否接受修订的内容。如果接受,则在"更改"组中单击"接受"按钮上的下三角按钮,在下拉列表中选择"接受并移到下一处"选项,则 Word 将接受本处的修订,并定位到下一处修订;如果拒绝,则在"更改"组中单击"拒绝"按钮上的下三角按钮,在下拉列表中选择"拒绝并移到下一处"选项,则 Word 将拒绝本处的修订,并定位到下一处修订。如果用户对大部分的修订结果都满意,则可先拒绝少数不满意的修订结果,然后在"更改"组中单击"接受"按钮上的下三角按钮,在下拉列表中选择"接受所有修订"选项即可,如图 5-111 所示。

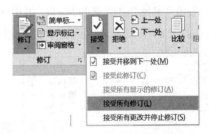

图 5-111 "接受"按钮下拉列表

5.8.3 插入和编辑批注

在审阅他人的 Word 文档时,如果对文档某些内容有疑问,或者有其他建议等,可以为指定的内容添加批注说明。批注建立起一条文档作者与审阅者之间的沟通渠道,批注的内容不会在文档页面上显示,也不会影响正文的显示与打印。

在文档中,选定要添加的批注对象,可以是文字,也可以是图片、自选图形、表格等对象,接着在"审阅"选项卡的"批注"组中单击"新建批注"按钮。在默认状态下,Word 2019 会在屏幕的右侧建立一个标记区,并建立一个批注框,如图 5-112 所示。批注框里自动添加了审阅者的用户名缩写和添加批注的时间,中间用引线连接到正文中被中括号括起来的批注的对象。此时,用户只需在批注框中输入批注内容即可。

添加的批注格式可以修改,在"修订"组中单击对话框启动器,在弹出的"修订选项"对话框中单击"高级选项"命令,在"高级修订选项"对话框(图 5-113)中,通过"批注"下拉列表可以设置批注框的颜色,通过"指定宽度"增量框以设置批注框的宽度,通过"边距"下拉列表可以选择批注框放置到文档中的位置。完成设置后单击"确定"按钮以关闭"修订选项"对话框,此时会发现文档中批注框的颜色和位置都会发生变化。

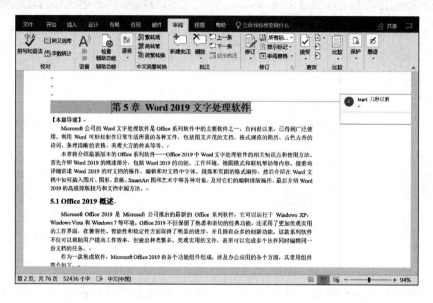

图 5-112　输入批注

默认情况下,Word 2019 能够显示所有审阅者的批注标记。单击"审阅"选项卡"批注"组中的"上一条""下一条"按钮,可逐条查看显示的批注内容;如果只想查看某个审阅者的批注,则需要在"审阅"选项卡的"修订"组中单击"显示标记"按钮,在下拉列表中选择"特定人员"选项,在打开的审阅者名单列表中选择相应的审阅者,如图 5-114 所示。

图 5-113　设置批注框格式　　　　　　图 5-114　指定特定审阅者

如果批注不需要了,则可将批注删除。将插入点放置到批注框中,在"审阅"选项卡的"修订"组中,单击批注组中的"删除"按钮即可。

练 习 题

一、选择题

1. 在 Word 2019 中,文档以文件形式存放于磁盘中,其文件默认的扩展名为(　　)。

A. .txt　　　　　　B. .exe　　　　　　C. .doc　　　　　　D. .docx

2. 在文档中如果放弃刚刚进行的一个文档操作,如粘贴操作,只需单击 Word 2019 快速启动工具栏上的(　　)按钮即可。

A. 撤销　　　　　　B. 恢复　　　　　　C. 重复　　　　　　D. 保存

3. 在 Word 2019 的表格中填入的信息(　　)。

A. 只限于文字形式　　　　　　　　　　B. 只限于文字和数字形式

C. 只限于数字形式　　　　　　　　　　D. 是文字、数字和图形对象等

4. Word 2019 设置了自动保存功能,欲使自动保存时间间隔为 10 分钟,进行设置的一组操作是(　　)。

A. 选定图形所在的页面按 Ctrl＋S 组合键并回车

B. 选定"文件"选项卡中的"另存为"命令,再单击"工具"/"保存选项"按钮

C. 选择"文件"选项卡中的"保存"命令,再单击"确定"按钮

D. 选择"审阅"选项卡中的"限制编辑"按钮

5. 下面对 Word 2019 编辑功能的描述中错误的是(　　)。

A. Word 可以开启多个文档编辑窗口

B. Word 可以插入多种格式的系统日期、时间到插入点位置

C. Word 可以插入多种类型的图形文件

D. 使用"开始"选项卡"剪贴板"组的"复制"命令可将已选中的对象拷贝到插入点位置

二、填空题

1. 如果想在文档中加入页眉、页脚,应当使用_____选项卡中的相关命令按钮完成。

2. 在 Word 编辑状态下,若鼠标指针在某行行首的左边,_____操作可以仅选择光标所在的行。

3. 将文档分左右两个版面的功能叫作_____,将段落的第一字放大突击显示的是_____功能。

4. Word 中的段落对齐方式有左对齐、右对齐、_____、分散对齐和_____。

5. 在 Word 中,按_____组合键可以选定文档中的所有内容,按_____组合键可以实现"粘贴"操作。

三、问答题

1. 简述 Word 2019 提供的几种视图方式的区别。

2. 简述 Office 2019 剪贴板与 Windows 操作系统环境下剪贴板的相同点和不同点。

3. 什么是目录?如何提取目录?

4. 在 Word 中如何使用标尺设置段落缩进?

5. 什么是样式?如何在 Word 2019 中创建并使用样式?

第6章　Excel 2019 电子表格工具

Excel 是 Microsoft 公司开发的 Office 系列办公软件中的组件，它是一个电子表格处理软件。它与文字处理软件 Word 的差别在于它能够运算复杂的公式或函数，并能条理清晰地显示结果。Excel 是第一款允许用户自定义界面的电子制表软件，它还引进了"智能重算"的功能，当单元格数据变动时，只有与之相关的数据才会更新，而之前的制表软件只能重算全部数据或者等待下一个指令。Excel 可用于数据的存储和管理、科学分析计算，或采用图表的形式来显示数据之间的关系。由于 Excel 具有强大的数据运算管理功能与丰富的图表功能，所以被广泛应用于教学、科研、财政、金融等众多领域。

Excel 的主要用途如下。

- 数值处理：创建预算、分析调查结果和实施所能想到的任何类型的财务分析。
- 创建图表：创建多种完全可自定义的图表。
- 组织列表：使用行—列布局有效地存储列表。
- 访问其他数据：从多种数据源导入数据。
- 创建图形和图表：使用"形状"和全新的 Smart Art 创建具有专业观感的图表。
- 自动化复杂的任务：借助 Excel 的宏功能，通过单击来执行重复任务。

6.1　Excel 2019 概述

Excel 2019 是目前微软公司提供的 Excel 系列中最新的一个版本，是功能强大、技术先进、使用方便且灵活的电子表格软件，可以用来制作电子表格，完成复杂的数据运算，进行数据分析和预测，并且具有强大的制作图表功能及打印设置功能等。相对于以往版本的 Excel 来讲，Excel 2019 为用户提供了一个独特新颖且易于操作的界面。在学习 Excel 2019 之前，首先了解一下 Excel 2019 的操作界面。

启动 Excel 2019 的对话框如图 6-1 所示。

图 6-1　启动 Excel 2019 的对话框

Excel 2019 同样取消了传统的菜单操作方式,而使用各种功能区。在 Excel 2019 窗口上方看起来像菜单的名称其实是功能区的名称,当单击这些名称时并不会打开菜单,而是切换到与之相对应的功能区面板,如图 6-2 所示。

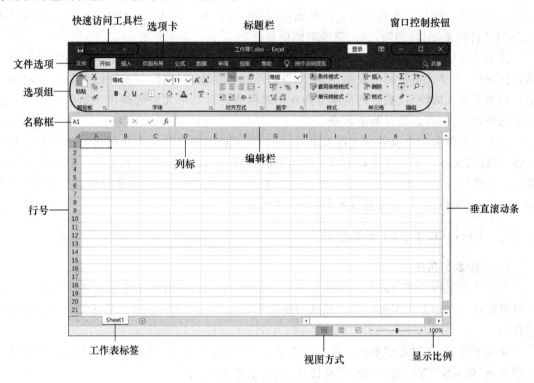

图 6-2　Excel 2019 的操作界面

6.2　Excel 的基本概念与操作

6.2.1　Excel 的基本概念

Excel 是一个功能强大的电子表格处理软件,自然包含许多的概念。为了更好地学习本章后续内容,首先应掌握工作簿、工作表和单元格这三个基本概念。

1. 工作簿

一个 Excel 文件就是一个工作簿,在 Excel 中,工作簿是用于保存数据信息的文件,一个工作簿可以由一个或多个工作表组成。一个工作簿文件在默认情况下包含 1 个工作表,名称为 Sheet1,也可按照需要对工作表进行增删。Excel 2019 工作簿文件的默认扩展名为.xlsx。

2. 工作表

工作表也称为电子表格,是 Excel 存储和处理数据的文档。一个工作表是由行和列组成的表格。工作表中列是从左到右用英文字母编号,行是从上到下用阿拉伯数字编号。工作表内可以存储文字、数字、公式等数据。工作表的名称显示在工作表标签上(如 Sheet1)。当前工作的工作表只有一个,工作表标签反白显示,用户可以通过单击工作表标签,在多个工作表之间进行快速切换。

3. 单元格

单元格是 Excel 操作的最小单位,单元格由列和行交叉的网格线分隔而成。单元格内可以存储字符、数值、日期、时间、公式等数据。每个单元格用其所在的列标和行号进行标识,称作单元格地址。例如工作表的左上角单元格,即第一行、第一列的单元格用 A1 表示,而 D2 表示 D 列 2 行的单元格,即第二行、第四列的单元格。

活动单元格是正在使用的单元格,有一个黑色的方框包围。如果多个单元格为活动单元格,其中有一个单元格呈反白显示,它称为当前单元格。输入、编辑等操作的对象是当前单元格。而关于格式的设置、数据的清除等操作则对所有的活动单元格起作用。如果只有一个活动单元格,则它同时也是当前单元格。

每个工作簿由一个或多个工作表组成,每个工作表由独立的单元格组成。每个单元格包括值、公式或文本。工作表也有不可见的绘图层,该层包含图表、图像和图形。通过单击工作簿窗口底部的标签可访问工作簿中的每个工作表。除此之外,工作簿还可以存储图表。"图表"显示一个单独的图,也可通过单击标签进行访问。

6.2.2　Excel 工作表的基本操作

1. 工作表的创建

在默认的工作簿窗口内显示的是第一个工作表 Sheet1,这时的工作表标签反白显示。用户可以通过直接单击工作表标签来完成当前工作表的切换。用户还可以根据需要插入或删除工作表。

插入工作表:可以直接单击工作表标签右侧的"插入工作表"按钮█;也可以选择"开始"选项卡→"单元格"选项组→"插入"按钮→"插入工作表"命令。

删除工作表:首先选择要删除的工作表,选择"开始"选项卡→"单元格"选项组→"删除"按钮→"删除工作表"命令,或者在要删除的工作表标签上右击,选择"删除"命令。执行"删除工作表"命令一定要慎重,工作表一旦被删除将无法恢复。

更改工作表默认数量:选择"文件"选项卡→"选项"命令,在弹出的"Excel 选项"对话框中选择"常规",在"新建工作簿时"选项组中更改"包含的工作表数"选项,单击"确定"按钮,如图 6-3 所示。

工作表重命名:可以选择"开始"选项卡→"单元格"选项组→"格式"按钮→"重命名工作表"命令或右击相应的工作表标签,在弹出的快捷菜单中选择"重命名"命令。

Excel 可以将某个工作表在同一工作簿或不同工作簿中移动或复制。如果移动是在同一工作簿中,单击需要移动的工作表标签,将它拖动到目的位置即可;如果在拖动的同时按住 Ctrl 键,可以产生一个原工作表的副本,Excel 自动为副本命名。例如,Sheet1 工作表副本的默认名为 Sheet1(2)。如果要将一个工作表移动或复制到不同的工作簿中,首先保证两个工作簿都是打开的,选中需要移动或复制的工作表,选择"开始"选项卡→"单元格"选项组→"格式"按钮→"移动或复制工作表"命令,打开图 6-4 所示的"移动或复制工作表"对话框,从中选择要移动到的工作簿和插入的位置,如果是复制,还需要选中这个对话框下面的"建立副本"复选框。

为了保护工作表中的数据,用户还可以对工作表中的行列及工作表进行隐藏和恢复显示。隐藏和恢复显示操作可以通过选择"开始"选项卡→"单元格"选项组→"格式"按钮→"隐藏和取消隐藏"中的命令实现。

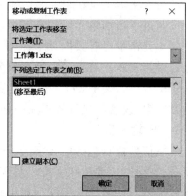

图 6-3　更改工作表默认数量　　　　　　6-4　"移动或复制工作表"对话框

在 Excel 中，对于不同的操作，鼠标指针的形状会随之发生变化，Excel 中常见的鼠标指针形状如表 6-1 所示。

表 6-1　Excel 中常见的鼠标指针形状

鼠标指针形状	说明
⩗	箭头形状也是 Excel 操作中最常见的鼠标指针形状。当鼠标指针位于标题栏、快速访问工具栏、选项卡、选项组、滚动条、各种按钮以及 Excel 的工作表标签上时，均为该形状。用户可以用它来完成窗口移动、选项卡选择、命令执行、区域滚动、选项选定和工作表选定等操作。当鼠标指针指向当前单元格或单元格区域时也变为该形状，这时可进行单元格或单元格区域的复制或移动操作
⇧	空心十字形状是 Excel 中特有的，也是 Excel 中最常见的鼠标指针形状。当鼠标指针位于工作表区域时为该形状。用户可以用它来选择所需的单元格或单元格区域
I	I 形状也称作插入指针。当鼠标指针位于编辑栏、处于编辑状态的单元格时变为该形状。这时用户可以在相应位置输入信息
✚	小的实心十字形状是 Excel 中特有的指针形状。当鼠标指针指向当前单元格或单元格区域右下角的填充柄(其形状为黑色的小方块)时，鼠标指针变为该形状。这时用户可以按住鼠标左键拖动，完成数据或公式的自动填充
↔‡	十字双向箭头形状。当鼠标指针指向行号或列标的分界线时变为该形状，这时可以通过鼠标的拖放操作改变行高或列宽
✥	十字箭头形状。当鼠标指针指向某个图形对象或固定工具栏的移动柄时变为该形状，这时可通过鼠标的拖放操作移动图形对象或是固定工具栏的位置

2. 工作表数据的输入

在输入数据时，数据会同时显示在当前单元格和编辑栏中，按 Enter 键或者单击编辑栏上的"输入"按钮✓,可以确定当前单元格的数据输入。按 Esc 键或者单击编辑栏上的"取消"按钮✗,可以撤销当前单元格的最新输入。输入工作表的数据可以是文本、数值、日期、时间等类型。

（1）输入文本

输入文本就是在单元格中输入由字母、数字、符号和字符等组成的数据。如果输入的文本长度超过了当前单元格的宽度无法全部显示,该文本将覆盖相邻单元格来显示全部文本,如果相邻单元格中已有数据,那么当前单元格只显示文本的一部分。在 Excel 中输入文本时,系统会自动将文本左对齐。如果在单元格中输入只由数字组成的文本,输入时应在数字前加一英文单引号"'",使 Excel 不会将它误认为数值数据。该方法适用于输入身份证号码和以零开头的数字串,或者直接设置单元格格式为"文本"。

（2）输入数值

数值型数据包括由数字(0~9)组成的字符串、＋、－、(,)、E、e、/、$、%以及小数点"."和千分位符号","等特殊字符。系统会自动将数值数据进行右对齐。数值数据的输入与单元格中的显示不一定完全相同。如果输入数据的长度超过单元格的宽度,Excel 将自动用科学计数法表示。在输入分数时,为了和日期区分,应该在输入数字的前面先输入"0"和空格,如要输入分数 2/3,应该在单元格中输入"0 2/3"。

（3）输入日期和时间

在输入日期时,年、月、日之间要用反斜杠"/"或连字符"-"隔开,例如输入 2012/12/21 或者 2012-12-21。在输入时间时,时、分、秒之间要用冒号":"隔开,例如输入 8：00。如果要在当前的单元格中快速输入当前日期,可以按快捷键 Ctrl＋;(分号);要在当前的单元格中快速输入当前时间,可以按快捷键 Ctrl＋:(冒号)。同时在一个单元格中输入日期和时间,需要在日期和时间之间用空格隔开。

（4）数据输入技巧

在 Excel 2019 中输入有规律的数据,存在一些实用的技巧,恰当运用这些技巧可以减少数据录入工作量,提高工作效率。

① 快速输入相同的数据。

如果在多个单元格中输入相同的数据,逐一输入效率很低,而且容易出错。下面先来介绍快速输入相同数据的方法。首先选择要输入数据的单元格,然后输入数据,按 Ctrl＋回车键,如图 6-5 所示。

如果相同数据的单元格在同一行或者同一列,也可使用填充柄来完成。在选择一个单元格或单元格区域后,在所选单元格或单元格区域边框的右下角处会有一个黑点,这个黑点就是"填充柄"。鼠标指针指向"填充柄"时,指针形状会变成实心十字形状✚,这时按下鼠标左键拖动填充柄经过相邻的单元格即可完成相同数据的输入。

② 有规律数据的填充。

步长为 1 的数据的填充:操作与相同数据的填充类似,但拖动的同时应按住 Ctrl 键,图 6-6 所示为学号的填充。

等差数列的填充:在连续两个单元格中输入第一个值和第二个值,将这两个单元格选中后,按住鼠标左键拖动填充柄,图 6-7 所示为序号的填充。

还有一些有规律的数据,如等差数列的数据,用户可以通过选择"开始"选项卡→"编辑"选项组→"填充"按钮→"系列"命令,打开"序列"对话框(如图 6-8 所示)来填充。

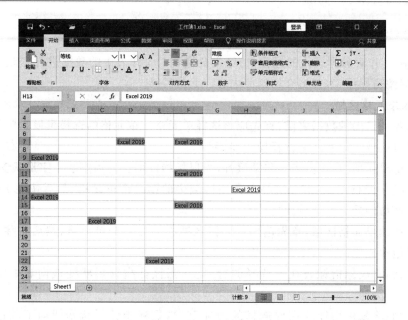

图 6-5　快速输入相同数据

图 6-6　快速填充"学号"

图 6-7　快速填充"序号"

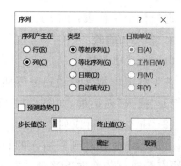

图 6-8　"序列"对话框

对于经常用到而 Excel 没有预定义的一些有规律的序列,用户可以进行自定义,选择"文件"选项→"选项"命令,在弹出的"Excel 选项"对话框中选择"高级",在"常规"选项组中单击"编辑自定义列表"按钮(图 6-9),打开"自定义序列"对话框(图 6-10)。

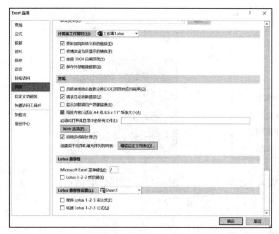

图 6-9　自定义序列

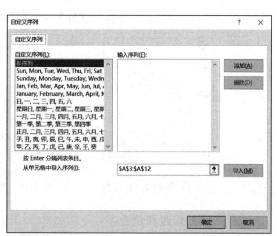

图 6-10　"自定义序列"对话框

6.2.3 Excel 单元格的基本操作

在 Excel 工作表数据录入的过程中,经常会遇到对工作表中的数据进行修改、移动、复制、查找、替换等编辑操作,本节将介绍这些内容。

1. 选择单元格区域

在编辑单元格内的数据之前,首先应该选择单元格。单元格的选择可以是单个单元格,也可以是单元格区域。单元格的选择操作如下。

选择单个单元格:在工作表中移动鼠标,当鼠标指针形状变为空心十字形状⊕时,单击。

选择连续单元格区域:首先选择单元格区域中的第一个单元格,然后按住 Shift 键,单击选择单元格区域的最后一个单元格。

选择不连续单元格区域:首先选择单元格区域中的任一个单元格,然后按住 Ctrl 键逐个单击选择其他单元格。

选择整行:将鼠标指针放在要选择的行号上,当鼠标指针形状变成向右的箭头形状时,单击。

选择整列:将鼠标指针放在要选择的列标上,当鼠标指针形状变成向下的箭头形状时,单击。

选择整个工作表:单击工作表左上角的全选按钮，或者按快捷键 Ctrl+A。

2. 插入和删除

(1)插入单元格

首先将鼠标指针移动到需要插入单元格的位置,右击,在弹出的快捷菜单中选择"插入"命令,打开"插入"对话框,如图 6-11 所示。选择活动单元格的移动方向,单击"确定"按钮。

(2)插入空白行或列

将鼠标指针移动到需插入的行号(或列标)处,右击,在弹出的快捷菜单中选择"插入"命令,原有行或列依次向下移动一行或向右移动一列。除此之外,插入操作还可通过"开始"选项卡→"单元格"选项组→"插入"按钮中的命令实现,如图 6-12 所示。

(3)删除单元格的内容和单元格本身。

删除单元格或单元格区域的具体操作步骤如下:首先选择要删除的单元格或单元格区域,接着选择"开始"选项卡→"单元格"选项组→"删除"按钮→"删除单元格"命令,弹出"删除"对话框,如图 6-13 所示,选定某种操作后,单击"确定"按钮。

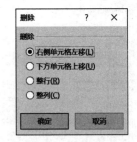

图 6-11 "插入"对话框　　　图 6-12 "插入"命令　　　图 6-13 "删除"对话框

3. 数据的修改和清除

对单元格原有数据进行修改主要有两种方法。

- 重新输入：单击单元格，输入新数据的第一个字符时，单元格内原有数据被清除，被新内容代替。
- 部分修改：双击单元格，利用键盘上的编辑键或者鼠标，直接对需要修改的部分进行操作。

清除单元格数据是将单元格的数据清空，单元格本身没有被删除。清除单元格数据有以下三种方法。

- 选择单元格，按 Delete 键或 Backspace 键可以直接清除单元格数据内容。
- 选择单元格，右击，在弹出的快捷菜单中选择"清除内容"命令。
- 选择"开始"选项卡→"编辑"选项组→"清除"按钮，弹出图 6-14 所示的下拉菜单，从中选择一种清除命令实现清

图 6-14　"清除"命令

除操作。其中的清除格式命令只是将单元格的格式恢复到 Excel 默认的格式，并不改变单元格中的数据内容。

6.3　格式设置

这一节主要介绍格式化单元格、调整工作表的列宽和行高、设置对齐方式、设置边框线和背景色以及使用条件格式和套用表格格式等内容。通过本节内容的学习，可以使工作表的外观更加美观、整洁与合理。

6.3.1　工作表格式

1. 设置单元格格式

Excel 2019 提供了大量的数据格式，并将它们分成常规、数值、货币、特殊、自定义等。如果不进行设置，输入时默认使用"常规"单元格格式。

设置单元格格式：选择相应的单元格后，在"开始"选项卡→"数字"选项组的下拉列表中进行，如图 6-15 所示。从中选择需要的格式，即可以把相应的格式反映到工作表刚才选中的单元格中。对于更多数据格式的设置，可以通过选择"其他数字格式"打开"设置单元格格式"对话框（图 6-16）来实现。

在 Excel 2019 中，用户还可以将多个相邻的单元格合并成一个跨多行或多列的大单元格。选择需要合并的单元格区域，选择"开始"选项卡→"对齐方式"选项组→"合并后居中"下拉列表中的命令即可。

- "合并后居中"：将单元格区域合并成一个大单元格，单元格中的数据居中显示。
- "跨越合并"：用来横向合并多行单元格区域。
- "合并单元格"：仅合并所选单元格区域。
- "取消单元格合并"：将合并的单元格拆分成多个单元格，但不能拆分没合并过的单元格。

2. 调整行高和列宽

在工作表中，可以根据需要设置列的宽度和行的高度。比如输入的文字内容长度太长超过单元格的默认宽度，那么文字内容就会延伸到相邻单元格内，如果相邻单元格中已有内容，

那么文字内容就被截断。对于数值数据,当单元格宽度太小时,则显示为"＃＃＃＃＃"。这些时候可以通过调整列宽来解决这类问题。下面介绍通过不同的方法来调整工作表的列宽和行高。

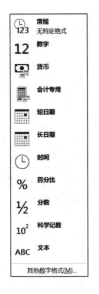 

图 6-15 "数字"下拉列表　　　　　图 6-16 "设置单元格格式"对话框

（1）利用对话框设定

选择"开始"选项卡→"单元格"选项组→"格式"按钮→"列宽"或"行高"命令,将分别打开"列宽"或"行高"对话框,如图 6-17 和图 6-18 所示。这时只要在对话框中输入列宽或行高的数值,就可以把宽度或高度调整到所需大小。注意在执行上面的操作前,必须先选定单元格区域。

图 6-17 "列宽"对话框　　　图 6-18 "行高"对话框

（2）利用鼠标调整

将鼠标指针移到列标区所选列的边框,当鼠标指针的形状变成带有左右箭头的黑色竖线╋时,按下鼠标左键,向左或向右拖动。如果将鼠标移到列标区所选列的右边框后双击,Excel将自动把所选列宽调整为此列中最宽项的宽度。与此相似,若要调整行的高度,可以把鼠标指针移到行号区两行的分界处,当鼠标指针变为带上下箭头的黑色横线╋时按下鼠标左键,然后向上或向下拖动。

3. 设置对齐方式

在 Excel 中不同类型的数据在单元格中都是以某种默认方式对齐的。例如数字右对齐、文字左对齐、逻辑值居中对齐。此外,还可以利用"单元格格式"对话框设置数据对齐方式。

首先选中要设置对齐方式的单元格,如果只是把选中的单元格设置成"左对齐"、"居中对齐"或"右对齐"等简单的对齐方式，通过"开始"选项卡→"对齐方式"选项组中的相应按钮（图 6-19）就可以完成。更高级的对齐方式，可以打开"设置单元格格式"对话框，利用其中的"对齐"选项卡进行设置，如图 6-20 所示。

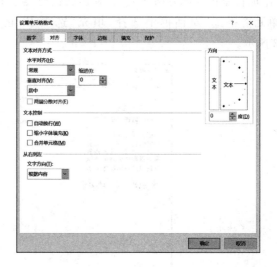

图 6-19　"对齐方式"选项组　　　　图 6-20　"设置单元格格式"对话框的"对齐"选项卡

4. 设置边框线和背景色

Excel 表格边框线默认为网格线，无法在打印输出后显示。为了使打印出来的表格更加直观，需要给表格设置边框线。

Excel 2019 为用户提供了 13 种边框样式，在"开始"选项卡→"字体"选项组→"边框"按钮下拉菜单中，如图 6-21 所示。用户也可以手动绘制边框及设置边框的颜色和线条。

如果用户要设置边框的详细样式，可以在"设置单元格格式"对话框的"边框"选项卡下进行，如图 6-22 所示。工作表的背景默认是白色，为了区分工作表中不同的数据并美化工作表，

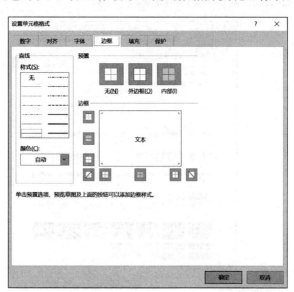

图 6-21　Excel 2019 为用户提供的 13 种边框样式　　　图 6-22　"设置单元格格式"对话框的"边框"选项卡

需要为工作表设置背景色。选择要设置背景色的单元格区域,选择"开始"选项卡→"字体"选项组→"填充颜色"按钮  ,在"主题颜色"和"标准色"选项中选择相应的颜色。用户也可以右击要添加背景色的单元格区域,在弹出的快捷菜单中选择"设置单元格格式"命令,在打开的"设置单元格格式"对话框中选择"填充"选项卡,在"背景色"选项中选择相应的颜色,如图 6-23 所示。

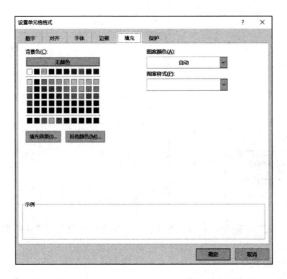

图 6-23 "设置单元格格式"对话框的"填充"选项卡

5. 套用表格格式

使用套用表格格式功能,可以帮助用户快速地美化工作表。使用套用表格格式的操作步骤如下:选择要套用格式的单元格区域,单击"开始"选项卡→"样式"选项组→"套用表格格式"按钮,在下拉列表中选择需要的格式,在弹出的"套用表格式"对话框中选择数据来源,单击"确定"按钮,如图 6-24 和图 6-25 所示。

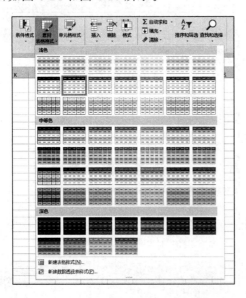

图 6-24 "套用表格格式"下拉列表   图 6-25 "套用表格式"对话框

6.3.2　条件格式

当工作表中的某些数据需要突出显示时,逐个设置单元格的格式容易产生遗漏。通过 Excel 中的条件格式可以将满足指定条件的单元格全部设置成相应的格式。

选择要应用条件格式的单元格区域,单击"开始"选项卡→"样式"选项组→"条件格式"按钮,选择相应的命令,如图 6-26 所示。

"条件格式"按钮下包含以下命令:

- 突出显示单元格规则:是基于比较运算符来设置特定单元格区域的格式。该命令主要包括大于、小于、介于、等于、文本包含、发生日期和重复值 7 种选项。如图 6-27 所示,通过"条件格式"按钮将低于 60 分的成绩突出显示。

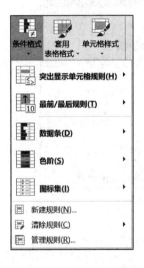

语文	数学	英语	物理	计算机
90	82	92	86	65
78	85	71	67	66
94	80	69	74	73
84	72	93	70	80
55	87	91	73	81
86	77	61	72	87
63	49	61	76	88
69	67	54	79	90
70	90	73	90	82
80	60	75	40	85
56	50	68	50	80
78	75	79	50	72
90	89	60	68	87
60	80	45	70	77
80	70	85	80	49
68	70	50	85	67
90	80	95	85	65
80	68	85	70	66
76	78	60	85	73
96	88	99	87	80

图 6-26　"条件格式"按钮下的命令　　　　图 6-27　通过"条件格式"按钮将低于 60 分的成绩突出显示

- 最前/最后规则:是根据指定的截止值查找单元格区域中的最高值或最低值,或查找高于、低于平均值或标准偏差的值。该命令主要包括值最大的 10 项、值最大的 10%项、值最小的 10 项、值最小的 10%项、高于平均值和低于平均值 6 种选项。
- 数据条:帮助用户查看某个单元格相对于其他单元格的值,数据条的长度代表单元格值的大小。该命令主要包括渐变填充和实心填充两种选项,每种选项下又包括蓝色、绿色、红色、橙色、浅蓝色和紫色 6 种子选项。
- 色阶:帮助用户了解数据的分布与变化情况,可分为三色色阶和双色色阶。
- 图标集:对数据进行注释,可按阈值将数据分为 3~5 个类别,每个图标代表一个值的范围。

下面我们通过制作九九乘法表(图 6-28),为表中有公式的部分填充灰色背景。

首先选中单元格"B3:J11",选择"开始"选项卡"样式"组"条件格式"下拉菜单中的"突出显示单元格规则"里的"其他规则"选项,如图 6-29 所示。

然后,在弹出的"新建格式规则"对话框中,选择规则类型为"只为包含以下内容的单元格设置格式",编辑规则说明选择"无空值",预览格式按钮选择适合的颜色,如图 6-30 所示。

这样九九乘法表有公式的部分就已经填充灰色背景,如图 6-31 所示。

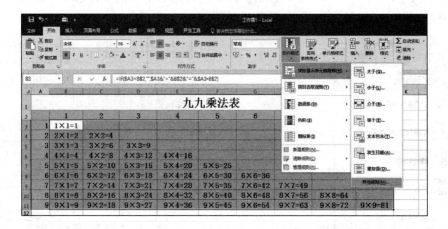

图 6-28　九九乘法表

图 6-29　选择条件格式

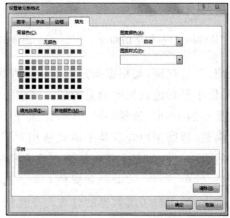

图 6-30　设置条件格式

6.4　Excel 公式与函数

　　Excel 不仅可以创建、编辑和美化工作表，而且还可以运用公式和函数对工作表中的数据进行计算。公式和函数是使用运算符来处理单元格中的数据。公式和函数不会受到单元格数据更新的影响。通过本节的介绍，用户可以了解并掌握 Excel 2019 强大的数据计算功能。

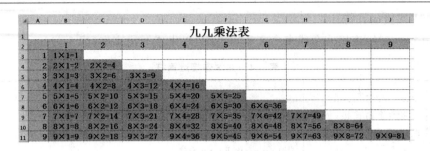

图 6-31　九九乘法表结果

6.4.1　公式的创建与编辑

Excel 不仅是一个可在列或行中输入数字的网格,使用 Excel 还可以求出一列或一行数字的总和,也可根据自己插入的变量计算抵押贷款付款、解答数学或工程问题或者找到最佳情况方案。

图 6-32　Excel 公式

Excel 公式是 Excel 工作表中进行数值计算的等式,用于对工作表中的数据执行计算或其他操作。Excel 公式的组成包括一个等号"="后面跟一个或者多个运算码。运算码包含下列所有内容或其中之一:函数、引用、运算符和常量,如图 6-32 所示。

- 函数:PI( ) 函数返回 pi 值:3.14159…
- 引用:A2 返回单元格 A2 中的值。
- 常量:直接输入公式中的数字或文本值,如 2。
- 运算符:＊(星号)运算符表示数字的乘积,而＾(脱字号)运算符表示数字的乘方。

1. 运算符

计算运算符可指定要对公式元素执行的计算类型。Excel 遵循常规数学规则进行计算,即括号、指数、加减乘除,可使用括号更改计算次序。计算运算符分为 4 种不同类型:算术运算符、比较运算符、文本连接运算符和引用运算符。

(1) 算术运算符

可使用算术运算符(表 6-2)进行基本的数学运算,如加法、减法、乘法或除法,合并数字以及生成数值结果。

(2) 比较运算符

可使用比较运算符(表 6-3)比较两个值,结果为逻辑值 TRUE 或 FALSE。

表 6-2　算术运算符

算术运算符	含义	示例
＋(加号)	加法	＝3＋3
－(减号)	减法 负数	＝3－3 ＝－3
＊(星号)	乘法	＝3＊3
/(正斜杠)	除法	＝3/3
％(百分号)	百分比	30％
＾(脱字号)	乘方	＝3＾3

表 6-3　比较运算符

比较运算符	含义	示例
＝(等号)	等于	＝A1＝B1
＞(大于号)	大于	＝A1＞B1
＜(小于号)	小于	＝A1＜B1
＞＝(大于或等于号)	大于或等于	＝A1＞＝B1
＜＝(小于或等于号)	小于或等于	＝A1＜＝B1
＜＞(不等号)	不等于	＝A1＜＞B1

（3）文本连接运算符

可使用 &（与号）连接一个或多个文本字符串，以生成一段文本（表6-4）。

表6-4 文本连接运算符

文本运算符	含义	示例
&（与号）	将两个值连接（或串联）起来产生一个连续的文本值	（1）="North"&"wind"的结果为"Northwind" （2）A1代表"Lastname"，B1代表"First name"，则=A1&","&B1的结果为"Last name,First name"

（4）引用运算符

可使用引用运算符（表6-5）对单元格区域进行合并计算。

表6-5 引用运算符

引用运算符	含义	示例
:	区域运算符，生成一个对两个引用之间所有单元格的引用（包括这两个引用）	B5:B15
,	联合运算符，将多个引用合并为一个引用	=SUM(B5:B15,D5:D15)
（空格）	交集运算符，生成一个对两个引用中共有单元格的引用	B7:D7 C6:C8

2. 公式的录入

一般公式的录入有以下三种方法。

（1）直接输入

例如，要计算算式 $2×3+5$，那么在相应单元格内输入"$=2*3+5$"，如图6-33所示。

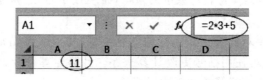

图6-33 直接输入数据

输出单元格显示结果"11"，而编辑框内显示公式"$=2*3+5$"。

如果在公式中使用常量而不是对单元格的引用（例如 $2*3+5$），则仅在修改公式时结果才会变化。通常，为了轻松查找和更改常量，会将常量放置在指定单元格内，然后在公式中引用这些单元格。

（2）输入计算式

有时候我们需要对指定单元格的值进行计算，而不是具体的数值计算，这时计算结果会随着指定单元格值的变化而变化。例如图6-34中，将单元格 A1、B1 和 C1 中的值相加。

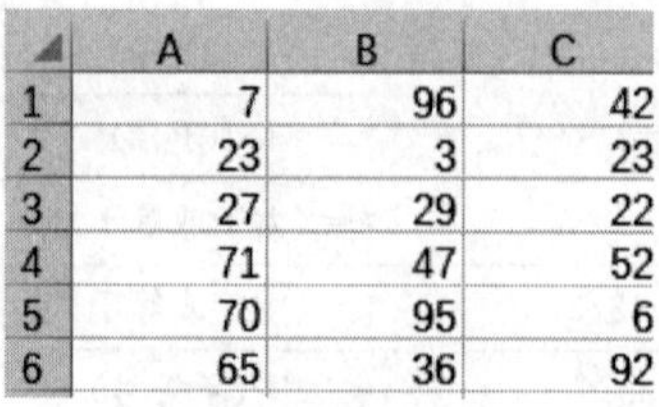

◢	A	B	C
1	7	96	42
2	23	3	23
3	27	29	22
4	71	47	52
5	70	95	6
6	65	36	92

图6-34 求和数据

要将单元格 A1、B1 和 C1 中的值相加,那么在单元格内输入"=A1+B1+C1",如图 6-35
所示。

输出单元格显示结果"145",而编辑框内显示公式"=A1+B1+C1"。

(3) 调用函数输入

也可以调用函数完成求和运算,在相应单元格中输入"=SUM(A1:C1)",如图 6-36
所示。

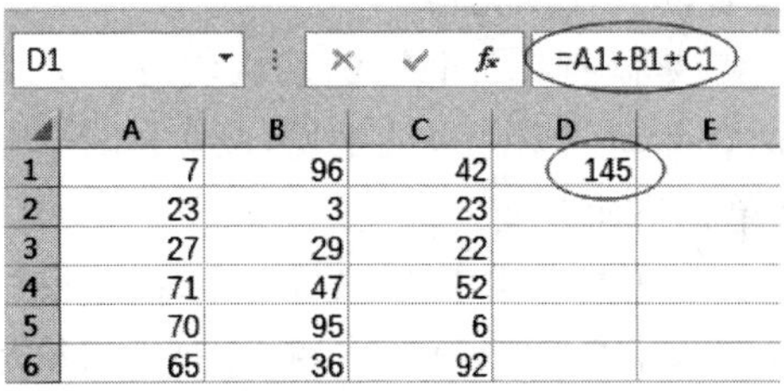

图 6-35　输入计算式

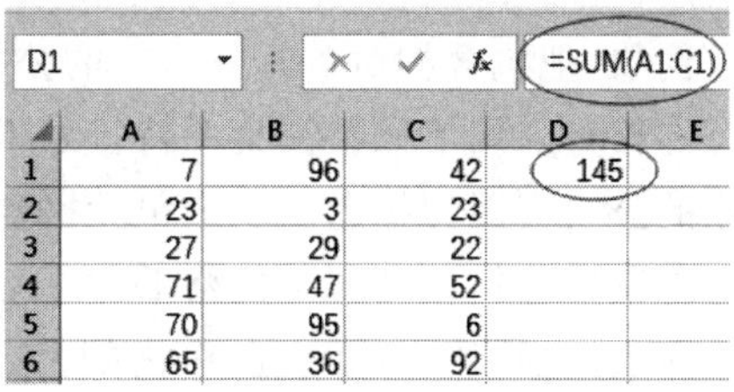

图 6-36　调用函数输入

如果公式中同时使用了多个运算符,Excel 将按照一定的顺序进行运算,这就是运算符的
优先级(表 6-6)。对于不同优先级的运算符,将按照从高到低的顺序进行计算;对于相同优先
级的运算符,将按照从左到右的顺序进行计算。用户可以使用括号改变运算顺序,即先进行括
号内的运算,后进行括号外的运算。

表 6-6　运算符的优先级

运算符(优先级从高到低)	说明
:(冒号)	区域运算符
(空格)	交叉运算符
,(逗号)	联合运算符
—(负号)	取负
%(百分号)	百分比
^(脱字号)	幂
*(星号)和/(斜杠)	乘和除
+(加号)和-(减号)	加和减
&(与号)	文本运算符
=、<、>、<=、>=、<>	比较运算符

6.4.2　单元格的引用

单元格引用是指对工作表中的单元格或单元格区域的引用,它可以在公式中使用,以便
Microsoft Excel 可以找到需要计算的值或数据。

在一个或多个公式中,可以使用单元格引用来引用:

- 工作表中一个或多个相邻单元格内的数据。
- 工作表中不同区域包含的数据。
- 同一工作簿的其他工作表中的数据。

单元格的引用方式包括相对引用、绝对引用和混合引用,不同的引用方式通过使用"＄"进行区分,使用 F4 键进行切换。默认情况下,单元格引用是相对的。

1. 相对引用

相对引用是指公式所在的单元格与公式中引用的单元格之间的位置是相对的,如果公式所在的单元格位置发生了变化,那么所引用的单元格也会随之发生变化。

所以在相对引用中,通过复制或其他操作移动函数后,Excel 会自动调整移动后函数的相对引用,使之能够引用相对于当前函数所在单元格位置的其他单元格。

例如,把包含相对单元格引用的公式从单元格 A2 复制到单元格 C2,那么实际上公式里所有的相对引用单元格都会保持行号不变,而列号向右移动两列。也就是说,包含相对单元格引用的公式会因为将它从一个单元格复制到另一个单元格而改变。

将鼠标指针移动到单元格 D1 的右下角,鼠标指针变成黑色十字形(图 6-37),按住鼠标的左键向下拖拽,那么单元格 D1 内的公式就会被复制到单元格 D2～D6 内(图 6-38)。值得注意的是,如果将单元格 D1 中的公式"＝SUM(A1:C1)"复制到单元格 D2 中,D2 中的公式将向下调整一行成为"＝SUM(A2:C2)";如果将公式复制到 D3 中,D3 中的公式将向下调整一行成为"＝SUM(A3:C3)"(图 6-39)。

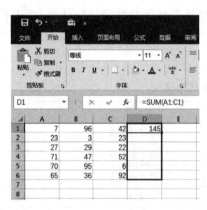

图 6-37　求和公式

图 6-38　相对引用

2. 绝对引用

绝对引用是指被引用的单元格与公式所在的单元格的位置是绝对的,也就是不管公式被复制到什么位置,公式中所引用的单元格位置都不会发生变化,其书写形式为＄A＄1。一个"＄"就是一把锁,锁住行或者列。绝对引用中有两把锁,锁"＄"在谁的前面就是锁住谁。例如,＄A＄1 中就有两把锁＄,一把锁行,一把锁列。如果希望在复制时保留此示例中的原始单元格引用,需要在列(A 和 C)和行(1)之前加上美元符号(＄)来使单元格引用变为绝对。然后,当从 D1 复制公式"＝SUM(＄A＄1:＄C＄1)"到 D2 时,该公式会保持完全相同,如图 6-40 所示。

3. 混合引用

混合引用是一种介于相对引用和绝对引用之间的引用,即在引用的单元格的行和列之中一个是相对的,一个是绝对的,如＄A1,A＄1,其中＄在哪个字符之前,哪个就是绝对的。

在不频繁的情况下,您可能希望使单元格引用变为"混合",在列或行之前加"＄"符号以"锁定"列或行(例如,＄A2 或 B＄3)。要更改单元格引用的类型,步骤如下。

(1)选择包含公式的单元格。

（2）在"编辑栏"按钮中,选择要更改的引用。

（3）按 F4 键在引用类型之间切换。

	A	B	C	D
1	7	96	42	145
2	23	3	23	49
3	27	29	22	78
4	71	47	52	170
5	70	95	6	171
6	65	36	92	193

（D1）=SUM(A1:C1)
（D2）=SUM(A2:C2)
（D3）=SUM(A3:C3)

图 6-39 各行公式中的相对引用 　　　　　图 6-40 绝对引用

表 6-7 总结了当将包含引用的公式向下和向右复制两个单元格时引用类型的更新方式。

表 6-7 相对引用、绝对引用与混合引用

对于正在复制的公式	如果引用是	它会更改为
	A1（绝对列和绝对行）	A1（引用是绝对的）
	A$1（相对列和绝对行）	C$1（引用是混合型）
	$A1（绝对列和相对行）	$A3（引用是混合型）
正从 A1 被复制到向下和向右移两个单元格的公式	A1（相对列和相对行）	C3（引用是相对的）

例如,某公司有 A～F 类共 6 类产品,利润率均为 20%,单价和销售量分布如表 6-8 所示,试求各类别以及汇总的销售额与利润。

操作步骤如下。

（1）销售额等于单价乘以销售量,计算 A 类别的销售额,在单元格 F4 中输入"=D4 * E4",回车。

（2）拖动单元格 F4 填充柄,将公式复制到单元格 F5 到 F10。

（3）利润等于销售额乘以利润率,在单元格 G4 中输入"=F4 * G2",回车。

表 6-8 单价和销售量分布(利润率:20%)

类别	单价	销售量	销售额	利润
A	30	10		
B	26	13		
C	32	9		
D	40	5		
E	25	13		
F	19	20		
G	40	3		
汇总				

（4）按照上述操作复制 G4 公式到 G5 至 G10 单元格，如图 6-41 所示。

注意：步骤 3 中如在单元格 G4 中输入"＝F4＊G2"，拖动 G4 的填充柄，复制公式后，就会发现 G5:G10 单元格出现图 6-42 所示的错误！查看单元格 G5，发现单元格 E5 书写的公式为"＝F5＊G3"，而单元格 E3 并不是需要的利润率所在单元格，因此就会出现错误。错误原因是利润率应该是绝对引用，无论哪个公式对利润率的引用都是 G2 单元格，这个引用不能随着公式位置的变化而发生变化。

G4	fx	=F4*G2
类别	单价	销售量	销售额	利润
利润率				20%
A	30	10	300	60
B	26	13	338	67.6
C	32	9	288	57.6
D	40	5	200	40
E	25	13	325	65
F	19	20	380	76
G	40	3	120	24
汇总			1951	

图 6-41　绝对引用的应用

G4	fx	=F4*G2
类别	单价	销售量	销售额	利润
利润率				20%
A	30	10	300	60
B	26	13	338	#VALUE!
C	32	9	288	17280
D	40	5	200	#VALUE!
E	25	13	325	5616000
F	19	20	380	#VALUE!
G	40	3	120	673920000
汇总			1951	

图 6-42　相对引用的错误使用

6.4.3　常用函数

函数是 Excel 自带的已经定义好的公式，由函数名称和参数组成。函数以函数名称开始，在函数名称后是左括号，右括号表示函数的结束，在两括号之间使用逗号分隔的是函数参数。在 Excel 2019 中输入函数，通常通过"插入函数"对话框实现。

Excel 2019 提供了许多函数，包括常用函数、财务、统计、文本、逻辑、查找与引用、日期与时间、数学与三角函数等。

1. IF 函数与 IFS 函数

（1）IF 函数

下面首先以 Excel 中最常见的 IF 函数为例，对 Excel 中的函数进行介绍。IF 函数主要的功能是对结果值和期待值进行逻辑比较，判断是否满足某个条件，如果满足该条件则返回一个值，如果不满足则返回另一个值。

IF 函数语法具有下列参数，如图 6-43 所示：

- Logical_test 必需，表示判断的条件。
- Value_if_true 必需，表示如果判断条件为真时，显示的值。
- Value_if_false 必需，表示如果判断条件为假时，显示的值。

因此 IF 语句可能有两个结果。第一个结果是比较结果为 True，第二个结果是比较结果为 False。

例如"＝IF(C2="Yes",1,2)"，该公式表示，如果单元格 C2 的值为"Yes"，则返回 1，否则就返回 2。

IF 函数可用于计算文本和数值，还可用于逻辑比较。不仅可以检查一项内容是否等于另一项内容并返回单个结果，而且还可以根据需要使用数学运算符并执行其他计算。此外，还可将多个 IF 函数嵌套在一起来执行多个比较。

图 6-43 IF 函数

注意：

① 如果要在公式中使用文本，需要将文字用引号括起来（例如"Text"）。唯一的例外是使用 TRUE 和 FALSE 时，Excel 能自动理解它们。

② IF 函数中符号的输入法必须选择英文半角。

例如"=IF(C2＞B2,"Over Budget","Within Budget")"，该公式表示如果单元格 C2 的值大于单元格 B2 的值，则返回"Over Budget"，否则就返回"Within Budget"。

例如"=IF(C2＞B2,C2-B2,0)"，该公式表示如果单元格 C2 的值大于单元格 B2 的值，则返回单元格 C2 与 B2 的差，否则返回 0。

例如"=IF(E7="Yes",F5＊0.0825,0)"，该公式表示如果单元格 E7 的值为"Yes"，则计算单元格 F5 的值与 8.25%的乘积，否则返回 0。

通常来说，将文本常量（可能需要时不时进行更改的值）直接代入公式的做法不是很好，因为将来很难找到和更改这些常量。最好将常量放入其自己的单元格，一目了然，也便于查找和更改。对于简单 IF 函数而言，只有两个结果 True 或 False，而嵌套 IF 函数有 3～64 个结果。

例如"=IF(D2=1,"YES",IF(D2=2,"No","Maybe"))"，该公式表示：如果单元格 D2 的值等于 1，则返回文本"Yes"；如果单元格 D2 的值等于 2，则返回文本"No"；如果都不满足的话，返回文本"Maybe"。

注意，公式的末尾有两个右括号。需要两个括号来完成两个 IF 函数，如果在输入公式时未使用两个右括号，Excel 将尝试更正。

（2）IFS 函数

IFS 函数检查是否满足一个或多个条件，且返回符合第一个 TRUE 条件的值。IFS 可以取代多个嵌套 IF 语句，并且有多个条件时更方便阅读。

通常情况下，IFS 函数的语法如下：

IFS(Logical_test1，Value_if_true1，[Logical_test2，Value_if_true2]，[Logical_test3，Value_if_true3]，…)

IF 函数语法具有下列参数，如图 6-44 所示：

- Logical_test1 必需，计算结果为 TRUE 或 FALSE 的条件。
- Value_if_true1 必需，当 Logical_test1 的计算结果为 TRUE 时要返回的结果。可以为空。

图 6-44 IF 函数

- Logical_test2…Logical_test127 可选,计算结果为 TRUE 或 FALSE 的条件。
- Value_if_true2…Value_if_true127 可选,当 Logical_testN 的计算结果为 TRUE 时要返回的结果。每个 Value_if_trueN 对应一个条件 Logical_testN。可以为空。

注意,IFS 函数允许测试最多 127 个不同的条件。但不建议在 IF 或 IFS 语句中嵌套过多条件。这是因为多个条件需要按正确顺序输入,并且可能非常难构建、测试和更新。

例如,如图 6-45 所示,单元格 A2:A6 的公式为

=IFS(A2>89,"A",A2>79,"B",A2>69,"C",A2>59,"D",TRUE,"F")

即如果 A2 大于 89,则返回"A",如果 A2 大于 79,则返回"B",并依此类推,对于所有小于 59 的值,返回"F"。

B2		▼	:	×	✓	fx	=IFS(A2>89,"A",A2>79,"B",A2>69,"C",A2>59,"D",TRUE,"F")	
	A	B		C				D
1	分数	等级	结果					
2	93	A	"A",因为A2>89					
3	89	B	"B",因为A3>79					
4	71	C	"C",因为A4>69					
5	60	D	"D",因为A5>59					
6	58	F	"F",因为A6不满足优先条件。由于不满足其他条件"True"及其相应值"F"提供默认值					
7	58	F	"F",因为A7不满足优先条件。由于不满足其他条件"True"及其相应值"F"提供默认值					

图 6-45 IFS 函数

又如,如图 6-46 所示,单元格 G7 中的公式是

=IFS(F2=1,D2,F2=2,D3,F2=3,D4,F2=4,D5,F2=5,D6,F2=6,D7,F2=7,D8)

即如果单元格 F2 中的值等于 1,则返回的值位于单元格 D2,如果单元格 F2 中的值等于 2,则返回的值位于单元格 D3,并依此类推,如果其他条件均不满足,则最后返回的值位于 D8。

注意:

① 若要指定默认结果,请对最后一个 Logical_test 参数输入 TRUE。如果不满足其他任何条件,则将返回相应值。在图 6-45 中,行 6 和行 7(成绩为 58)展示了这一结果。

② 如果提供了 Logical_test 参数,但未提供相应的 Value_if_true,则此函数显示"你为此

函数输入的参数过少"错误消息。

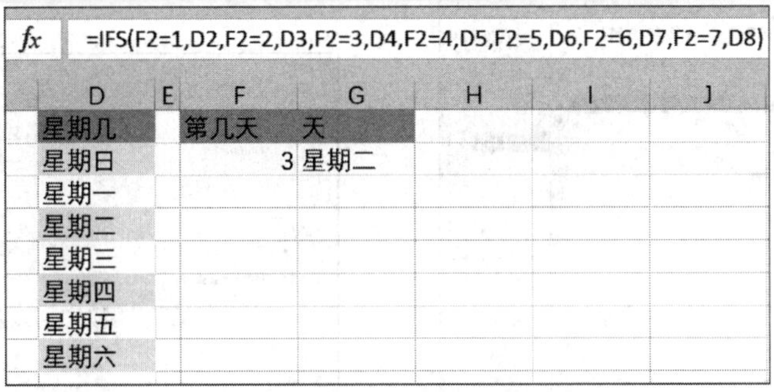

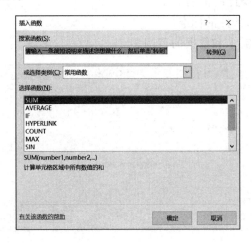

图 6-46　IFS 函数

2. SUM 函数与 SUMIF 函数

（1）SUM 函数

SUM 函数对值求和，可将单个值、单元格引用或是区域相加，或者将三者的组合相加。用户可选择"公式"选项卡→"函数库"选项组→"插入函数"按钮，在弹出的"插入函数"对话框中选择函数，如图 6-47 所示。

图 6-47　"插入函数"对话框

在该对话框中，单击"或选择类别"右侧下拉列表按钮，可以选择函数类别，如图 6-48 所示。

在"插入函数"对话框中的"选择函数"列表中选择了相应的函数后，单击"确定"按钮，在弹出的"函数参数"对话框中输入参数或者单击"选择数据"按钮 🔼 选择参数，如图 6-49 所示。

SUM 函数语法具有下列参数：

- Number1 必需，要相加的第一个数字。该数字可以是 4 之类的数字、B6 之类的单元格引用或 B2:B8 之类的单元格范围。
- Number2～255 可选，这是要相加的第二个数字，最多可指定 255 个数字。

例如：

＝SUM(A2:A10)表示将单元格 A2:A10 中的值相加。

＝SUM(A2:A10,C2:C10)表示将单元格 A2:A10 以及单元格 C2:C10 中的值相加。

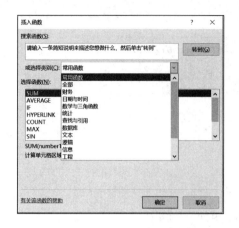 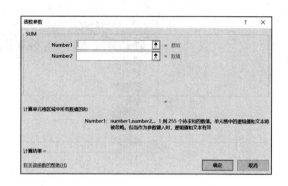

图 6-48 "插入函数"对话框的"或选择类别"下拉列表　　　　图 6-49　输入参数

（2）SUMIF 函数

使用 SUMIF 函数对符合指定条件的区域中的值求和。

SUMIF 函数语法具有下列参数，如图 6-50 所示：

- Range 必需，判断条件的范围。
- Criteria 必需，判断条件的标准。
- Sum_range 必需，需求和数据的范围。

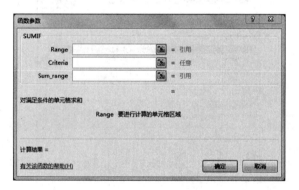

图 6-50　SUMIF 函数参数

3. COUNT 函数与 COUNTIF 函数

（1）COUNT 函数

COUNT 是一个统计函数，用于计算区域中包含数字的单元格的个数。

COUNT 函数语法具有下列参数，如图 6-51 所示：

- Value1 必需，要求平均值的第一个数字。该数字可以是 4 之类的数字、B6 之类的单元格引用或 B2:B8 之类的单元格范围。
- Value2～255 可选，填写平均值的第 2～255 个数字，可以按照这种方式最多指定 255 个数字。

（2）COUNTIF 函数

COUNTIF 是一个统计函数，用于统计满足某个条件的单元格的数量，例如，统计特定城市在客户列表中出现的次数。

COUNTIF 函数语法具有下列参数,如图 6-52 所示:
- Range 必需,判断条件的范围。
- Criteria 必需,判断条件的标准。

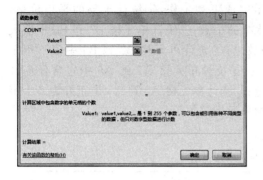

图 6-51 COUNT 函数参数   图 6-52 COUNTIF 函数参数

4. AVERAGE 函数与 AVERAGEIF 函数

（1）AVERAGE 函数

AVERAGE 函数返回参数的平均值（算术平均值）。例如 ＝AVERAGE(A1：A20),返回单元格 A1 到单元格 A20 范围中包含数字的平均值。

AVERAGE 函数语法具有下列参数,如图 6-53 所示:
- Number1 必需,要计算平均值的第一个数字、单元格引用或单元格区域。
- Number2 可选,要计算平均值的其他数字、单元格引用或单元格区域,最多可包含 255 个。

（2）AVERAGEIF 函数

AVERAGEIF 函数返回给定条件指定的单元格的平均值。

AVERAGEIF 函数语法具有下列参数,如图 6-54 所示:

图 6-53 AVERAGE 函数参数   图 6-54 AVERAGEIF 函数参数

- Range 必需,要计算平均值的一个或多个单元格,其中包含数字或包含数字的名称、数组或引用。
- Criteria 必需,形式为数字、表达式、单元格引用或文本的条件,用来定义将计算平均值的单元格。例如,条件可以表示为 32、"32"、"＞32"、"苹果"或 B4。
- Average_range 可选,计算平均值的实际单元格组,如果省略,则使用 Range。Average_range 无须与 Range 具备同样的大小和形状。确定计算平均值的实际单元格的方法为:使用 Average_range 中左上角的单元格作为起始单元格,然后包括与 Range 大小和形状相对应的单元格。

	A	B	C
1	数据	数量	单价
2	苹果	32	3
3	橙子	54	5
4	桃子	75	6
5	苹果	86	4

图 6-55 某商店水果存货量及单价

例如,某商店水果存货如图 6-55 所示,使用 AVERAGE 和 COUNTIF 函数完成下列工作:①统计水果的平均价格;②分别统计不同水果的个数;③统计单元格 B2 到 B5 中值大于 55 的单元格的数量;④统计单元格 B2 到 B5 中值不等于 75 的单元格的数量;⑤统计单元格 A2 到 A5 中包含任何文本的单元格的数量;⑥统计单元格 A2 到 A5 中正好为 2 个字符且以“子”结尾的单元格的数量。

① AVERAGE 函数应用及说明如表 6-9 所示。

表 6-9 AVERAGE 函数应用及说明

公式	说明
=AVERAGE(A2:A5,"苹果",C2:C5)	计算单元格 A2:A5 中苹果的平均单价,结果为“3.5”
=AVERAGE(A2:A5,A2,C2:C5)	计算单元格 A2:A5 中苹果的平均单价,结果为“3.5”
=AVERAGE(A2:A5,"? 子",C2:C5)	计算单元格 A2:A5 中最后一个字是“子”的水果的平均单价,结果为“5.5”

② COUNTIF 函数应用及说明如表 6-10 所示。

表 6-10 COUNTIF 函数应用及说明

公式	说明
=COUNTIF(A2:A5,"苹果")	统计单元格 A2 到 A5 中包含“苹果”的单元格的数量。结果为“2”
=COUNTIF(A2:A5,A4)	统计单元格 A2 到 A5 中包含“桃子”(A4 中的值)的单元格的数量。结果为 1
=COUNTIF(B2:B5,">55")	统计单元格 B2 到 B5 中值大于 55 的单元格的数量。结果为“2”
=COUNTIF(B2:B5,"<>"&B4)	统计单元格 B2 到 B5 中值不等于 75 的单元格的数量。与号(&)合并比较运算符不等于(<>)和 B4 中的值,因此为=COUNTIF(B2:B5,"<>75")。结果为“3”
=COUNTIF(A2:A5,"*")	统计单元格 A2 到 A5 中包含任何文本的单元格的数量。通配符星号(*)用于匹配任意字符。结果为“4”
=COUNTIF(A2:A5,"? 子")	统计单元格 A2 到 A5 中正好为 2 个字符且以“子”结尾的单元格的数量。通配符问号(?)用于匹配单个字符。结果为“2”

注意:所有的符号,包括“:”、“?”、“*”、“,”和“()”都必须是英文半角符号,否则 Excel 会按照文本进行处理或者报错。

5. VLOOKUP 函数

VLOOKUP 函数语法具有下列参数,如图 6-56 所示:

- Lookup_value 必需,要查找的值,也被称为查阅值。
- Table_array 必需,查阅值所在的区域。
- Col_index_num 必需,区域中包含返回值的列号。
- Range_lookup 可选,如果需要返回值的近似匹配,可以指定 TRUE;如果需要返回值的精确匹配,则指定 FALSE。如果没有指定任何内容,默认值将始终为 TRUE 或近似匹配。

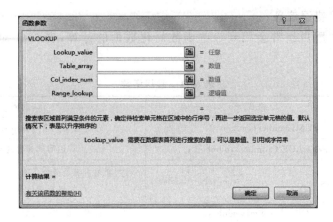

图 6-56　VLOOKUP 函数参数

注意：

① 查阅值应该始终位于所在区域的第一列，这样 VLOOKUP 才能正常工作。例如，如果查阅值位于单元格 C2 内，那么您的区域应该以 C 开头。

② 例如，如果指定 B2:D11 作为区域，则应将 B 作为第一列，将 C 作为第二列进行计数，依此类推。

关于 VLOOKUP 函数，我们可以看图 6-57～图 6-60 所示的示例 1～4。

图 6-57　VLOOKUP 函数示例 1

图 6-58　VLOOKUP 函数示例 2

图 6-59　VLOOKUP 函数示例 3

图 6-60　VLOOKUP 函数示例 4

6．常见函数及错误信息

在日常工作中用户经常会用到一些函数简化数据的计算，表 6-11 对常用函数进行了归纳。

表 6-11　常用函数

函数	格式	功能
SUM	=SUM(number1,number2,…)	计算单元格区域中所有数字的和
AVERAGE	= AVERAGE (number1,number2,…)	返回其参数的平均值
IF	=IF(logical_test,value_if_true,value_if_false)	判断是否满足某个条件，如果满足返回一个值，如果不满足返回另一个值
COUNT	=COUNT(value1,value2,…)	计算区域中包含数字的单元格的个数
MAX	=MAX(number1,number2,…)	返回一组数值中的最大值
SIN	=SIN(number)	返回给定角度的正弦值
SUMIF	=SUMIF(range,criteria,sum_range)	对满足条件的单元格求和
PMT	=PMT(rate,nper,fv,type)	计算在固定利率下，贷款的等额分期偿还额

用户在使用公式和函数计算时，常常会遇到结果无法正常显示，在单元格中出现以 ♯ 开头的错误信息。通过错误信息，用户可以查找错误产生的原因，并进行相应的改正。表 6-12 是 Excel 中常见的错误信息及解决方法。

表 6-12　Excel 中常见的错误信息及解决方法

错误信息	出错原因	解决方法
＃＃＃＃＃!	单元格中的数据或公式太长	增加列宽
＃DIV/O!	公式被 0(零)除	修改单元格引用，或者在用作除数的单元格中输入不为零的值
＃NAME?	在公式中使用了 Microsoft Excel 不能识别的文本	确认使用的名称确实存在，如果所需的名称没有被列出，添加相应的名称。如果名称存在拼写错误，修改拼写错误
＃NULL!	为两个并不相交的区域指定交叉点	如果要引用两个不相交的区域，使用联合运算符"逗号(,)"
＃NUM!	公式或函数中某些数字有问题	检查数字是否超出限定区域，确认函数中使用的参数类型是否正确
＃REF!	单元格引用无效	更改公式，在删除或粘贴单元格之后，立即单击"撤销"按钮恢复工作表中的单元格内容
＃VALUE!	使用错误的参数或运算对象类型，或自动更改公式功能不能更正公式	确认公式或函数所需的参数或运算符是否正确，并确认公式引用的单元格所包含的均为有效的数值
＃N/A	在函数或公式中没有可用的数值时	在等待数据的单元格中填充数据

6.5　Excel 数据分析

用户利用 Excel 的排序、筛选和分类汇总等功能，可以快速整理和分析工作表中的数据。

在介绍这些内容之前,需要先了解数据清单,因为排序、筛选和分类汇总等功能都是建立在数据清单基础上的。

6.5.1　数据排序

向工作表中输入数据时,通常不考虑数据的先后顺序,而是以随机的顺序输入。Excel 2019 提供了强大的排序功能,可以将工作表中的数据按照一定的规律进行显示。

简单的排序可以首先选择需要进行排序的单元格区域,然后依次选择"数据"选项卡→"排序和筛选"选项组→"升序"或"降序"按钮,如图 6-61 所示。升序是对单元格区域中的数据按照从小到大的顺序排列,最小值放在列的顶端。降序则与之相反。

用户还可以通过选择"开始"选项卡→"编辑"选项组→"排序和筛选"按钮下的命令进行升序或降序排序。

对于稍复杂一些的排序,用户可以进行自定义排序,选择单元格区域后,依次选择"数据"选项卡→"排序和筛选"选项组→"排序"按钮,在弹出的"排序"对话框中设置排序关键字,如图 6-62 所示。

图 6-61　"升序"和"降序"按钮　　　　　　图 6-62　"排序"对话框

当用户只选择数据区域中的部分数据进行排序时,Excel 2019 将弹出"排序"提醒对话框,如图 6-63 所示。用户可在该对话框中通过选项决定排序的数据区域,如图 6-64 所示。

语文	数学	英语	物理	计算机	总成绩
96	88	99	87	80	450
98	87	81	90	87	443
78	96	89	91	88	442
90	87	86	97	81	441
79	88	90	93	90	440
78	88	90	91	90	437
69	76	98	95	94	432
96	76	81	92	78	423
90	82	92	86	65	415
90	80	95	85	65	415

图 6-63　"排序提醒"对话框　　　　　　图 6-64　按照总成绩由高到低"降序"排序

Excel 还提供了自定义排序的功能。通过内置的自定义列表,可以按照一周的天数或一年中的月份对数据排序。或者,可以为不适合按字母顺序排序的条目创建自定义列表以按其他特征进行排序,例如高、中和低,或者 S、M、L、XL。

下面通过自定义列表,使用内置的自定义列表按一周的天数或一年中的月份对图 6-65 中的数据进行排序。

▲	A	B	C	D	E
1	苹果 ▼	葡萄 ▼	猕猴桃 ▼	交货 ▼	优先级 ▼
2	1900	500	4400	二月	高
3	340	4205	2200	六月	低
4	500	675	5050	六月	低
5	1200	1500	9009	三月	高
6	220	400	3030	一月	高
7	730	550	8008	二月	中
8	5000	1010	1111	八月	高
9	890	800	7017	十二月	低
10	670	3050	6036	八月	中
11					

图 6-65　使用自定义列表排序

操作步骤如下。

① 选择要进行排序的列。注意：为了获得最佳效果，每列应有一个标题。

② 在功能区中，单击"数据"→"排序"按钮，如图 6-66 所示。

③ 在"排序"对话框的"排序依据"下拉列表中，选择需要进行排序的列，如图 6-67 所示。

图 6-66　单击"排序"按钮　　　　　　　　　　　图 6-67　选择排序依据

④ 如果想要按交付日期对上述示例重新排序，请在"排序依据"下选择"交货"。

⑤ 从"顺序"下拉列表中，选择"自定义列表"，如图 6-68 所示。

⑥ 在"自定义序列"对话框中，选择所需的列表，然后单击"确定"按钮以对工作表进行排序，如图 6-69 所示。

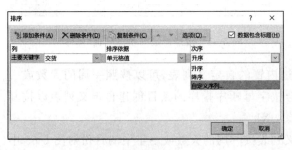

图 6-68　选择自定义列表　　　　　　　　　　　图 6-69　"自定义序列"对话框

6.5.2　数据筛选

筛选是从无序繁多的数据清单中找出符合指定条件的数据，并隐藏无用数据，从而帮助用户快速准确地查找并显示有用数据。Excel 2019 提供了"自动筛选"和"高级筛选"功能。

1. 自动筛选

自动筛选是简单快速的条件筛选。依次选择"数据"选项卡→"排序和筛选"选项组→"筛选"按钮，就可以在所选单元格中显示"筛选"按钮▽，用户可以单击该按钮，在下拉列表中选择"筛选"选项。用户也可以通过快捷键 Ctrl＋Shift＋L 或者选择"开始"选项卡→"编辑"选项组→"排序与筛选"按钮→"筛选"命令来进行自动筛选。

2. 高级筛选

要使用"高级筛选"，必须先建立筛选条件区域，该区域用来指定筛选出的数据必须满足的条件。由于筛选条件区域和数据清单共处同一个工作表中，所以它们之间至少要由一个空行或空列隔开。筛选条件区域类似于一个只包含条件的数据清单，由两部分构成：条件列标题和具体筛选条件，其中首行包含的列标题必须拼写正确，与数据清单中的对应列标题一致，具体条件区域中至少要有一行筛选条件。条件区域中"列"与"列"的关系是"与"的关系（即"并且"的关系），"行"与"行"的关系是"或"的关系（即"或者"的关系）。选择"数据"选项卡→"排序和筛选"选项组→"高级"按钮，在打开的"高级筛选"对话框（图 6-70）中设置"列表区域"和"条件区域"，筛选后的结果如图 6-71 所示。如果用户想清除筛选操作，显示全部数据，可以选择"排序和筛选"选项组中的"清除"命令。

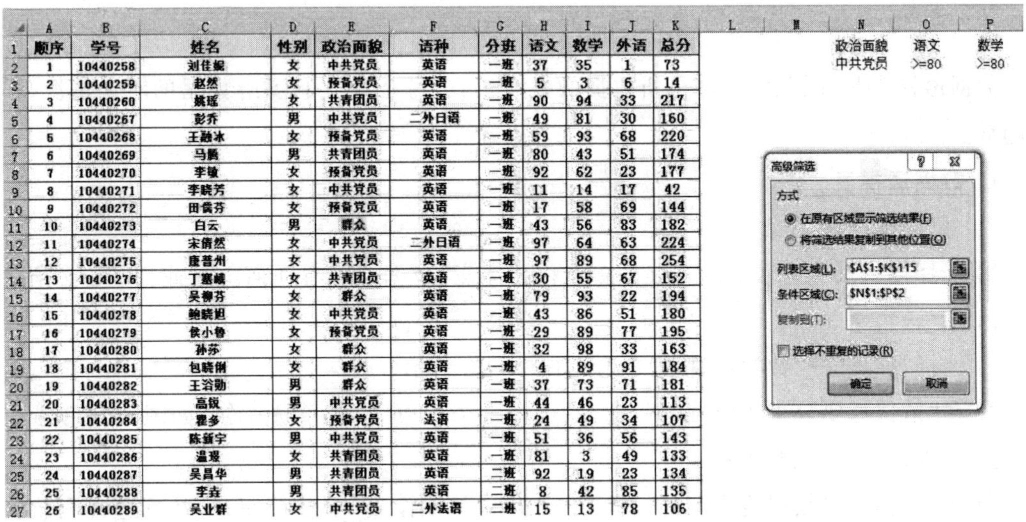

图 6-70　"高级筛选"对话框

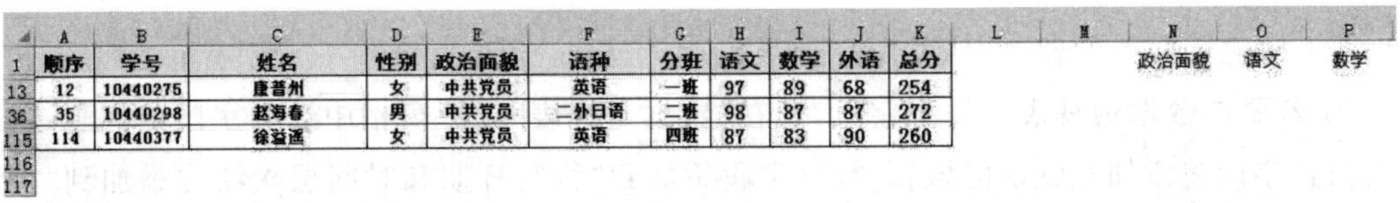

图 6-71　利用"高级筛选"筛选出政治面貌是党员且语文与数学成绩均大于等于 80 分的数据

6.5.3 分类汇总

Excel 的分类汇总功能,可以帮助用户快速有效地完成数据的统计分析工作。

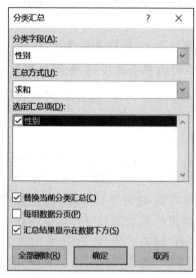

图 6-72 "分类汇总"对话框

在进行分类汇总之前,首先需要对数据进行排序,然后选择数据区域的任意单元格,选择"数据"选项卡→"分级显示"选项组→"分类汇总"按钮,在弹出的"分类汇总"对话框中设置各选项,如图 6-72 所示。

嵌套分类汇总是对汇总后的数据再汇总。首先将数据区域进行排序,选择"数据"选项卡→"分级显示"选项组→"分类汇总"按钮,在弹出的"分类汇总"对话框中设置各选项,单击"确定"按钮。然后再单击"分类汇总"按钮,在弹出的"分类汇总"对话框中重新设置各选项,并取消勾选项"替换当前分类汇总",单击"确定"按钮。用户如果想删除工作表中的分类汇总,可以单击"分类汇总"对话框中的"全部删除"按钮。

6.5.4 数据透视表与数据透视图

数据透视表是计算、汇总和分析数据的强大工具,可帮助人们了解数据的对比情况、模式和趋势。

1. 数据透视表

(1)创建数据透视表

① 选择要据其创建数据透视表的单元格。注意:数据不应有任何空行或列。它必须只有一行标题。

② 选择"插入"→"数据透视表"选项,如图 6-73 所示。

③ 在"请选择要分析的数据"下,选择"选择一个表或区域"单选按钮,如图 6-74 所示,在"表/区域"中验证单元格区域。

④ 在"选择放置数据透视图的位置"下,选择"新工作表"单选按钮,将数据透视图放置在新工作表中;或选择"现有工作表"单选按钮,然后选择要显示数据透视表的位置,单击"确定"按钮。

(2)构建数据透视表

① 若要向数据透视表中添加字段,请在"数据透视表字段"窗格中选中字段名称复选框。注意所选字段将添加至默认区域:非数字字段添加到"行",日期和时间层次结构添加到"列",数值字段添加到"值"。

② 若要将字段从一个区域移到另一个区域,请将该字段拖到目标区域,如图 6-75 所示。

图 6-73　"插入"→"数据透视表"　　图 6-74　"请选择要分析的数据"→　　图 6-75　数据透视表字段
"选择一个表或区域"

（3）筛选数据透视表中的数据

① 在数据透视表中选择单元格。单击"分析"→"插入切片器" 按钮。

② 选择要为其创建切片器的字段，单击"确定"按钮。

③ 选择要在数据透视表中显示的项目。

（4）数据透视表中的字段列表

单击数据透视表中的任意位置时，应显示字段列表。如果在数据透视表内单击，但看不到字段列表，可单击数据透视表中的任意位置以将其打开。然后，在功能区上显示"数据透视表工具"，单击"分析"→"字段列表"选项，如图 6-76 所示。

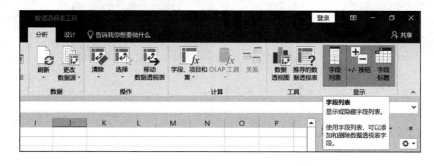

图 6-76　"分析"→"字段列表"

"字段列表"包含一个字段部分（可以在其中选择要在数据透视表中显示的字段），以及"区域"部分（在底部）（可以按所需的方式排列这些字段），如图 6-77 所示。如果要更改节在字段列表中的显示方式，可单击"工具"按钮 ，然后选择所需的布局，如图 6-78 所示。使用字段列表的字段部分将字段添加到数据透视表，方法是选中"字段名称"旁边的框以将这些字段放在字段列表的默认区域中。

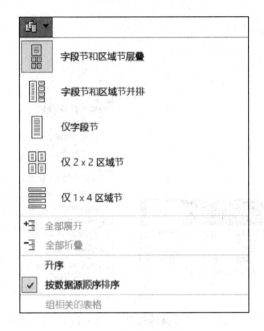

图 6-77　数据透视表字段　　　　　　　　　图 6-78　选择布局

注意：通常，非数值字段将添加到"行"区域，数值字段将添加到"数值"区域，而联机分析处理（OLAP）日期和时间层次结构将添加到"列"区域。

使用字段列表的区域部分（在底部），通过在四个区域之间拖动字段来按所需方式重新排列字段。

数据透视表中将显示放置在不同区域中的字段，如下所示。

筛选区域字段显示为数据透视表上方的顶级报表筛选器，如图 6-79 所示。

列区域字段在数据透视表顶部显示为列标签，如图 6-80 所示。根据字段的层次结构，列可以嵌套在较高位置的列中。

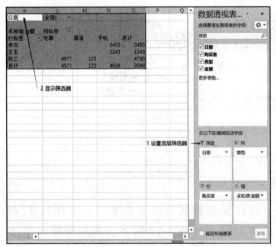

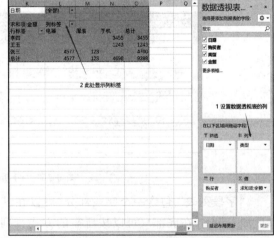

图 6-79　报表筛选器　　　　　　　　图 6-80　列区域字段在数据透视表顶部显示为列标签

行区域字段显示为数据透视表左侧的行标签，如图 6-81 所示。根据字段的层次结构,行可以嵌套在较高位置的行中。

值区域字段在数据透视表中显示为汇总数字值,如图 6-82 所示。

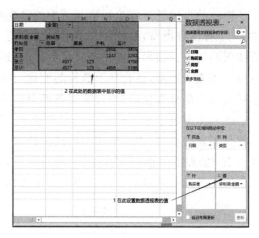

图 6-81　行区域字段显示为数据透视表左侧的行标签　　图 6-82　值区域字段在数据透视表中显示为汇总数字值

如果一个区域中有多个字段,则可以通过将字段拖动到所需的精确位置来重新排列顺序。如果要删除某个字段,可将该字段拖出区域节。

2. 数据透视表

有时,当原始数据尚未汇总时,很难看到大图片。例如,在不是每个人都可以查看表中的数字的条件下,快速查看正在进行的操作,可通过数据透视图向数据添加数据可视化。图 6-83 是家庭开支数据,图 6-84 是其对应的数据透视图。

月份	类别	金额
一月	交通	$74.00
一月	日用杂货	$235.00
一月	日常开销	$175.00
一月	娱乐	$100.00
二月	交通	$115.00
二月	日用杂货	$240.00
二月	日常开销	$225.00
二月	娱乐	$125.00
三月	交通	$90.00
三月	日用杂货	$260.00
三月	日常开销	$200.00
三月	娱乐	$120.00

图 6-83　家庭开支数据

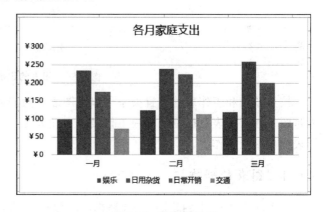

图 6-84　数据透视图

（1）创建数据透视图

在表格中选择一个单元格。选择"插入"→"数据透视图" ，单击"确定"按钮。

（2）从数据透视表创建图表

在表格中选择一个单元格,选择"数据透视表工具"→"分析"→"数据透视图" 。选择图表,单击"确定"按钮。

6.6 Excel 图表应用

图表的作用就是将单元格区域中的数据更加形象直观地显示出来。Excel 2019 为用户提供了 11 种图表类型,每种图表类型又包含若干个子类型,其中较为常用的图表类型为柱形图、折线图和饼图。柱形图以长条显示数据值,适合显示数据间的差异;折线图将同一数据系列表示成点用直线连接,适合显示数据的变化与变化趋势;饼图将一个圆划分为若干个扇形,每个扇形代表一部分数据值,适合显示各部分的大小和各部分在总和中的比例。

图表由图表区和图表区中的对象组成,图表对象包括标题、图例、坐标轴和数据系列等。标题是图表的名称;图例是用不同的颜色或形状标识不同的数据系列;坐标轴分分类轴(水平轴或 X 轴)和数值轴(垂直轴或 Y 轴);数据系列是在图表中绘制的相关数据标记,来源于工作表中的一行或一列数值数据。图表的组成如图 6-85 所示。

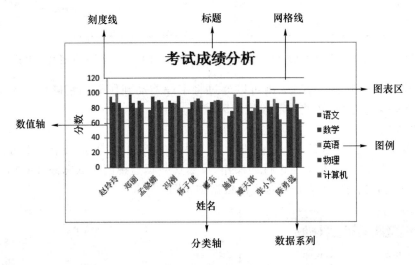

图 6-85 图表的组成

按照图表和工作表的位置关系可以把图表分为嵌入式图表和图表工作表两类。嵌入式图表是图表和工作表数据位于同一工作表中。图表工作表是图表位于单独的工作表中,即一张图表构成整个工作表。

6.6.1 图表的创建

在 Excel 2019 中创建图表,选择相应的数据区域后,可以选择"插入"选项卡→"图表"选项组中的按钮;也可以选择"插入"选项卡→"图表"选项组→"创建图表" 按钮,在弹出的"插入图表"对话框中选择需要的图表类型,如图 6-86 所示。

Excel 2019 中新添了漏斗图,漏斗图显示流程中多个阶段的值。例如,可以使用漏斗图来显示图 6-87 中每个阶段的数值。

首先设置数据,将一列用于流程中的阶段,一列用于值。

然后选择数据 A1:B5,插入漏斗图,如图 6-88 所示。双击图表还可以可设置图表区格式(图 6-89)。在"图表工具"→"设计"选项卡的"图表样式"组中选择不同的选项可修改图表的设计和格式(图 6-90),生成最终的漏斗图表(图 6-91)。

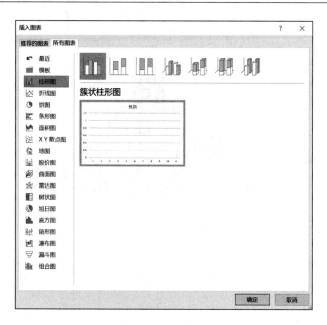

图 6-86　"插入图表"对话框

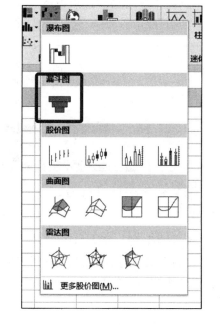

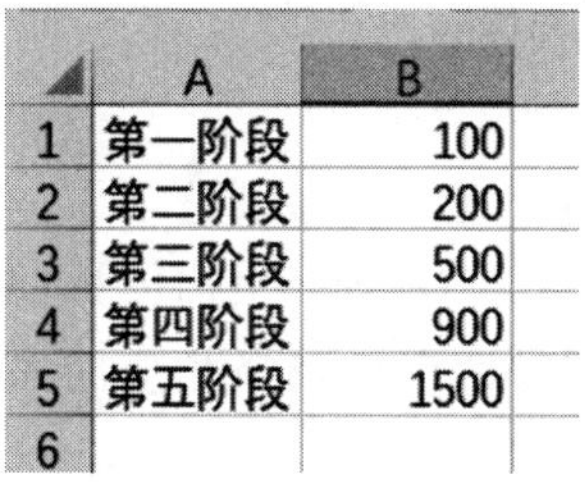

图 6-87　漏斗图数据设置

图 6-88　插入漏斗图

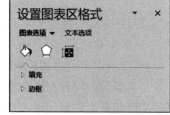

图 6-89　设置图表区格式

图 6-90　选择图标的设计与格式

图 6-91　漏斗图表

6.6.2　图表的编辑

在创建好图表之后,为了使图表更加美观,还可以对图表进行编辑。

1. 调整图表位置

在 Excel 2019 中,默认情况下图表为嵌入式图表,用户还可以将图表放在单独的工作表中。选择"图表工具"选项→"设计"选项卡→"位置"选项组→"移动图表"按钮,在弹出的"移动图表"对话框中选择图表位置,如图 6-92 所示。

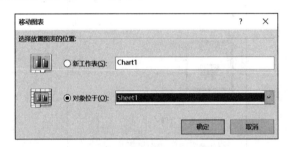

图 6-92　"移动图表"对话框

2. 更改图表类型

图表创建之后,用户可以更改图表的类型。方法如下:选择图表后,选择"插入"选项卡→"图表"选项组中所需的图表类型按钮;也可以选择图表后,选择"图表工具"选项→"设计"选项卡→"类型"选项组→"更改图表类型"按钮,在弹出的"更改图表类型"对话框中选择相应的图表类型,如图 6-93 所示。

3. 编辑图表数据

图表创建之后,用户常常需要添加或删除图表数据。添加数据用户可以选择图表,这时工作表中的数据区域自动以蓝色边框显示,将鼠标指针放在数据区域的控制点上,拖动鼠标便可增加数据区域,或者选择"图表工具"选项→"设计"选项卡→"数据"选项组→"选择数据"按钮,在弹出的"选择数据源"对话框(图 6-94)中选择数据区域。删除数据用户只需选择工作表中相应的数据区域,按 Delete 键,这时图表中的数据序列也一并删除。

此外,用户还可以通过选择"图表工具"选项→"设计"选项卡→"添加图表元素"选项组下的按钮来编辑图表、坐标轴的标题以及图例的位置等,如图 6-95 所示。

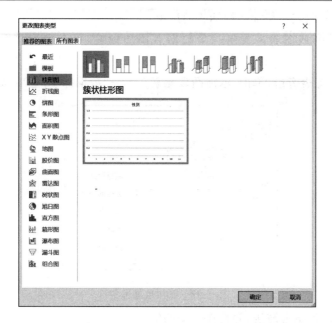

图 6-93　"更改图表类型"对话框

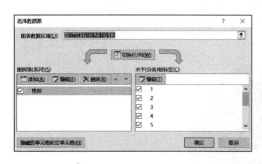

图 6-94　"选择数据源"对话框

图 6-95　"图表工具"选项"布局"选项卡"标签"选项组

　　数据标签使图表更易于理解,因为它们显示数据系列或其单个数据点的详细信息。例如,在图 6-96 所示的饼图中,没有数据标签会很难辨别咖啡占总销售额的 38%。根据要在图表上突出显示的内容,可以向一个系列、所有系列(整个图表)或一个数据点添加标签。

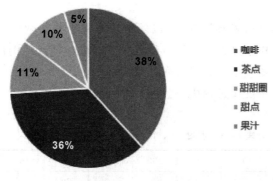

图 6-96　数据标签

下面详细介绍向图表中添加数据标签的过程。

① 单击数据系列或图表。要向一个数据点添加标签,可在单击该系列之后单击该数据点。

② 在右上角的图表旁边,单击"添加图表元素" ➕→"数据标签"选项,如图 6-97 所示。

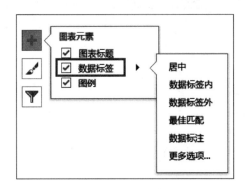

图 6-97 添加数据标签

③ 要更改位置,可单击箭头,并选择一个选项。

④ 若要在文本气泡形状内部显示数据标签,则单击"数据标注"选项,结果如图 6-98 所示。

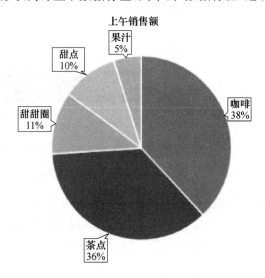

图 6-98 数据标注

4. 添加趋势线

Excel 图表还有一定的分析预测功能,以便用户能从中发现数据运动规律并预测未来趋势,其中趋势线是一般工作中经常会用的一种方法。趋势线可以帮助用户更好地观察数据的发展趋势,虽然趋势线与图表中的数据系列有关联,但趋势线并不表示该数据系列的数据。

例如,为研究某一化学反应过程中,温度 $x(℃)$ 对产品得率 $Y(\%)$ 的影响,测得数据如表 6-13 所示。

表 6-13 温度 $x(℃)$ 对产品得率 $Y(\%)$ 的影响

温度 $x/℃$	100	110	120	130	140	150	160	170	180	190
得率 $Y(\%)$	45	51	54	61	66	70	74	78	85	89

试利用散点图法画出温度与得率的线性趋势线。

首先将数据录入 Excel 表中,如图 6-99 所示。

	A	B
1	温度	得率（%）
2	100	45
3	110	51
4	120	54
5	130	61
6	140	66
7	150	70
8	160	74
9	170	78
10	180	85
11	190	89

图 6-99　按列录入数据

选择"插入"选项卡"图表"组中的"散点图"选项,如图 6-100 所示。

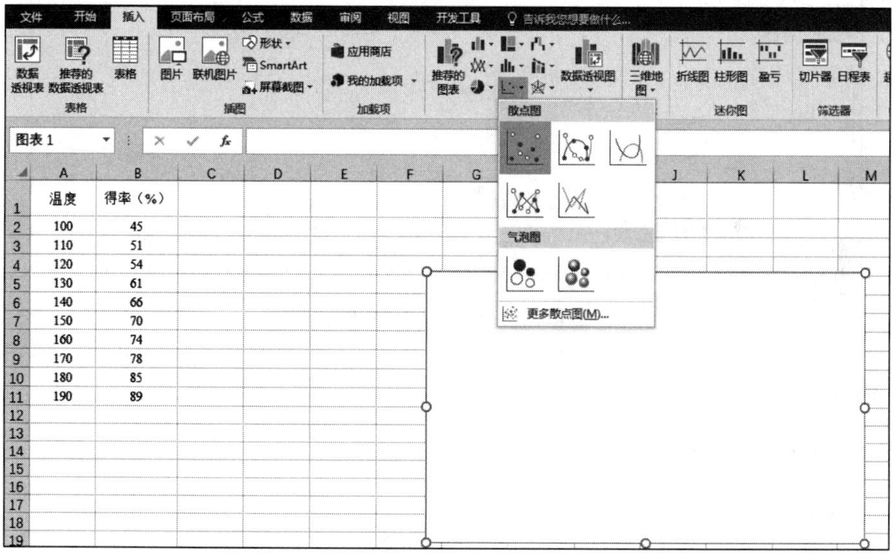

图 6-100　单击插入散点图工具

选择"图表工具"中的"设计"选项卡,然后单击"数据"组的"单击数据"选项,并单击本例中的数据范围:＄A＄1:＄B＄11,如图 6-101 所示。

选择"图表达式工具"中的"设计"选项卡,然后单击"图表布局"组中的"添加图表元素"选项,再单击"趋势线"中的"其他趋势线选项",如图 6-102 所示。在设置趋势线格式中,单击"线性"单选按钮;趋势线名称设置为"散点图分析法";选中"显示公式"和"显示 R 平方值"复选框,如图 6-103 所示。在散点图中,出现线性趋势线和拟合度 $R^2 = 0.9963$,如图 6-104 所示。

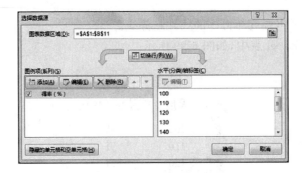

图 6-101　选择数据源

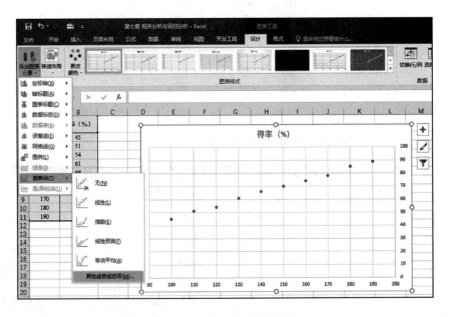

图 6-102　插入散点图趋势线

图 6-103　显示线性回归方程与拟合度

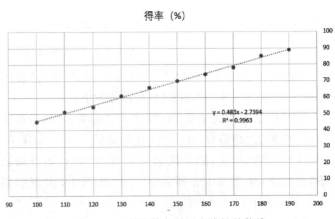

图 6-104　利用散点图画出线性趋势线

练 习 题

一、选择题

1. Excel 的主要功能不包括(　　　)。

A. 制作表格　　　　B. 分析管理数据　　C. 文字处理　　　　D. 生成图表

2. Excel 2019 环境中,用来存储并处理工作表数据的文件称为(　　　)。

A. 单元格　　　　　B. 工作区　　　　　C. 工作表　　　　　D. 工作簿

3. 一个工作簿中有两个工作表和一个图表,如果要将它们保存起来,将产生(　　　)个文件。

A. 1　　　　　　　B. 2　　　　　　　C. 3　　　　　　　D. 4

4. 如果要在工作表的第 B 列和第 C 列中间插入一列,应选中(　　　),然后再进行有关的操作。

A. B 列　　　　　　B. C 列　　　　　　C. B 列和 C 列　　　D. 任意列

5. 用户需要在 Excel 单元格里输入"010857818"这个数字时,需要在数字前加(　　　)。

A. 英文分号";"　　　B. 0　　　　　　　C. 英文单引号"'"　　D. "0"和空格

6. 当含有公式的单元格中出现"♯DIV/O!"时,表示(　　　)。

A. 公式被零(0)除　　　　　　　　　B. 单元格引用无效

C. 无法识别　　　　　　　　　　　　D. 使用错误的参数

7. 若在 Excel 的单元格中出现"♯♯♯♯♯",则需要(　　　)。

A. 删除这些符号　　　　　　　　　　B. 调整单元格宽度

C. 重新输入　　　　　　　　　　　　D. 删除该单元格

8. 在 Excel 中,各运算符号的优先级由高到低顺序为(　　　)。

A. 算术运算符、比较运算符、文本运算符和引用运算符

B. 文本运算符、算术运算符、比较运算符和引用运算符

C. 引用运算符、算术运算符、文本运算符、关系运算符

D. 比较运算符、算术运算符、引用运算符、文本运算符

9. 在 Excel 工作表中,每个单元格都有唯一的编号(叫作地址),地址的使用方法是(　　　)。

A. 字母+数字　　B. 列标+行号　　　C. 数字+字母　　　D. 行号+列标

10. 在 Excel 中,如果没有预先设定整个工作表的对齐方式,则文本数据自动以(　　　)方式存放。

A. 左对齐　　　　　B. 右对齐　　　　　C. 两端对齐　　　　D. 以上说法均不对

11. Excel 2019 中有多个常用的简单函数,其中函数 SUM(区域)的功能是(　　　)。

A. 求区域内数据的个数　　　　　　　B. 求区域内所有数字的平均值

C. 求区域内数字的和　　　　　　　　D. 返回区域内的最大值

12. Excel 2019 工作表中,单元格 A1、A2、B1、B2 的数据分别是 5、6、7、"AA",函数 AVERAGE(A1,B2)的值是(　　　)。

A. 5　　　　　　　B. 6　　　　　　　C. 7　　　　　　　D. AA

13. 用绝对地址引用的单元在公式复制中目标公式会（　　）。

　A. 不变　　　　　　　　B. 变化　　　　　　C. 列地址变化　　　　D. 行地址变化

14. 假设在 A3 单元格存有一公式为 SUM(B＄2：C＄6)，将其复制到 B20 后，公式变为（　　）。

　A. SUM(B＄22：B＄26)　　　　　　　B. SUM(D＄2：E＄6)

　C. SUM(B＄2：C＄6)　　　　　　　　D. SUM(C＄2：D＄6)

15. 某公司要统计部门人员工资情况，按工资从高到低排序，若工资相同，以工龄降序排列，则以下做法正确的是（　　）。

　A. 关键字为"部门"，次关键字为"工资"，第三关键字为"工龄"

　B. 关键字为"工资"，次关键字为"工龄"，第三关键字为"部门"

　C. 关键字为"工龄"，次关键字为"工资"，第三关键字为"部门"

　D. 关键字为"部门"，次关键字为"工龄"，第三关键字为"工资"

二、填空题

1. 在 Excel 中，设定单元格 Al 的数字格式为整数，当输入"5.49999"时，显示为＿＿＿＿＿＿。

2. 在 Excel 中输入公式时必须以＿＿＿＿＿＿开始。

3. 在 Excel 操作中，假设 A1、B1、C1、D1 单元分别为 2、3、7、3，则 SUM(A1：C1)/D1 的值为＿＿＿＿＿＿。

4. 在 Excel 操作中，假设在 B5 单元格中存有一公式为 COUNT(B2：B4)，将其复制到 D5 后，公式将变成＿＿＿＿＿＿。

5. 运算符对公式中的元素进行特定类型的运算，Excel 包含四种类型的运算符：算术运算符、比较运算符、文本运算符和引用运算符，其中符号"："属于＿＿＿＿＿＿。

三、简答题

1. 简述 Excel 中工作簿、工作表、单元格的概念。

2. 什么是活动单元格？什么是当前单元格？

3. 在 Excel 2019 中如何调整列宽和行高？有哪几种方法？

4. 在 Excel 中，"删除"命令和"清除"命令有什么不同？

5. 单元格引用主要包括哪几种类型？每种类型具有什么特点？

第7章 PowerPoint 2019 文稿演示工具

7.1 初识 PowerPoint 2019

7.1.1 PowerPoint 2019 的基本概念和功能

在当今的信息社会中,有效地交流信息是成功的基础。PowerPoint 演示文稿制作软件可以有效地帮助使用者清晰、简明地表达自己的想法,同时提供了一种易于使用和操作的工具,使表现方式更具专业水准。

通常,人们把 PowerPoint 制作出来的各种演示文件统称为"演示文稿"。所谓"演示文稿",就是人们在介绍自身或组织情况、阐述计划或观点时,向大家展示的一系列材料。

学习 PowerPoint 时,"幻灯片"也是经常提到的一个概念,它和"演示文稿"的区别在于:利用 PowerPoint 制作出来的文档统称为"演示文稿",它是一个文件;而演示文稿中的每一页称为"幻灯片",幻灯片是演示文稿的独立放映单元。换句话说,演示文稿和幻灯片是整体与部分的关系。

PowerPoint 在日常工作和生活中有着广泛的应用,利用 PowerPoint 软件,能够方便快捷地制作出集文字、图片、图表、动画、声音以及视频剪辑等多媒体元素于一体的演示文稿(图 7-1),把所要表达的信息组织在一组图文并茂的画面中,用于介绍公司产品、展示学术成果、发表个人意见、部署任务计划等,常见功能如图 7-2 所示。

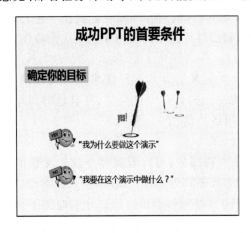

图 7-1 包含多种元素的幻灯片   图 7-2 PowerPoint 的常见功能

7.1.2 PowerPoint 2019 基本视图

能够以多种不同的视图模式进行方便的浏览和编辑,是 PowerPoint 的重要特色之一。视图是 PowerPoint 的重要概念,PowerPoint 能够以不同的视图方式显示演示文稿的内容,使演示文稿易于浏览、便于编辑。PowerPoint 2019 包含 7 种基本视图,分别是普通视图、大纲视图、幻灯片浏览视图、备注页视图、阅读视图、母版视图(幻灯片母版、讲义母版和备注母版)和幻灯片放映视图,不同视图的显示模式如图 7-3 所示。视图切换操作方法:选择"视图"选项卡,单击不同视图命令按钮可进行视图的切换,幻灯片放映视图通过幻灯片放映选项卡进行放映。在底部状态栏右侧有常见视图切换按钮 回 88 单 早 ,从左到右依次为普通视图、幻灯片浏览视图、阅读视图和幻灯片放映按钮。

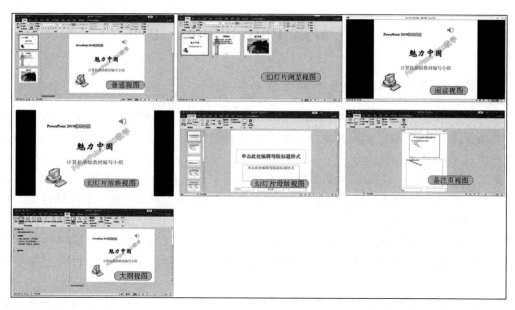

图 7-3　幻灯片各种视图

不同视图的特点如下。

1. 普通视图

普通视图是 PowerPoint 2019 最常用的视图模式,幻灯片的内容编辑在此视图下进行,该视图由幻灯片编辑窗格、备注页窗格(可显示或隐藏)和幻灯片缩略图窗格集成在一个视图中,既可以编辑幻灯片内容,也可以输入备注信息。

使用普通视图的幻灯片缩略图窗格,可以对演示文稿各幻灯片进行新建、选择、移动、复制、粘贴、删除等操作;使用幻灯片编辑窗格,可以查看每张幻灯片中的内容,并且能够对单张幻灯片进行编辑和修改;使用备注窗格,可以添加、编辑备注信息。

2. 幻灯片浏览视图

幻灯片浏览视图可查看缩略图形式的幻灯片,在该视图中,可以看到整个演示文稿的外观。在该视图模式下可以方便地进行幻灯片添加、移动或删除等操作,该视图模式在制作以及准备打印演示文稿时,可以轻松地对演示文稿的顺序进行排列和组织。幻灯片缩略图下方有 ★ 标识的,表示该张幻灯片包含动画;缩略图下方有时间标识的,如 00:02 ,表示该幻灯片可以通过时间控制切换。

3. 阅读视图

阅读视图用于用户自己在计算机上查看演示文稿,而非针对观众的放映演示的视图。如果用户希望在一个设有简单控件以方便审阅的窗口中查看演示文稿,而不想使用全屏的幻灯片放映视图,则可以在自己的计算机上使用阅读视图。如果要更改演示文稿内容,可随时从阅读视图切换至其他某个视图。

4. 幻灯片放映视图

在幻灯片放映视图的放映模式下(可参考 7.5 节演示文稿的放映),PowerPoint 工作界面中的标题栏、功能区和状态栏均隐藏起来,只剩下整张幻灯片的内容占满屏幕,这其实就是在计算机屏幕上放映幻灯片时的效果。

5. 母版视图

母版视图包括幻灯片母版视图、讲义母版视图和备注母版视图。它们是存储有关演示文稿信息的主要幻灯片,其中包括背景、颜色、字体、效果、占位符大小和位置。使用母版视图的一个主要优点在于,在幻灯片母版、备注母版或讲义母版上,可以对与演示文稿关联的每张幻灯片、备注页或讲义的样式进行全局更改。

6. 备注页视图

在备注页视图中,可以输入演讲者的备注。该视图中,幻灯片缩略图的下方是备注页方框,可以单击该方框输入备注信息。当然,用户也可以在普通视图中输入备注信息,但相对来讲,在备注页视图中更突出便于备注信息的编辑。

如果在备注页视图中无法看清楚输入的备注信息,可以选择"视图"选项卡中的"显示比例"命令,设置一个较大的显示比例即可。

7. 大纲视图

大纲视图和普通视图接近,其区别在于普通视图的幻灯片缩略图窗格替换成了大纲窗格。大纲窗格显示演示文稿每张幻灯片的大纲结构,大纲内容只显示文字,不显示图片。

7.2　演示文稿的创建和内容编辑

熟悉了 PowerPoint 的工作环境和基本视图以后,就可以在此基础上学习应用 PowerPoint 软件对演示文稿进行基本操作了。通过本节的学习,读者将学会如何创建一个空白演示文稿,如何对该演示文稿进行各类对象的插入以及常用的编辑操作。本章 PowerPoint 操作方法的讲述将主要围绕演示文稿"魅力中国"的制作过程展开,通过案例教学,能为读者带来更为具体直观的认识,便于看到操作效果。

7.2.1　演示文稿的创建和保存

创建演示文稿是添加演示文稿内容的前提和基础,因此,下面首先来学习如何创建一个演示文稿。使用 PowerPoint 2019 创建演示文稿,就是新建一个以".pptx"为扩展名的 PowerPoint 文件。本节介绍 PowerPoint 2019 的两种常见创建演示文稿的方法,即创建空白演示文稿、利用模板和主题创建。

1. 创建空白演示文稿

空白演示文稿由不带任何模板设计但带有布局格式的空白幻灯片组成,是使用最多的创建演示文稿的方式。用户可以在空白的幻灯片上设计出具有鲜明个性的背景色彩、配色方案、文本格式和图片等对象,创建具有自己特色的演示文稿。

创建空白演示文稿,操作步骤比较简单,其方法见例 7-1。

【例 7-1】　使用"创建空白演示文稿"的方法创建一个演示文稿,幻灯片版式采用"标题幻灯片",将演示文稿保存为"魅力中国"。

方法一:启动 PowerPoint 2019,出现图 7-4 所示的新建演示文稿界面。在该界面中选择"空白演示文稿",即可新建一个空白演示文稿。

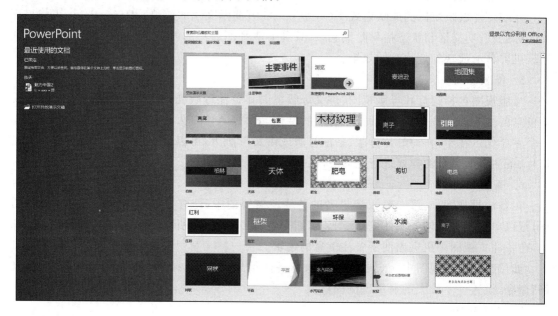

图 7-4　新建演示文稿(1)

方法二:在 PowerPoint 2019 打开状态下,单击快速启动工具栏中的"新建"命令,即可创建一个空白演示文稿。

方法三:在 PowerPoint 2019 打开状态下,选择"文件"选项卡,在左侧区域选择"新建"命令,在该界面中选择"空白演示文稿",即可新建一个空白演示文稿。

2. 利用模板和主题创建

使用 PowerPoint 2019 提供的各类模板和主题创建演示文稿,可以形成不同的风格和样式,包括背景、装饰图案、文字布局及颜色等。PowerPoint 2019 为用户提供了多类模板和主题,用户可以根据需要自由选择。例 7-2 中介绍两种利用模板创建演示文稿的方法:一是利用 Office 自带的主题创建,二是利用 Microsoft Office Online 下载模板和主题创建。

(1)利用 Office 自带的主题创建

幻灯片主题是指对幻灯片中的标题、文字、背景等项目设定的一组配置,使用主题可为用户快速建立具有某种统一格式的演示文稿。

【例 7-2】　使用"主题"创建一个空白演示文稿。

操作步骤:如图 7-5 所示,除了"新建空白演示文稿"外,其余的幻灯片缩略图均为安装 PowerPoint 2019 时软件自带的主题。在该窗口中单击某个"主题"样式,即可创建该主题的空白演示文稿。

(2)利用 Microsoft Office Online 下载模板和主题创建演示文稿

【例 7-3】　使用 Office Online 下载模板和主题创建一个演示文稿。

PowerPoint 2019 提供了丰富的在线模板,该类模板必须在计算机联网状态下才能使用。在"文件"选项卡中选择"新建"命令,如图 7-6 所示,在该窗口中可通过联机模板和主题搜索框,搜索适合于本演示文稿内容的主题或模板,例如输入"演讲",然后按回车键,可搜索出演讲类模板,如图 7-6 所示。也可单击搜索框下面的主题和模板类别按钮,在出现的列表中选择适合的主题和模板,单击"下载"按钮进行模板下载。

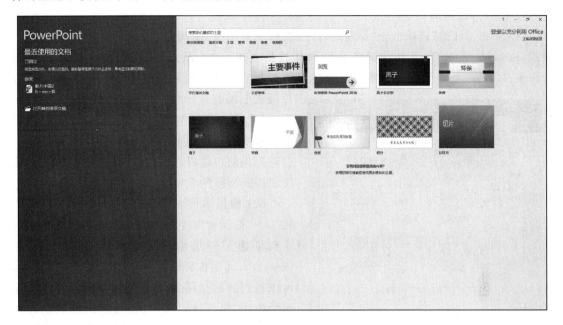

图 7-5　新建演示文稿(2)

图 7-6　Microsoft Office Online 模板

7.2.2　幻灯片基本操作

前面介绍了创建一个空白演示文稿的方法,本节介绍如何为此演示文稿继续添加新的幻灯片,或者移动、复制、删除已经存在的幻灯片,以及如何更改幻灯片版式。

【例 7-4】　应用 7.2.1 节介绍的方法创建一个空白演示文稿后,为其添加新的幻灯片,版式为"标题和内容",移动某些幻灯片重新排列顺序,将某些幻灯片进行复制,删除不再需要的幻灯片,如果需要,更改幻灯片版式。

1. 幻灯片的添加

(1) 单击"开始"选项卡→"新建幻灯片"图标下方箭头,出现图 7-7 所示的"新建幻灯片"版式,PowerPoint 2019 为用户提供了 11 种版式供选择。这些版式不包含任何背景图案,但包含许多占位符。占位符是指创建幻灯片时出现的带有虚线边缘的框(图 7-7),绝大部分幻灯片版式中都有这种框,在框内可以填入标题、文字、图片、图表和表格等各种对象,用户可以按照占位符中的文字提示输入内容,也可以删除软件自动提供的占位符,通过"插入"选项卡中的功能按钮插入所需的文字、图像、表格、媒体等。

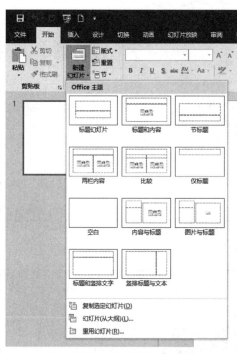

图 7-7　新建幻灯片

(2) 根据本例要求,在图 7-7 中的第二个版式——"标题和内容"上单击,即可在幻灯片窗口看到创建了一张相应版式的空白幻灯片。在 PowerPoint 工作界面左侧的幻灯片缩略图窗格,可以看到演示文稿的幻灯片由原来的一张增加到两张,在幻灯片窗口,可以对新添加的幻灯片进行编辑。对于新建其他版式幻灯片的操作,读者可自行练习。

当演示文稿有多张时,要在某一张幻灯片后面插入一张幻灯片,可单击该幻灯片将其转换为当前幻灯片,插入的新幻灯片将出现在当前幻灯片的后面。

2. 幻灯片的移动与复制

在普通视图下的幻灯片缩略图窗格或幻灯片浏览视图中,可以使用鼠标拖拽的方式将选中的幻灯片移动到任意位置。如果在拖拽的同时按住 Ctrl 键,鼠标的拖拽则意味着复制。也可以选择要进行操作的幻灯片,使用"开始"选项卡的"剪切"命令(快捷键 Ctrl+X),在目标位置选择"粘贴"命令(快捷键 Ctrl+V)完成移动;使用"开始"选项卡的"复制"命令(快捷键 Ctrl+C),在目标位置选择"粘贴"命令可完成复制。

3. 幻灯片的删除

在普通视图的幻灯片缩略图窗格或幻灯片浏览视图中,选中要删除的幻灯片并按 Delete 键。同时选择多张幻灯片,可借助于键盘上的 Ctrl 键(选择不连续幻灯片)或 Shift 键(选择连续幻灯片)。

除了以上介绍的对幻灯片进行新建、剪切、粘贴、复制和删除操作外,在普通视图的幻灯片缩略图窗格或幻灯片浏览视图中,还可以通过右键快捷菜单对幻灯片完成复制、剪切和粘贴等操作。

4. 更改幻灯片版式

如果对插入的幻灯片版式不满意,可以更改幻灯片版式。操作方法为:选中要修改的幻灯片,在"开始"选项卡下单击"版式"按钮,在所列的 11 种式中选择需要的版式。

7.2.3　添加和编辑文本

PowerPoint 提供了在幻灯片中插入对象的方法，可供输入的内容包括文本、图片、图表、表格、多媒体对象，以及各类嵌入式对象（如数学公式）等。本节介绍插入和编辑文本的方法，7.2.5 节介绍插入图片及多媒体对象的方法。PowerPoint 插入的对象类型多样，方法比较类似，通过本节文本对象及 7.2.5 节图像和媒体的插入编辑方法，读者可触类旁通，掌握 PowerPoint 插入一般对象的操作方法。

文本是幻灯片最基本的组成部分，合理地组织和编辑文本对象能使幻灯片更清楚地说明问题。PowerPoint 对文本的操作和 Word 对文本的操作基本相同，因此这里只作简要介绍。

【例 7-5】　为创建的演示文稿幻灯片添加和编辑文本。

（1）在例 7-1 创建空白演示文稿后，单击幻灯片中带有"单击此处添加标题"文字说明的虚框（占位符），如图 7-8 所示，该文字会被闪烁的光标所代替，此时就可以输入文字了。

（2）按照提示在占位符中输入主标题和副标题文本，如图 7-9 所示。

图 7-8　准备输入文字

图 7-9　输入文字

（3）除了利用 PowerPoint 2019 提供的占位符添加文字以外，还可以通过插入文本框的方式实现。操作方法：选择"插入"选项卡→"文本框"→"绘制横排文本框"/"竖排文本框"命令，如图 7-10 所示，鼠标指针形状变为↓，拖动鼠标设置文本框宽度/高度，松开鼠标在闪烁的光标处即可进行文本框文字的输入。本例中，选择横排文本框，在文本框中输入文字"PowerPoint 2019 教学案例"。

图 7-10　插入文本框

如果要设置文本格式，选中相应文本，选择"开始"选项卡，通过功能区的"字体"或"段落"组按钮进行文本"字体"或"段落"格式的设置，如设置文字的字体、字号、字体颜色及阴影效果等，工具按钮没有的功能也可通过单击"字体"或"段落"组的箭头，打开"字体"和"段落"对话框来进行更为具体的设置。对第一页幻灯片插入文本框并设置完字体格式的显示效果如图 7-11 所示。

（4）将该演示文稿保存为"魅力中国.pptx"，本章后续将在本案例基础上进一步丰富本演示文稿内容。

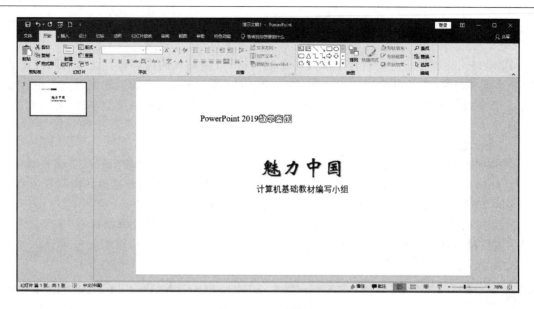

图 7-11　显示效果

7.2.4　项目符号和编号

项目符号和编号是幻灯片中的常用元素,使用项目符号和编号可以使幻灯片的层次结构更加清晰。

下面以演示文稿"魅力中国"为案例介绍项目符号和编号的使用方法。

【例 7-6】 向演示文稿"魅力中国"添加文本,并为该文本添加项目符号。

(1)打开例 7-5 保存过的演示文稿"魅力中国"。

(2)为了讲述方便,在图 7-11 的基础上,再添加一张新的幻灯片,幻灯片版式采用"标题和内容"(图 7-7 中的第二个版式),单击"确定"按钮,此时,PowerPoint 的工作界面如图 7-12 所示。

图 7-12　添加新幻灯片

（3）在幻灯片工作窗口按照图 7-13 所示的情况输入相应的文字。

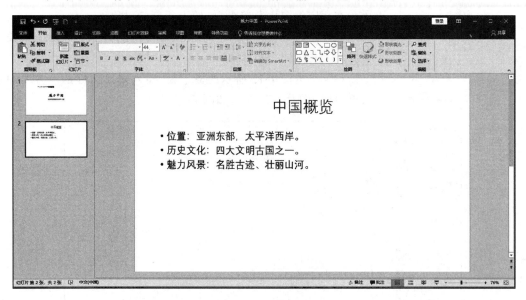

图 7-13　项目符号和编号示例

（4）"标题和内容"版式自动提供了输入项目列表的版式，因此输入图 7-13 中的文本，执行换行操作时，在各段最左端自动添加项目列表符号"·"。如果对默认项目符号不满意，可选择"开始"选项卡，单击段落组中的"项目符号"图标右侧的箭头 ☰▾，在项目符号库中选择一种新的样式。用户也可以定义新项目符号，操作方法：单击项目符号图标右侧的箭头 ☰▾，选择"项目符号和编号"命令。

（5）打开"项目符号和编号"对话框，如图 7-14 所示。用户可单击"图片"按钮选择图片型项目符号，或者"自定义"项目符号。

如果要设置编号，单击段落组中的编号按钮 ☷▾，选择所需的编号类型。

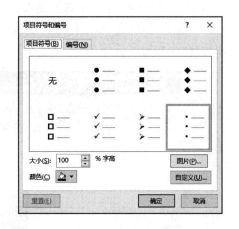

图 7-14　项目符号和编号

7.2.5　插入对象

除了文字信息，用户还可以为幻灯片添加表格、图像、插图、符号、媒体等对象，通过多种对象的搭配使用，使得幻灯片放映内容变得更加具体、生动，易于调动观众的兴趣。

【例 7-7】　给演示文稿"魅力中国"插入一张"标题和内容"版式的新幻灯片，标题设置为"魅力风景"，内容为故宫图片。同时，为第一张幻灯片插入一张计算机图片作为修饰，并为该演示文稿插入音乐《美丽中国》，在幻灯片播放时伴随音乐效果。

（1）在例 7-6 的基础上，打开演示文稿"魅力中国"。

（2）新建一张幻灯片，版式选择"标题和内容"。在此幻灯片的中心区域，有 6 种对象图标，将鼠标指针移动到相应的图标上时，会出现相应的提示，从左到右、从上到下依次为插入表

格、插入图表、插入 SmartArt 图形、插入来自文件的图片、剪贴画、插入媒体剪辑，如图 7-15 所

示。在相应的图标上单击，可插入相应的对象。

（3）通过百度（www.baidu.com）网站搜索，下载一张长城照片。

图 7-15　内容图标

（4）单击图 7-15 所示的提示为"插入来自文件的图片"图标，打开"插入图片"对话框，如图 7-16 所示。

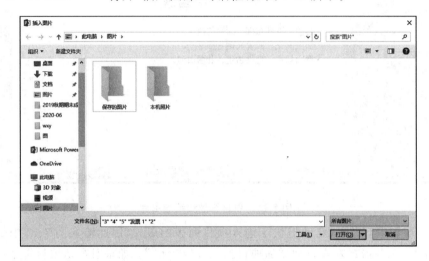

图 7-16　"插入图片"对话框

（5）在计算机中浏览到下载好的图片，单击"打开"按钮，图片出现在该幻灯片中，在标题框中输入"魅力风景"文字，如图 7-17 所示。本操作中图片的插入也可通过选择"插入"选项卡→"图片"命令按钮完成。

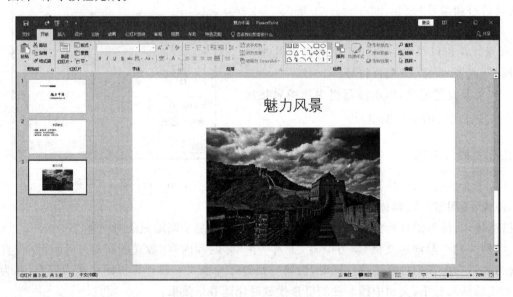

图 7-17　插入"来自文件"的图片

（6）选中图片，功能区出现"格式"选项卡对图片进行操作和设置，包括功能组"调整""图片样式""辅助功能""排列""大小"，以及相应的功能按钮等，如图 7-18 所示。

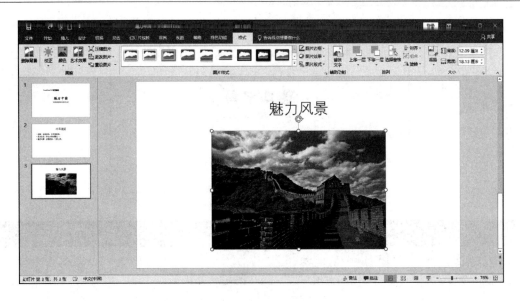

图 7-18　图片格式设置

（7）用同样的方法为第一张幻灯片插入一张计算机图片，效果如图 7-19 所示。

图 7-19　插入图片

（8）在幻灯片缩略图窗格单击第一张幻灯片，选择"插入"选项卡，如图 7-20 所示，单击"媒体"组中的"音频"按钮（图 7-20 最右侧"媒体"组中），打开"音频"文件浏览对话框。

图 7-20　"插入"选项卡

（9）选择存储在计算机中的音频文件《美丽中国》，单击"插入"按钮，幻灯片中出现音频控制按钮，如图 7-21 所示。

按钮 ▶ 控制"播放"/"暂停"，按钮 ◀ 控制"后退"，按钮 ▶ 控制"前进"，00:00.00 表示"时间进度"，按钮 🔊 控制"音量"。在图 7-21 所示的音频按钮选中的情况下，功能区出现"播放"选项卡对"音频"文件进行播放控制，如图 7-22 所示。

图 7-21　插入音频文件

图 7-22　音频控制按钮

使用该选项卡下的命令按钮,可完成如下播放设置:

- 若要在放映该幻灯片时自动开始播放音频剪辑,在"音频选项"组"开始"列表中选择"自动"。
- 若要通过在幻灯片上单击音频剪辑来手动播放,在"音频选项"组"开始"列表中选择"单击时"。
- 若要在演示文稿中单击切换到下一张幻灯片时继续播放音频剪辑,在"音频选项"组勾选"跨幻灯片播放"复选框。
- 要连续播放音频剪辑直至停止播放,在"音频选项"组勾选"循环播放,直到停止"复选框。
- 如果希望在幻灯片放映时不显示声音图标 ,可在"音频选项"组中,勾选"放映时隐藏"复选框。当然,也可把声音图标拖到幻灯片之外以达到目的。

备注:相对于之前的版本,PowerPoint 2019 增加了 3D 模型对象,营造视觉创意效果,可以 360°旋转,观察对象的各个角度。

7.2.6　演示文稿的页眉和页脚

"页眉和页脚"是指显示在幻灯片、讲义和备注页面顶部或底部的文本或数据,例如幻灯片编号、页码、日期等。应用场景举例:比如在演讲的时候,由于 PowerPoint 幻灯片数量很多,当想起重要页面要讲述时却忘记了是哪一张,这就需要添加"页眉和页脚"中的"幻灯片编号"来辅助。

如果在每张幻灯片中都使用相同的"页眉和页脚",不必在每张幻灯片或页面上都添加此类信息,只需使用 PowerPoint 中的"页眉和页脚"对话框添加一次,并把它应用于所有幻灯片即可。下面通过例子来学习页眉和页脚的使用方法。

【例 7-8】　在例 7-7 的基础上为演示文稿"魅力中国"添加幻灯片编号,以及页脚文字"魅力中国",显示在除首页之外的所有页上。

(1) 打开演示文稿"魅力中国.pptx",选择"插入"选项卡。

（2）单击"插入"选项卡下的"页眉和页脚"命令按钮，打开"页眉和页脚"对话框。

（3）按照本例要求，在"幻灯片"选项卡下，选中"幻灯片编号"和"页脚"复选框，在页脚文本框中输入"魅力中国"，选中"标题幻灯片中不显示"复选框，以保证本演示文稿首页不显示页眉和页脚信息，参数设置如图 7-23 所示。

图 7-23　"页眉和页脚"对话框

（4）单击"全部应用"按钮完成页眉和页脚设置，本例添加"页眉和页脚"后的效果如图 7-24 所示。

图 7-24　设置了"页眉和页脚"的演示文稿

备注：图 7-23 所示"页眉和页脚"对话框还包括幻灯片"日期和时间"选项，选中"日期和时间"复选框后，如果选择"自动更新"，则每次打开、打印或运行演示文稿时，日期和时间都会随计算机系统的日期和时间而更新；若要使用固定的日期和时间，则选择"固定"单选按钮，然后手动输入日期和时间。若要删除已添加的"页眉和页脚"，通过单击"复选框"将对应项目处于非选中状态即可。

7.3 演示文稿的修饰与美化

7.3.1 设置幻灯片背景

制作幻灯片的目的是增强感染力,所以选择一个赏心悦目的背景可以大大增强演示效果。幻灯片背景元素大致分为三类,可以以某种颜色作为背景,可以以图片作为背景,可以把图片、艺术字、文本框转化为水印效果作为背景。水印效果比较灵活,可以更改它在幻灯片上的大小和位置。作为水印效果,可以淡化图片或文字颜色,使其不会对幻灯片的内容产生干扰。

【例 7-9】 为例 7-8 中制作的演示文稿"魅力中国"添加合适的背景,要求在第一张幻灯片添加艺术字水印"PowerPoint 2019 教学"作为背景,第二张幻灯片添加一张"华表"图片背景,第三张幻灯片以渐变色颜色作为背景。

(1)打开例 7-8 编辑保存过的演示文稿"魅力中国",选中第一张幻灯片。

(2)在"插入"选项卡下"文本组"中单击"艺术字"按钮,在下拉列表中选择第三排最后一列艺术字效果"填充-白色,投影"。

(3)在文字提示框中输入"PowerPoint 2019 教学",当鼠标指针移到艺术字上方绿色小圆点 ⊕ 上时,鼠标变为 ↺ 形状,按住左键不放移动鼠标,将艺术字进行旋转,转到合适的位置松开鼠标。

(4)将鼠标指针移动到艺术字上,形状变为 ⊹ 时右击,在弹出的快捷菜单中选择"置于底层"命令,效果如图 7-25 所示。

(5)通过百度(www.baidu.com)网站进行图片搜索,下载一张"华表"图片。

(6)选中第二张幻灯片,在 PowerPoint 设计组中选择"背景样式"→"设置背景格式",打开"设置背景格式"窗格,依次选择"填充"→"图片或纹理填充"→"文件",浏览并插入网上下载的"华表"图片。

(7)此时,在幻灯片中可看到预览效果,为使图片不影响其他对象的显示,将图片透明度设置为 60%;如果位置不合适,可在"设置背景格式"对话框中调节上、下、左、右偏移量。单击"关闭"按钮。设置背景样式窗格如图 7-26 所示,设置完成之后的效果如图 7-27 所示。

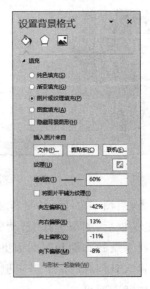

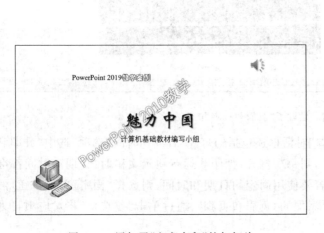

图 7-25 添加了"文字水印"的幻灯片   图 7-26 设置背景格式窗格

（8）选中第三张幻灯片，在 PowerPoint 设计组中选择"背景样式"→"设置背景格式"，在打开的"设置背景格式"对话框，依次选择"填充"→"渐变填充"→"预设颜色"→"顶部聚光灯-个性色 5"。单击"关闭"按钮，效果如图 7-28 所示。

备注：设置"渐变填充"中的各种参数说明如下。

① 预设颜色：提供 24 种系统预设的渐变填充颜色样式。

② 类型：用于指定进行渐变填充时使用的类型。

③ 方向：用于设置颜色和阴影的不同过渡方向，它受类型方式的限制，只有在线性、射线和矩形类型方式下才可以进行设置，且类型不同，方向不同。

④ 角度：用于指定在形状内旋转渐变填充的角度。

⑤ 渐变光圈：用于创建非线性渐变，渐变填充是由若干渐变光圈组成的。

⑥ 除此以外，还有位置、透明度和亮度参数选项。

图 7-27　插入图片背景效果图

图 7-28　设置背景颜色效果图

7.3.2　应用主题

PowerPoint 提供了多种设计主题，使用主题样式可以帮助用户轻松快捷地更改演示文稿的整体外观，幻灯片主题包含对幻灯片中的标题、文字、背景等项目设定的一组配置，应用主题统一风格的操作方法见例 7-10。

【例 7-10】　为演示文稿"魅力中国"应用主题进行修饰，主题类型选用"透明"。

（1）打开例 7-8 保存过的演示文稿（为使演示效果更为明显，使用设置背景前的演示文稿）。

（2）在"设计"选项卡的"主题"组中，单击要应用的文档主题，若要查看更多主题，在"设计"选项卡上的"主题"组中，单击"更多"按钮 ▽ ，如图 7-29 所示，读者可尝试选择其中的一些主题做一比较。

（3）单击某主题样式可以看到演示文稿的风格进行了统一化设置。

备注：若要设置某主题应用范围，可在该主题上右击，在弹出的快捷菜单中可以看到相应的命令。

- 应用于相应幻灯片：将所选的幻灯片主题应用于本演示文稿中的首尾幻灯片或中间幻灯片，取决于当前幻灯片的位置。
- 应用于所有幻灯片：将所选的幻灯片主题应用于本演示文稿中所有的幻灯片。
- 应用于选定幻灯片：将所选幻灯片主题只应用于用户选择的幻灯片。
- 设置为默认主题：将所选的幻灯片主题设置为默认的主题样式。

- 添加到快速访问工具栏：将主题列表添加到快速访问工具栏中。

图 7-29　在主题库中选择"透明"主题

7.3.3　使用母版

母版是指演示文稿中所有幻灯片的页面格式，记录所有幻灯片的布局信息，如用于存储有关演示文稿的主题（一组统一的设计元素，使用颜色、字体和图形设置文档的外观）和幻灯片版式（幻灯片上标题和副标题文本、列表、图片、表格、图表、自选图形和视频等元素的排列方式）的信息。使用幻灯片母版的主要优点是用户可以对演示文稿中的每张幻灯片进行统一的样式更改。

使用幻灯片母版时，无须在多张幻灯片上输入相同的信息，因此统一风格的同时节省了时间。PowerPoint 2019 提供了 3 种母版类型，即幻灯片母版、讲义母版和备注母版。其中幻灯片母版是最常用的母版，用于控制该演示文稿中所有幻灯片的格式。当对幻灯片母版格式设置后，演示文稿中基于该母版的幻灯片版式的幻灯片将应用该格式。讲义母版用于控制幻灯片以讲义形式打印的格式，备注母版主要供用户设置备注页面的格式。本节讲述最为常用的幻灯片母版视图的使用方法，见例 7-11。

【例 7-11】　使用例 7-8 保存的演示文稿，应用幻灯片母版视图为全部幻灯片统一添加"龙"的图片，统一修改第二张、第三张幻灯片标题格式。

（1）打开例 7-8 保存过的演示文稿"魅力中国"。

（2）选择"视图"选项卡，单击"母版视图"组中的"幻灯片母版"命令按钮，进入"幻灯片母版"视图。此时，PowerPoint 软件会自动添加"幻灯片母版"选项卡，如图 7-30 所示。

（3）进入母版视图后，左侧版式缩略图窗格出现了 PowerPoint 的各种母版版式，可以对这 11 种母版版式进行设置，包括添加内容、格式设置等。将鼠标指针移动到左侧版式缩略图窗格第一张幻灯片母版上，出现文字提示："Office 主题 幻灯片母版：由幻灯片 1-3 使用"，当前演示文稿共 3 页，应用于幻灯片 1-3 意味着应用于全部幻灯片。将鼠标指针移到左侧版式缩略图窗格第 2 张幻灯片版式上，出现文字提示："标题幻灯片 版式：由幻灯片 1 使用"。将鼠标指针移到左侧版式缩略图窗格第 3 张幻灯片版式上，出现文字提示："标题和内容 版式：由幻灯片 2-3 使用"。将鼠标指针移到左侧版式缩略图窗格第 3 张之后的幻灯片版式上,出现文字提示:"XX 版式:任何幻灯片都不使用",原因是本演示文稿没有使用与之相同版式的幻灯片。经由文字提示可知,修改幻灯片母版视图中第 1 张幻灯片可实现演示文稿中的 3 张幻灯片都改变,修改母版视图中第 3 张幻灯片的标题格式可实现第 2 张和第 3 张幻灯片的标题格式一同随之改变。

(4)通过百度的图片搜索功能从网上下载一张"龙"的图片,从幻灯片母版视图的左侧版式缩略图选中第 1 张母版,依次选择"插入"选项卡→"图片"按钮,浏览到下载的"龙"的图片并单击"插入"按钮,将插入的图片拖动到右上角。

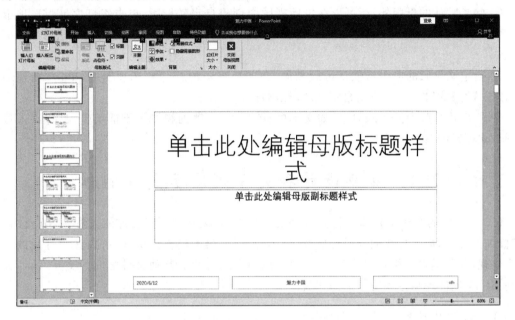

图 7-30 幻灯片母版

(5)选择左侧版式缩略图窗格的第 3 张幻灯片母版,选中标题文本框,单击"开始"选项卡,将标题字体格式改为"隶书""红色"字体,修改为另一种项目符号。

(6)在"幻灯片母版"选项卡下选择"关闭母版视图"按钮,可看到修改后的结果,如图 7-31 所示。

图 7-31 母版视图修改效果

备注:①在 PowerPoint 2019 中,母版分为两类:幻灯片母版和版式母版。在"幻灯片母版"视图左侧,第一个是幻灯片母版,负责为所有幻灯片的标题和内容占位符定义通用的格式,其余的全部是版式母版,它们位于幻灯片母版下方。幻灯片母版通过不同的占位符控制各版式母版的格式。一个主题拥有一套完整的母版,即对应于该主题的一张幻灯片母版和一系列版式母版。

② 母版中不包括幻灯片的实际内容,它仅在幕后为实际幻灯片提供各种格式设置。本质上讲,不是在向幻灯片应用主题,而是向幻灯片母版应用主题,然后再向幻灯片应用幻灯片母版,以保持一致的风格。

③ 版式是可以添加和删除的,幻灯片母版视图中,在左侧的版式缩略图窗格上右击,可在弹出快捷菜单中找到"插入版式"和"删除版式"这样的选项。如果此种版式已经在普通视图中被使用,这里就不允许删除。

④ 除了默认的母版外,还可以在母版视图中创建自定义母版,单击幻灯片母版选项卡中的"插入幻灯片母版"按钮,便会添加一套自定义的母版,可对这些版式进行与默认母版相同的设置。

⑤ 自定义母版的应用与默认母版相同,在普通视图的"开始"选项卡中,单击"新建幻灯片"按钮或"版式"按钮,可找到自定义的母版版式。

⑥ 幻灯片母版中插入的对象,如文本框、图片等,在普通视图下不能编辑,只有进入母版视图下才可以编辑。

7.4 动画设计和交互式演示文稿制作

7.3 节介绍的对演示文稿进行修饰和美化的操作属于"静态"修饰的方法,本节介绍"动态"修饰的方法,即幻灯片动画设计以及交互式演示文稿的制作。例如,可以让幻灯片的标题逐字出现,并伴随打字机打字的声音等,也可以建立幻灯片和其他文件之间的交互,从而大大提高演示文稿的趣味性和功能上的充实。

7.4.1 幻灯片动画设计

Microsoft PowerPoint 2019 演示文稿中的文本、图片、形状、表格和其他对象可以制作成动画,赋予它们进入、退出、大小或颜色变化甚至按指定路线移动等视觉效果。

PowerPoint 2019 中有以下四种不同类型的动画效果。

- "进入"效果:例如,可以使对象飞入、擦除或者弹跳进入视图中。
- "退出"效果:这些效果包括使对象飞出幻灯片、从视图中消失或者淡出。
- "强调"效果:这些效果包括使对象缩小或放大、更改颜色等。
- 动作路径:使用这些效果可以使对象直线移动、弧线移动或者沿着三角形或圆形图案移动等。

这些动画可以单独使用,也可以将多种效果组合在一起使用。若想对同一个对象添加多个动画效果,添加完一个动画后,通过执行"动画"选项卡→"添加动画"→动画类型操作实现。例如,可以对一行文本同时应用"擦除"进入效果及"陀螺旋"强调效果,使它以擦除方式进入后旋转起来。

1. 为对象添加动画效果

【例 7-12】 为演示文稿"魅力中国"添加进入、强调、退出和动作路径动画。

(1)打开演示文稿"魅力中国"。

(2)选中第一张幻灯片中的计算机图片,选择"动画"选项卡,在动画库中选择"进入"组中的"轮子",如图 7-32 所示。选中第一张幻灯片的标题"魅力中国",在动画库"动作路径"组中选择"形状"。

（3）在"动画"选项卡下单击左侧"预览"命令按钮预览动画效果。

（4）选择第二张幻灯片中标题下方的内容文本框,在动画库中选择"强调"组中的"波浪形",单击"预览"命令按钮预览动画效果。

（5）选中第三张幻灯片,为演示退出效果,在第三张幻灯片中再添加一张中国风景图片（例如故宫）,和之前的图片相重叠,且将新图片置于底层。选择第一张图片,在动画库中"退出"组中选择"缩放"效果,在"预览"命令下看到上层图片以"缩放"的方式退出后,即可看到第二张图片。

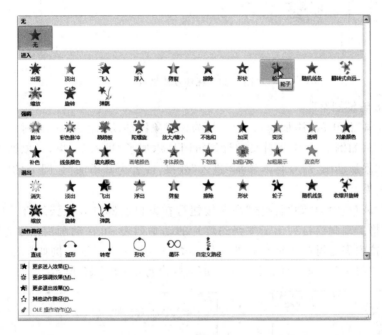

图 7-32　动画库

备注:若要选择更多动画效果,在图 7-32 中,选择"更多进入效果""更多强调效果""更多退出效果""更多动作路径"。

2. 设置动画属性

动画设置完成之后,为使演示效果更加恰到好处,有时需要调整动画属性,操作方法见例 7-13。

【例 7-13】　为例 7-12 中添加的动画改变其属性设置,将动画表现力更充分地发挥出来。

（1）打开例 7-12 保存过的演示文稿"魅力中国",幻灯片窗口出现的默认幻灯片即为第一张幻灯片。

（2）第一张幻灯片中,看到两个数字标记 ▭ 和 ▭,选中某一标记,例如选中数字标记 ▭,在"动画"选项卡下,显示该标记对应的动画属性,如图 7-33 所示。

在该窗口功能区内,包含多项动画参数选项:

- "动画"组中的"动画库"显示该动画类型,动画库右侧的"动画选项"用于该类型动画的进一步设置,例如"轮子"效果对应的进一步选项为"1 轮辐图案""2 轮辐图案""4 轮辐

图 7-33　标注动画属性

图案""8 轮辐图案"。

- "高级动画"组中的"添加动画"指的是为该对象添加动画效果,一个对象可添加多个动画效果,例如例 7-12 中为首页的计算机图片添加了"进入"效果,可以通过"动画"选项卡下的"添加动画"命令再次添加"进入"效果,或者为其添加"强调"、"退出"和"动作路径"等效果。

- "高级动画"组中的"动画窗格"命令按钮可在窗口右侧打开该张幻灯片所包含的动画列表窗格。动画窗格列出了本张幻灯片的动画列表,可在动画窗格中选中某一动画,单击下拉列表也可修改该动画的属性参数,如图 7-34 所示。例如单击"效果选项"命令,打开"效果和计时"对话框后可添加动画声音,如图 7-35 所示。

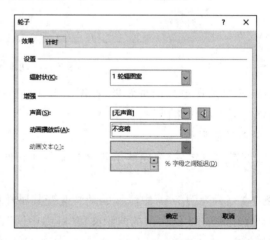

图 7-34　动画窗格　　　　　　　　图 7-35　"效果和计时"对话框

- "高级动画"组中的"触发"命令按钮用于选择该动画的触发对象,即单击哪个对象触发该动画的播放,触发对象限于当前幻灯片。

- "高级动画"组中的"动画刷"用于复制动画。若要复制动画,则执行下列操作:选择包含要复制的动画的对象,在"动画"选项卡上的"高级动画"组中,单击"动画刷",鼠标指针变为 ⬚ 形状,在目标对象上单击,则目标对象添加了同种类型的动画效果。

- "计时"组中的声音可设置动画效果伴随的声音效果。
- "计时"组中的"开始"选项用于设定激发动画的条件,有三种类型供选择:"单击鼠标""与上一动画同时""上一动画之后",上一动画可从动画序号体现出来。
- "计时"组中的"持续时间"选项用于设定该动画持续的时间,也可认为设定动画的速度。
- "计时"组中的"延迟"选项用于设定动画满足开始条件后的延迟时间。
- "计时"组中的"对动画重新排序"选项用于调整当前幻灯片中各对象的开始顺序。

读者可根据命令按钮的含义尝试调整动画属性。

3. 设置幻灯片切换效果

幻灯片切换效果是指一张幻灯片如何从屏幕上消失,以及另一张幻灯片如何显示在屏幕上的方式。幻灯片切换方式可以是简单地以一张幻灯片代替另一张幻灯片,也可以使幻灯片以特殊的效果出现在屏幕上。

【例 7-14】　为演示文稿"魅力中国"添加幻灯片间切换的动画效果。

(1) 打开演示文稿"魅力中国"。

(2) 在"切换"选项卡的"切换到此幻灯片"组中,单击要应用于该幻灯片的幻灯片切换效果。在"切换到此幻灯片"组中选择一个切换效果。在本例中,选择了"推入"切换效果。若要查看更多切换效果,单击"其他"按钮 ⬇ ,如图 7-36 所示。

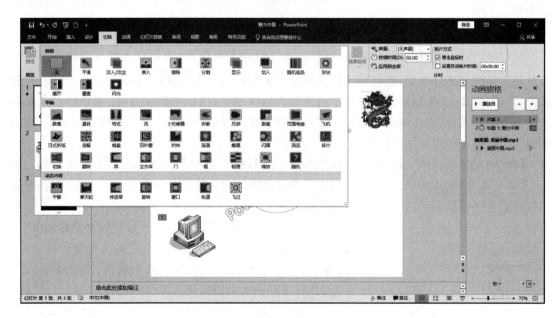

图 7-36　幻灯片切换效果

(3) "效果选项"下拉列表用于显示该切换效果更为具体的设置,如"推进"效果对应的效果选项对应着推进方向,选项内容为自底部、自左侧、自右侧、自顶部。

(4) 可设置当前幻灯片的切换效果的持续时间,在"切换"选项卡上"计时"组中的"持续时间"框中,输入所需的时间,如图 7-37 所示,持续时间描述了切换速度。

(5) 若要指定当前幻灯片切换到下一张幻灯片的方式,可采用下列步骤之一:

- 在单击鼠标时切换幻灯片:在"切换"选项卡上的"计时"组中,选中"单击鼠标时"复选框。

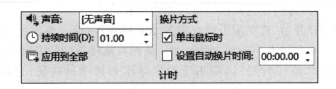

图 7-37　"计时"选项

- 在指定时间后自动切换幻灯片：取消选中"单击鼠标时"复选框，在"切换"选项卡上"计时"组中的"之后"框中，输入所需的秒数。

（6）若要删除切换效果，在"切换"选项卡上的"切换到此幻灯片"组的效果库中单击"无"。若要删除演示文稿所有幻灯片的切换效果，在图 7-37 所示"计时"组中单击"应用到全部"命令。

7.4.2　交互式演示文稿制作

交互式演示文稿是指在放映过程中接受用户输入，并且根据输入的不同显示不同的信息或者改变放映流程的演示文稿。本节学习交互式文稿的常用方法——超链接。

超链接也是 PowerPoint 经常使用的功能，能为演示文档增加更多色彩。"超链接"指的是从一张幻灯片到另一张幻灯片、网页或文件的链接。可建立超链接的对象是多样的，如文本、图片等。

超链接只能在放映演示文稿（放映操作参见 7.5 节）时激活，而不能在幻灯片中创建时激活。激活后，当鼠标指针移到超链接按钮时，指针形状变为🖑形，表示单击它可以链接到超链接对象。根据超链接类型，若超链接指向演示文稿中的另一张幻灯片，单击后目标幻灯片将显示为当前幻灯片；如果超链接指向某个网页或其他类型文件（如 Office 文件、视频等），或者新建某种类型的文档，则在相应的应用程序中打开目标页或目标文件。这里仍以演示文稿"魅力中国"为例，练习使用动作按钮和超链接。

【例 7-15】　为演示文稿"魅力中国"添加三个超链接，第一个超链接的功能是从当前幻灯片（非第一页）切换到演示文稿第一页，第二个超链接的功能是打开一个 Word 文件，以查看关于图片更为详细的介绍，第三个超链接为打开网页。

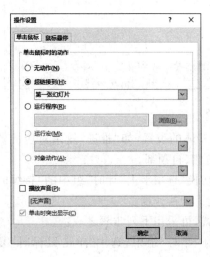

图 7-38　"操作设置"对话框

1. 创建指向本演示文稿另一张幻灯片的超链接

任务描述：建立一个超链接，完成从当前幻灯片（非第一页）切换到演示文稿第一页的功能，本操作可以以动作按钮作为激活链接的对象。

（1）打开演示文稿"魅力中国"，在"幻灯片缩略图"窗格单击第二页，这时第二页成为当前页。

（2）选择"插入"选项卡，在"形状"按钮下拉列表中的最后一行"动作按钮"中选择动作按钮▣，鼠标指针形状变为╋，在第二页幻灯片的右下角拖动鼠标，当前幻灯片添加了▣形状，同时弹出"操作设置"对话框，如图 7-38 所示。

（3）该对话框显示单击鼠标时的动作为"超链接到

第一张幻灯片",满足案例要求,单击"确定"按钮。如果链接位置不正确,可单击"超链接到:"下方箭头 ,打开下拉列表,从中选择正确的链接位置或对象。

（4）参考 7.5 节的演示文稿放映操作,在放映状态下,将鼠标指针移至包含超链接的对象上,鼠标指针变为 形状时单击检验超链接效果。

2. 创建一个打开现有文件的超链接

任务描述:为演示文稿创建一个打开 Word 文档的超链接。

（1）在"幻灯片缩略图"窗格单击第三页,将第三页设置为当前页。

（2）在计算机 D 盘下创建一个 Word 文档,命名为"雄伟的万里长城"。

（3）在第三张幻灯片的万里长城图片上右击,选择"超链接"命令,打开"插入超链接"对话框,如图 7-39 所示。

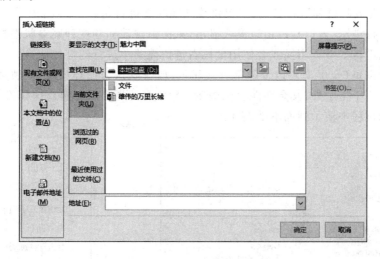

图 7-39　"插入超链接"对话框

（4）该对话框共有四类链接对象:"现有文件或网页"、"本文档中的位置"、"新建文档"和"电子邮件地址"。单击第一种类型——"现有文件或网页"中的"查找范围"下拉列表,浏览到 D 盘下创建的 Word 文档"雄伟的万里长城",单击"确定"按钮。

（5）参考 7.5 节的演示文稿放映操作,在放映状态下,将鼠标指针移至包含超链接的对象上,鼠标指针变为 形状时单击检验超链接效果。

3. 创建一个打开网页的超链接

（1）在第三张幻灯片之后新建一张幻灯片,使用"空白"版式,在该张幻灯片上插入艺术字"中国优秀文化大搜索"。

（2）在艺术字上右击,选择"超链接"命令,在图 7-39 所示的对话框中的"地址"栏输入网址:http://www.baidu.com。

（3）参考 7.5 节的演示文稿放映操作,在放映状态下,将鼠标指针移至包含超链接的对象上,鼠标指针变为 形状时单击检验超链接效果。

备注:以上例子"插入超链接"的方法也可通过"插入"选项卡中的"链接"组命令按钮来实现。若要对插入的超链接进行编辑或者删除超链接,可在包含"超链接"的对象上右击（或通过

"插入"选项卡下的"链接"组),选择"编辑超链接"或"取消超链接"来实现。

7.5 演示文稿的放映

7.5.1 幻灯片放映设置

PowerPoint 2019 提供了灵活的放映方式,进行恰当的设置,能够适应不同场合下不同类型幻灯片的放映。在选项卡"幻灯片放映"下选择"设置幻灯片放映"命令,打开图 7-40 所示的"设置放映方式"对话框。在该对话框中,可进行以下设置。

(1)"放映类型"选项组中列出了 3 种选择:

- 演讲者放映(全屏幕):以全屏幕方式显示,放映过程中可以右击激活快捷菜单(如图 7-41 所示),对放映过程进行控制,并提供绘图笔功能进行勾画。
- 观众自行浏览(窗口):以窗口形式显示,只保留顶端标题栏和底端状态栏,可以利用鼠标滚轴进行上下页切换或者使用鼠标右键快捷菜单进行幻灯片切换。
- 在展台浏览(全屏幕):以全屏幕方式显示,放映默认为循环放映,放映过程中,除了保留鼠标用于指示外,其余功能全部失效(连终止也要按 Esc 键),这样设计的目的是为了演示过程中演示画面不受破坏。

图 7-40 "设置放映方式"对话框　　　　图 7-41 放映幻灯片时的快捷菜单

(2)放映选项。提供了以下可供选择的选项:"循环放映,按 Esc 键终止""放映时不加旁白""放映时不加动画""禁用硬件图形加速",同时还可设置绘图笔颜色、激光笔颜色。

(3)"放映幻灯片"区域提供幻灯片放映的范围:全部、部分还是自定义放映。如果事先执行"幻灯片放映"菜单下的"自定义放映"命令,将演示文稿中的某些幻灯片以某种顺序组合和命名以后(自定义放映→新建),这里的"自定义放映"下拉列表中将会显示该自定义幻灯片组的名称,选择该名称,则只放映这组幻灯片。

(4)"推进幻灯片"选项用于选择幻灯片切换方式是手动还是自动。

7.5.2 放映过程的控制

设置完演示文稿放映方式,就可以进行幻灯片放映了。下面介绍幻灯片放映过程中常用的控制命令,即如何开始放映,放映过程中幻灯片之间的跳转,绘图笔的使用,以及如何结束放映。本节所提到的放映控制是针对最常用的放映方式——"演讲者放映"而言的,对于其他两种放映方式,放映控制更为简单,读者可自行练习,这里不再进行介绍。

1. 开始幻灯片放映

PowerPoint 2019 提供了两种开始演示文稿放映的方式,操作方法见例 7-16。

【例 7-16】 将前面制作的演示文稿"魅力中国"进行放映。

(1) 打开演示文稿"魅力中国"。

(2) 方法一:选择"幻灯片放映"选项卡,根据需要选择"从头开始"(快捷键"F5")或者"从当前幻灯片开始"(快捷键"Shift+F5")命令按钮。"从头开始"指的是不管当前幻灯片在什么位置,放映时都会第一张幻灯片开始;"从当前幻灯片开始"指的是幻灯片的放映从当前所在的幻灯片开始。

方法二:单击图 7-36 所示的演示文稿工作环境中右下角"视图切换"按钮组中的"幻灯片放映"按钮 ,演示文稿从当前幻灯片开始以全屏幕的方式放映。

(3) 在幻灯片放映方式下,可以检验例 7-14 制作的动画效果,以及例 7-15 制作的超链接效果。

2. 在幻灯片间跳转

在幻灯片放映过程中,右击,弹出快捷菜单如图 7-41 所示。单击"下一张"命令,从当前幻灯片跳转到下一张幻灯片;单击"上一张"命令,从当前幻灯片跳转到上一张幻灯片;选择"定位"至幻灯片命令,可以根据幻灯片标题选择要跳转到的幻灯片。除了右键菜单控制以外,还可以使用键盘键"PgDn"和"PgUp"进行幻灯片上下页切换控制。也可以使用鼠标左键单击实现幻灯片向下翻页,使用鼠标滚轴控制跳转到"下一张"或"上一张"。

3. 放映过程中绘图笔的使用

利用 PowerPoint 进行文稿演示过程中,当演示者需要对某部分内容进行讲解标注时,可以右击,在弹出的快捷菜单中选择"指针选项"中的"笔"或"荧光笔",如图 7-42 所示。选择其中一种,鼠标指针将变成相应的笔形状,拖动鼠标即可在演示文稿中书写或绘画。

通过"指针选项"中的"墨迹颜色"命令可以改变笔的颜色。当使用绘图笔后,右键快捷菜单中的"橡皮擦"和"擦除幻灯片上的所有墨迹"变成可用状态,分别可将"绘图笔"书写的内容逐步擦除或一次性全部删除。

在图 7-42 所示右键快捷菜单中选择"结束放映"时,弹出对话框提示"是否保留墨迹注释",若需保留请选择"保留"按钮,如果不需保留则选择"放弃"。

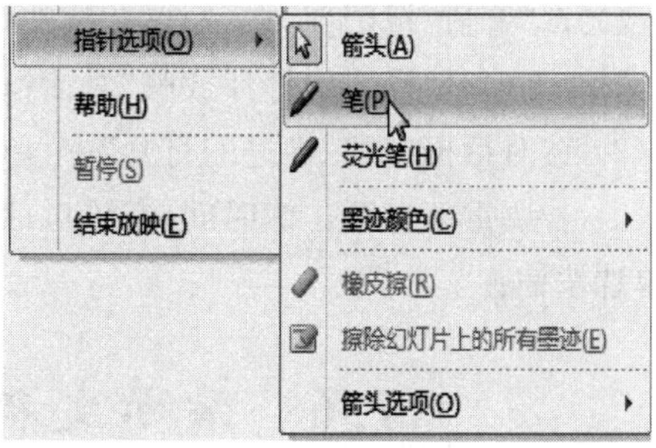

图 7-42　绘图笔

4. 结束放映

放映幻灯片的过程中,按键盘上的"Esc"键,就可以跳出放映过程,回到普通视图。也可以右击,在图 7-42 所示的快捷菜单中,选择"结束放映"命令跳出幻灯片放映。

7.5.3 排练计时

排练计时可增强基于 Web 或自动运行的幻灯片放映效果,以便演示者不在场时按照既定计划播放演示文稿,或者预先排练好演示文稿播放进程后,演讲者在演讲时可脱离对演示文稿的控制,专注于自己的演讲。

1. 设置幻灯片排练时间

【例 7-17】 为演示文稿"魅力中国"添加排练计时。

(1) 打开之前保存过的演示文稿"魅力中国"。

(2) 方法一:在"幻灯片放映"选项卡下,单击"排练计时"按钮,这时幻灯片呈现放映状态,左上角出现时间显示框,例如 ,在该框中有两个时间,左侧时间表示当前幻灯片排练计时的时间,当幻灯片翻到下一页时,该时间从 0 开始,第二个时间表示本演示文稿排练计时的总时间,在演示文稿排练时间内,该时间一直在累加。按钮 → 表示转到下一张幻灯片,按钮 ❙❙ 表示暂停排练计时,按钮 ⤺ 表示当前幻灯片重新排练。

方法二:在"切换"选项卡的"计时"组中,在"持续时间"中输入希望该幻灯片在屏幕上显示的秒数。对需要设置排练时间的每张幻灯片重复执行此过程。

(3) 在步骤(2)中方法一排练完毕结束放映时,弹出提示框询问用户是否需要保留排练时间,单击"是"按钮进行保存。

(4) 在演示文稿工作界面右下角视图切换按钮中单击幻灯片浏览视图按钮,将视图切换到幻灯片浏览视图,可在每张幻灯片下方看到该幻灯片排练计时的时间。

(5) 放映该演示文稿,幻灯片以排练效果进行自动播放。

2. 关闭排练计时

如果不希望在幻灯片放映时使用排练计时,则关闭幻灯片排练计时。关闭幻灯片排练时间并不会将其删除,而是在放映过程中幻灯片不会自动切换,需要手动切换幻灯片。用户可以随时再次打开这些排练时间,而无须重新创建。操作方法如下。

(1) 在"普通"视图下,在"幻灯片放映"选项卡上的"设置"组中,单击"设置幻灯片放映",弹出图 7-40 所示"设置幻灯片放映"对话框。

(2) 在对话框中的"推进幻灯片"中,单击"手动"单选按钮。

(3) 若要重新打开排练时间,在该对话框的"推进幻灯片"中,单击"如果出现计时,则使用它"单选按钮。

7.6 演示文稿的页面设置和打印

创建了演示文稿,除了可以在计算机上演示之外,还可以将其直接打印出来,打印是保存和传播演示文稿的一种重要方式。为了取得较好的打印效果,打印之前,建议首先进行页面设置,然后再执行打印操作。

1. 演示文稿的页面设置

选择"设计"选项卡,"幻灯片大小"选项可以选择"标准"或"宽屏",也可以"自定义幻灯大小"(如图 7-43 所示)。

该"幻灯片大小"对话框中：

- "幻灯片大小"下拉列表可选择幻灯片的打印尺寸,除"自定义"选项之外的其他选项具有默认的宽度和高度,"自定义"选项供用户自己设置幻灯片的高度和宽度。
- "幻灯片编号起始值"设置第一张幻灯片的编号起始值。
- "方向"选项设置幻灯片和备注、讲义和大纲的打印方向,默认为"横向",PowerPoint 提供了"横向"和"纵向"两种选项。

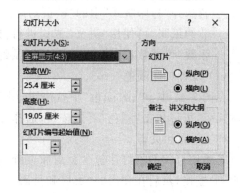

图 7-43　"幻灯片大小"对话框

页面设置完成之后,就可以执行打印操作了。

2. 演示文稿打印

选择"文件"选项卡,执行"打印"命令,在打印设置窗口中用户可以对打印参数进行设置,如图 7-44 所示。

其中设置打印机、打印范围、打印份数和其他 Office 软件的相应功能和操作类似,前面已经介绍过了,这里不再重复,下面介绍 PowerPoint 特有的打印设置,重点介绍打印版式、打印颜色和页眉页脚。

(1) 设置打印版式

单击"整页幻灯片"下拉按钮,在"打印版式"区域中,用户可以选择要打印的版式,例如,整页幻灯片、备注页或者大纲等,如图 7-44 所示。

单击图中"整页幻灯片"下拉按钮,出现图 7-45 所示下拉列表,在该列表中：

图 7-44　打印设置

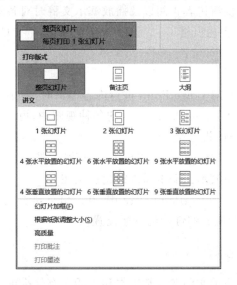

图 7-45　打印版式

- 若要在幻灯片周围打印一个边框,可执行"幻灯片加框"命令。

- 若要在打印机选择的纸张上打印幻灯片,可选择执行"根据纸张调整大小"命令。
- 若选择"打印版式"中的"整页幻灯片",则一张打印纸上打印一张幻灯片。如果用户想节约纸张,可使用"讲义"方式进行打印,在"讲义"区域中可设置每页要打印的幻灯片张数,可选数目为1、2、4、6、9,以及幻灯片放置方式(水平或垂直放置)。

(2)设置打印颜色

在图 7-44 中,单击"颜色"下拉按钮,用户可以设置打印的颜色。例如,用户需要打印黑白演示文稿,可以单击"颜色"下拉按钮,选择"纯黑白"选项。

(3)页眉和页脚

若要使打印的幻灯片包含页眉和页脚,或者用户需要更改页眉和页脚,可单击"编辑页眉和页脚"链接,然后在弹出的"页眉和页脚"对话框中设置页眉和页脚,如图 7-23 所示,操作方法也相同。

练 习 题

一、选择题

1. PowerPoint 是一个( )工具。

A. 文字处理　　　　B. 表格处理　　　　C. 图形处理　　　　D. 文稿演示

2. PowerPoint 2019 演示文稿的扩展名为( )。

A. ppt　　　　　　B. pps　　　　　　C. pptx　　　　　　D. htm

3. 演示文稿中每一张演示的单页称为( ),它是演示文稿的独立放映单元。

A. 版式　　　　　　B. 模板　　　　　　C. 母版　　　　　　D. 幻灯片

4. 在 PowerPoint 中,不属于文本占位符的是( )。

A. 标题　　　　　　B. 副标题　　　　　C. 图表　　　　　　D. 自己插入的文本框

5. 供演讲者查阅以及播放演示文稿时对各幻灯片加以说明的是( )。

A. 备注窗格　　　　B. 大纲窗格　　　　C. 幻灯片编辑窗格　D. 功能区

二、填空题

1. 在对 PowerPoint 进行内容编辑时,使用_____视图模式。

2. 在 PowerPoint 2019 的各种视图中,可以同时浏览多张幻灯片,便于重新排序、添加、删除等操作的视图是_____。

3. 在 PowerPoint 中放映幻灯片时,按_____键可以结束幻灯片放映。

4. 在演示文稿中插入的超链接在_____模式下才可以使用。

5. 在 PowerPoint 2019 中,在幻灯处浏览视图中复制某张幻灯片,可在按_____键的同时用鼠标拖放幻灯片到目标位置。

三、简答题

1. 演示文稿在日常工作和生活中有什么重要用途?

2. "演示文稿"和"幻灯片"两个概念的区别和联系是什么?

3. PowerPoint 2019 的工作界面由哪些部分组成?各组成部分都有什么作用?

4. 幻灯片有几种视图？每种视图具有什么样的特点？

5. 设置超链接的操作步骤是什么？

6. 幻灯片放映方式有几种？分别适合于什么场合？

7. 如何控制演示文稿的放映过程,例如如何开始放映,放映过程中幻灯片如何进行切换,放映过程中使用绘图笔的方法,以及如何结束幻灯片放映？

8. 如何建立排练计时？若添加了排练计时,在播放时如何不使用排练计时？

9. 如何在一张 A4 纸上打印 6 张幻灯片？

第8章 信息检索

信息检索(Information Retrieval)是用户进行信息查询和获取的主要方式,是查找信息的方法和手段。信息检索起源于图书馆的参考咨询和文献索引工作,随着世界第一台电子计算机问世以及 Internet 的诞生,计算机和通信技术逐步走进信息检索领域,使信息检索技术发生了翻天覆地的变化。

本章将介绍信息检索系统的相关知识点和使用方法。首先是信息检索的概述部分,包括信息检索的原理、检索类型和检索方法;接着详细论述网络搜索引擎的发展历史、主要任务、查询技巧和国内外主要的搜索引擎;最后对国内外的主要数据库,包括中国知网、万方数据资源系统、维普信息资源系统、Web of Science、SpringerLink 等进行介绍。

8.1 信息检索概述

信息检索是信息用户为了处理解决各种问题而查找、识别、获取相关的事实、数据、知识的活动及过程,也就是我们通常所提及的信息查询(Information Search)。信息检索作为一个专业术语最早是在 1949 年国际数学会议上由高尔文·穆尔(Galvin W. Mooers)提出的,高尔文在其发表的论文《把信息检索看作是时间性的通信》中指出:信息检索是一种时间性的通信形式,在时间上从一个时刻通往一个较晚的时刻,而在空间上可能还在同一个地点,并强调信息接收者是最活跃的一方。也就是说,信息的存储与获取两个环节是一种延时通信的形式。

信息检索的定义通常有广义和狭义之分,广义的信息检索包括信息的存储与检索两个部分,其中信息的存储是对某一专业或领域范围内的信息进行加工整理,使之有序化,从而使信息按照一定的格式和顺序存储在特定的载体中,形成信息集合,其目的就是为了便于信息管理者和信息用户快速而准确地识别、定位相关信息;而信息的检索指的是借助一定的设备和工具,采用一系列方法与策略从信息集合中查询所需的信息。狭义的信息检索主要指的是后者。

信息检索能力是信息素养的集中体现,提高信息素养最有效的途径是通过学习信息检索的基本知识,进而培养自身的信息检索能力。

8.1.1 信息检索的原理

信息检索的基本原理是用户将信息需求与信息集合进行比较与选择,是两者相匹配的一个过程。具体来说,是用户从特定的信息需求出发,对特定的信息集合采用一定的方法或技术手段,从某些线索与规则中找出相关信息的过程。其中,需求集合指的是人们为了满足某种需求,自我感知到的需要补充的知识的集合体;信息集合则是有关某一领域内的文献或数据的集合体,它是一种公共的知识机构,能够弥补用户的知识结构缺陷,它既可以是某种检索工具,也可以是数据库的全部记录,还可以是某个图书馆全部馆藏或者某个特定的信息源;而负责把需求集合和信息集合进行一致性、相关性的比较,然后根据一定的标准选出需求的信息的机制则是匹配和选择的含义。

信息检索的一般过程如图 8-1 所示。

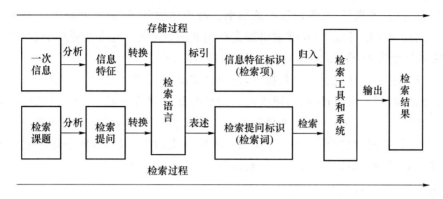

图 8-1　信息检索的一般过程

8.1.2　信息检索的类型

信息检索具有广泛性与多样性的特点,根据各种具体信息检索的特点,可以将信息检索从内容、手段与检索方式等维度进行细分。其中,按检索内容划分,包括数据信息检索、事实信息检索和文献信息检索;按照组织方式划分,包括全文检索、超文本检索和超媒体检索;按照信息检索方式划分,则包括手工检索和机器检索两种类型(图 8-2)。

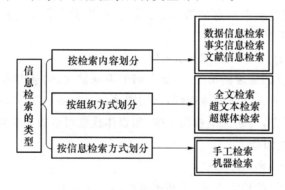

图 8-2　信息检索的类型

1. 按检索内容划分

(1) 数据信息检索(Data Information Retrieval)

数据信息检索是以数据为检索内容的检索过程,数据经过选择、整理、鉴定后才可进入数据库供用户查询使用。该检索方式是一种确定型的检索,用户检索到的各种数据,是经过专家测试、评价和筛选过的,是可以直接用来进行定量分析的。

在网络中我们能找到很多免费的统计数据库,由于各组织的性质、职责和工作方式不同,其提供的数据可信度会参差不齐,因此在科学研究中,用户收集数据一定要注意甄别所选数据库的权威程度,而这里所说的数据不等同于狭义的数值,可能还包括相关的图表、图谱、化学分子式、市场行情、物质等非数字数据。

(2) 事实信息检索(Fact Information Retrieval)

事实信息检索是以客观事实为检索内容的检索过程,是借助索引、词典、百科全书、年鉴等检索网络或者文献工具，对某一事件发生的时间、地点、经过等情况查找出来的检索，其检索对象既包括事实、概念、思想、知识等非数值信息，也包括一些数据信息，但需要针对查询要求，由检索系统进行分析、推理后，再输出最终的结果。需要注意的是，由于网络上对某个客观事实可能存在着误读或曲解，因此通过搜索引擎查找到的信息可能不是事实性信息检索。

（3）文献信息检索（Document Information Retrieval）

文献信息检索是信息检索的核心部分，是指以文献线索或文献全文为检索内容的检索过程。其中，文献的作者、出版日期、出版机构等信息都是文献线索，是提供文献的外部特征，可以通过题录型数据库、索引数据库、书目等检索工具或系统进行检索。如果要进一步了解文献的内容，分析文献的组成结构等，则必须使用文献的全文检索。目前，网络环境中的大部分数据库不仅支持题录型检索，也支持全文检索，用户只要在自己喜欢的目录上动动鼠标就能阅读或下载相关文献，以供研究课题使用。

2. 按组织方式划分

（1）全文检索（Full Text Retrieval）

全文检索是指检索的对象是整篇文献或者整本书，而不仅仅是提供文献参考的题录。通过全文检索将会得到完整的文献，这是文献内容计量、热点分析研究的重要步骤。

（2）超文本检索（Hyper Text Retrieval）

超文本检索是对信息节点以及节点之间的链接构成的网状信息块进行信息浏览搜寻的过程。用户通过某个节点入口进行信息查询，在检索的过程中会发现许多相关联的链接，用户可以通过这些链接结构进行所需信息的搜寻。但超文本检索容易使用户迷失在超链接的海洋中，经常会出现检索主题的漂移。

（3）超媒体检索（Hyper Media Retrieval）

近年来，随着信息存储维度的增加，存储空间的不断扩大，信息内容的日益丰富，超媒体检索应运而生。超媒体检索也叫多媒体检索，是指图像、声音、视频等多媒体信息引入超文本信息检索中的一种检索类型，与超文本检索一样，超媒体检索可以提供浏览式查询和跨库查询。

3. 按信息检索方式划分

（1）手工检索（Hand Retrieval）

手工检索是一种传统的检索方法，是利用多种印刷形式的检索工具，如图书、期刊、记录馆藏文献的目录卡片等，以手工操作来查找所需文献的方法。传统的手工检索方法可以追溯到一个世纪以前，为当时人们在资料查找、科学研究方面提供了便利。

手工检索无须借助各种设备，检索方法简单、灵活，容易掌握，但是手工检索费时、费力，特别是进行专题检索和回溯性检索时，需要翻检大量的检索工具反复查询，需要花费大量的人力和时间，而且很容易造成误检和漏检。

（2）机器检索（Machine Retrieval）

机器检索又称为计算机检索，是指通过人机交互界面输入相关查询关键词，以便从存放在服务器上的数字化信息中检索所需信息的过程。这种方式要求计算机具有较快的查询响应速度，同时需要用户掌握一定的查询技巧，以便能够更快、更好地满足用户查询的需要。

随着计算机技术、通信技术和网络技术的迅猛发展，计算机检索已经成为信息检索服务中最重要的方式，目前国内几乎所有的科研信息服务机构都提供了计算机检索服务。与传统的手工检索相比，计算机检索能够大大提高检索效率，节省了时间和人力。

8.1.3 信息检索的方法

信息检索的方法多种多样,分别用于不同的检索目的和检索要求。具体来说,常用的检索方法包括常规检索法、回溯检索法和循环检索法等。

1. 常规检索法

常规检索法又称为工具检索法和常用检索法等,其通常是以主题、作者、分类等设置检索关键字,并利用检索工具获得信息资源的方法。根据检索结果,常规检索法分为直接检索法和间接检索法两种。

直接检索法是指直接利用字典、词典、手册、年鉴、图录、百科全书、全文数据库等检索工具进行信息检索的方法。这种方法适用于机器检索,一般用于查找一些内容概念有定论可依的问题的答案。

间接检索法是指利用手工检索工具间接检索信息资源的方法,按照不同的检索方式又分为顺查法、倒查法和抽查法等。顺查法是以问题发生的年代为起点,利用选定的检索工具按照由远及近、由过去到现在的顺时序逐年查找,从而了解某一事件发展的全过程。虽然该方法查询结果较为全面,但方法费力、费时,工作量大,一般用于事实性检索。倒查法与顺查法相反,是由近及远地进行查询,检索的重点在近期信息上,该方法查到的信息新颖,节省了检索时间,但其查全率不高,容易产生漏检的现象。抽查法指查找某一时间范围内的信息,其检索效率较高,但漏检的可能性较大。

2. 回溯检索法

回溯检索法是一种跟踪查找的方法,该方法又称为追溯法、引文法和引证法等。回溯检索法利用原始文献所提供的参考文献、注释、辅助索引、附录等指引信息,追踪查找参考文献的原文,其追溯过程可以不断延伸。回溯检索法方便易行,在检索工具不全或者文献线索很少的情况下,可以使用此方法。但是由于作者列出的参考文献有限,能够获得的相关文献不全,容易出现漏检的情况。

引文索引是专门用于追溯法的检索工具,例如美国的《科学引文索引》和中国的《中国社会科学引文索引》等,与此同时,鉴于追溯法的有效性,一些非引文检索工具如中国知网(CNKI)等也采用追溯法的思想,将参考文献、引证文献、相似文献等将众多文献关联起来,以方便用户查询。

3. 循环检索法

循环检索法又称为交替法、综合法和分段法等。该方法是将上述两种方法结合起来使用,既进行常规检索,又利用文献所附的参考文献等指引信息进行追溯检索。检索时,尤其是面对一个新的课题来说,往往既不知著者姓名,也不知文献来源,这时可以先利用检索工具从分类、题名等文献内容特征入手,查出一批文献;然后在收集资料的过程中,如果发现某篇文献与检索课题针对性较强,则可以按照文献后所附的参考文献回溯查找,从而不断扩大检索线索,分期、分段地交替进行,直到满足检索要求为止。循环检索法的优点是检索效率高,能够较快地找到一批有价值的相关文献。

8.1.4 信息检索的效果评价

信息检索的效果是利用检索系统进行检索所产生的有效结果。而信息检索的效果评价则是根据一定的指标,对实施信息检索活动所取得的成果进行客观科学的评价,以进一步完善检索工作的过程。

克兰弗登(Cranfield)提出了 6 项针对检索系统的检索效果指标,其中包括收录范围、查全率、查准率、响应时间、用户负担及输出形式。其中查全率(Recall Ratio)和查准率(Precision Ratio)是两种主要的衡量指标。查全率也称为召回率,是衡量某一检索系统从文献集合中检出相关文献成功度的一项指标,即检出的相关文献量与检索系统中相关文献总量的百分比,普遍表示为:查全率＝被检出的相关文献篇数/数据库中的相关文献篇数×100%。查准率也称为精度,是衡量某一检索系统的信号噪声比的一种指标,即检出的相关文献量与检出的文献总量的百分比,普遍表示为:查准率＝被检出的相关文献篇数/被检出的文献总篇数×100%。

查全率和查准率之间具有互逆的关系,一个信息检索系统可以在它们之间进行折中。在极端情况下,一方面,一个将文档集合中所有文档返回为结果集合的系统有 100%的查全率,但是显然查准率却很低。另一方面,如果一个系统只能返回唯一的文档,虽然会有很低的查全率,但是却可能有 100%的查准率。通常情况下,以查全率和查准率为指标来测定信息系统的有效性时,总是假定查全率为一个适当的值,在此基础上,按查准率的高低来衡量系统的有效性。

而造成检索系统的检索效果不佳的主要原因如下。

(1) 关键词检索是网络环境下的信息检索方法,由于该方法主要考虑关键词出现的位置和频率,因此会不可避免地产生两个缺陷,一是大多检索结果虽然在字面上符合用户要求,但实际内容却偏离用户的实际需要;二是一旦用户输入的检索关键词稍有偏差,检索系统就会无法确定用户真正的需要,也就无法正确提交结果。

(2) 无法发掘隐形信息。由于一些隐形信息的存在,当前用户无法及时而准确地从繁杂的检索系统中找到自己所需要的信息,这也是检索系统不可避免的一个弊端。

(3) 用户自身信息检索的思维方法、检索工具的选择以及操作方法不当都可能会导致检索不满意或检索效果不佳。例如,用户不懂得通过变换检索词、采用相关词或同义词来提出更多需求;不能很好地切分关键词,进而找出关键词之间的关系;用户倾向于使用搜索引擎,而非专业的网络数据库;不善于使用检索平台的高级检索功能和搜索限制选项,用户没有对检索结果进行分类、分析及对检索策略进行优化调整等。

8.2　网络搜索引擎的应用

在互联网发展初期,网站相对较少,查找信息比较容易。随着互联网爆炸式的发展,普通用户想要找到所需的资料变得非常困难。为了解决这一问题,20 世纪 90 年代搜索引擎(Search Engine)应运而生。搜索引擎又称为 WWW 检索工具,是 WWW 上的一种信息检索软件。具体来说,搜索引擎是指根据一定的策略、运用特定的计算机程序从互联网上搜集信息,在对信息进行组织和处理后,为用户提供检索服务,并将与用户检索相关的信息展示给用户的系统。搜索引擎本质上是互联网的服务站点,有免费为公众提供服务的,也有进行收费服务的。不同的检索服务可能会有不同的界面、不同的侧重内容。本节将从网络搜索引擎的发展历史、主要任务、查询技巧和国内外主要搜索引擎等几个方面进行介绍。

8.2.1 网络搜索引擎的发展历史

网络搜索引擎的鼻祖是加拿大麦吉尔大学计算机学院的师生在 1990 年开发出 Archie,但是严格意义上讲,Archie 并不是一个真正意义上的搜索引擎。当时,万维网还没有出现,人们通过 FTP 来共享交流资源,而 Archie 能够定期搜集并分析 FTP 服务器上的文件名信息,可供查找在各个 FTP 主机中的文件,而非网页等其他类型的文件资源。虽然 Archie 没有机器人(Robot)程序,无法快速有效地抓取网络上的内容,但是 Archie 与搜索引擎的基本工作方式是一样的,如自动搜集信息资源、建立索引、提供检索服务等,这也是 Archie 被公认为是现代搜索引擎鼻祖的原因所在。

由于 Archie 深受欢迎,受此启发,一些技术人员在 Archie 基础上进行了再次开发,如内达华大学于 1993 年开发了一个 Gopher(Gopher FAQ)搜索工具,称为 Veronica,该搜索工具除了可以索引文件以外,还可以检索网页。同年,马休·格雷(Matthew Gray)开发了第一个利用 HTML 网页之间链接关系来检测万维网规模的机器人(Robot)程序"World Wide Web Wanderer",该程序能够以人类无法达到的速度不断重复地检索信息,捕获网址(URL),像蜘蛛一样在网络间爬来爬去,因此 Robot 程序也被称为 Spider 程序。

1994 年初,华盛顿大学的学生布莱恩·平克顿(Brian Pinkerton)开始了他的小项目 WebCrawler,该项目在不久之后的正式亮相时仅包含了来自 6 000 个服务器的内容,WebCrawler 是互联网上第一个支持搜索文件全部文字的全文搜索引擎,因为在它之前,用户只能通过网址(URL)和摘要进行搜索。

斯坦福大学的两位博士生美籍华人杨致远(Jerry Yang)和大卫·费罗(David Filo)发现人们需要找寻某个东西的时候,最先想到的就是一个文本框,然后输入相应的文字,单击确认就能展示出相应的内容。于是 1994 年 4 月他们共同创办了 Yahoo。作为超级目录索引,Yahoo 不仅对目录功能进行了改进,而且还开始支持简单的数据库搜索。虽然当时的 Yahoo 存在太多的不足,需要大量的人工检索,但是我们现在所了解的几乎所有的搜索引擎,如百度、搜狗等搜索引擎的雏形都来自 Yahoo,它们的界面都是一个巨大的搜索框。Yahoo 成功地使搜索引擎的概念深入人心,"Yahoo!"几乎成为 20 世纪 90 年代互联网的代名词,至此,搜索引擎进入了高速发展的时期。

1994 年 7 月,卡内基·梅隆大学的迈克尔·莫尔丁(Michael Mauldin)将约翰·莱维特(John Leavitt)的 Spider 程序接入其索引程序中,创建了用于该大学数字图书馆工程的 Lycos 搜索引擎。不久之后,Lycos 公司成立。在随后的几年中,公司飞速发展,并在 1999 年成为世界上访问人数最多的网站之一,业务遍及全球 40 多个国家。Lycos 搜索引擎不仅推出了根据查找机器人的数据发现技能,支撑查找效果相关性排序,而且还提供了前缀匹配和字符相近限制,是第一个在搜索结果中使用网页自动摘要功能的搜索引擎。因此,可以说 Lycos 是现代意义上最早的搜索引擎。

1995 年底,第一个支持自然语言搜索,具备基于网页内容分析、智能处理能力,并且实现高级搜索语法(如 AND、OR、NOT 等)的搜索引擎 Alta Vista 由美国的 DEC 公司(Digital Equipment Corporation)发布。除了上述功能,Alta Vista 是第一个允许多语言搜索的网站,是第一个允许用户在搜索文本内容的同时,搜索图像、视频和音频的网站,也是第一个可以将整个网站翻译成英语、西班牙语、法语、德语、葡萄牙语、意大利语和俄语等的工具。由于其拥有多个"第一",因此每天都会吸引数千万的用户访问。Alta Vista 曾经名噪一时,虽然现在已被其他搜索引擎取代,但它仍被认为是功能最完善、搜索精度较高的全文搜索引擎之一。

中文搜索引擎的起步也不晚,1996 年 8 月,张朝阳成立搜狐的前身"爱特信信息技术有限公司"。1998 年 2 月,爱特信推出搜狐,中国首家大型分类查询搜索引擎横空出世。1999 年,Infoseek 公司一位资深华人工程师李彦宏离开了这家搜索引擎公司,凭借着他所持有的"超链分析"技术专利,于次年 1 月在北京创立了"中国人自己"的搜索引擎——百度。2010 年开始,百度开始在国内一家独大,后来出现的 360、搜狗等搜索引擎都没能撼动百度在中国的老大地位。

综上可以看出从搜索技术层面上分析,搜索引擎的发展大致经历了以下 3 个阶段。

第一代搜索引擎是以文档分类导航为特征,是基于文档内容的搜索引擎,以 Yahoo 为代表。它通过人工或自动的方式将筛选过的网络资源信息按一定的顺序放置在预先制定的分类体系目录下,用户通过浏览或检索该目录体系进行网络信息检索。第一代搜索引擎需要耗费大量的人力进行系统和数据的维护,检索的全面性和精准性也不够理想,因此其以求全为主要目标,通过检索结果数量的多少来衡量检索结果的好坏。

第二代搜索引擎产生于 20 世纪 90 年代中期,以关键词匹配为特征,基于超链接分析技术而实现网页的自动抓取和排序等功能。来源于引文分析法的超链接分析技术是一种新的无须人工干预的排序方法,该方法认为网络中的所有网页均存在着链接与被链接的关系,被链接次数越多的网页,或是存在越多高质量网页链接的网页,其信息质量越高。基于这样的原理,第二代搜索引擎在提高检索结果相关性的同时,兼顾了检索效率,使得大规模检索成为可能。

第三代搜索引擎目前尚未形成统一的界定标准,开发也处于探索阶段。但总体来说,第三代搜索引擎是为了解决第二代搜索引擎中自然语言检索能力较差,针对视频、音频等多媒体信息检索能力较弱,以及检索结果准确率较低等问题而探索的一种新型的智能化的搜索引擎。该搜索引擎可以使用户随时随地通过各种各样的终端,跨语言、无障碍地从互联网获取信息;可以实现语义匹配,提供智能化的检索结果排序;可以"推理",对复杂的检索问题,也能给出符合使用者需要的更精确和权威的答案。

8.2.2 网络搜索引擎的主要任务

网络搜索引擎的主要任务分为三个部分,第一部分为信息搜集,即采用搜索引擎机器人(也称为网络蜘蛛(Web Spider))在互联网上爬行和抓取网页信息,并存入原始网页数据库中;第二部分为信息处理,该部分对原始网页数据库中的信息进行提取和组织,并建立索引库;第三部分为信息查询,即根据用户输入的关键词或短语,快速找到相关文档,对找到的结果进行排序并返回给用户。搜索引擎的工作原理如图 8-3 所示,每个部分详细分析如下。

1. 信息搜集

搜索引擎机器人(Robot)访问 Web 页面的过程类似于普通用户使用浏览器访问其页面,即 Robot 先向页面提出访问请求,服务器接受其访问请求并返回 HTML 代码后,把获取的 HTML 代码存入原始页面数据库。搜索引擎的服务器遍布世界各地,每一台服务器都会派出多个 Robot 同时去抓取网页。为了提高抓取效率,搜索引擎会建立两张不同的表,一张表记录已经访问过的网站,而另一张表记录没有访问过的网站。Robot 抓取某个外部链接页面的 URL 并对其进行分析后,便会将这个 URL 存入相应的目录列表中。此时如果其他 Robot 从其他网站或页面发现了这个 URL,它就会对比已访问的列表中有没有,如果有则其他 Robot 就会自动丢弃该 URL,不再访问。由于网络文件随时间不断变化,Robot 也会不断地把以前已经分类组织的目录列表进行更新。

2. 信息处理

为了便于用户在数万亿级别以上的原始网页数据库中快速便捷地找到搜索结果,搜索引擎必须将 Robot 抓取的原始 Web 页面做预处理。Web 页面预处理的最主要的工作包括为网页建立索引库、分析网页和建立反向索引。其中,为网页建立索引库是最复杂的环节,索引又分为文档索引和关键词索引,文档索引记录下每一页的所有文本内容,并收入数据库中;而关键词索引只记录网页的地址、篇名、有特点的段落和重要的词。Web 页面分析包括判断网页类型、衡量其重要和丰富程度、对超链接进行分析、对句子进行分词、把重复的网页去掉的工作。经过对网页的分析处理后,Web 网页从原始的网页页面浓缩成了反映页面主题内容的、以词为单位的文档。而反向索引的建立即基于这些单词序列,由单词序列找到每个单词赋予唯一的单词编号,再到记录包含这个单词的文档,实用的反向索引还需记载更多的信息,如单词频率等,便于以后计算查询和文档的相似度。信息处理的过程中,必须将数据库的内容进行经常性的更新和重建,以保持与信息世界的同步发展。

3. 信息查询

网络搜索引擎都为用户提供了一个良好的信息查询界面,一般包括分类目录及关键词两种信息查询途径。分类目录查询是以资源结构为线索,将线上的信息资源按照内容进行层次分类,使用户能够依线性结构逐层逐类检索信息。关键词查询是利用建立的网络资源索引数据库向用户提供查询"引擎",用户只要把想要查找的关键词或短语输入查询框中,并单击"搜索"按钮,搜索引擎便会开始对搜索词进行分词处理,并根据情况对整合搜索是否需要启动进行判断,找出错别字、拼写错误和停用词后,把包含搜索词的相关网页从搜索数据库中找出,最后对网页进行排序,按照一定的格式返回"搜索"页面中。在整个信息查询的过程中,最核心的环节便是搜索结果的排序,其决定了搜索引擎的质量好坏及用户满意度。实际搜索结果排序的因子很多,但最主要的因素之一就是网页内容的相关度。影响相关性的主要因素包括关键词常用程度、词频、关键词位置及形式、页面之间的链接和权重关系等多个方面。

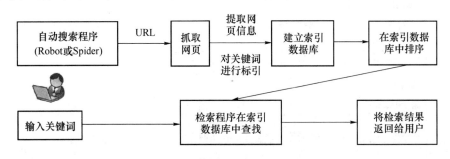

图 8-3　搜索引擎的工作原理

8.2.3　网络搜索引擎的查询技巧

网络搜索引擎为用户查找信息提供了极大的方便,虽然用户只需要输入几个关键词,任何想要的信息都会从世界各个角落汇集到用户的计算机前,但是如果操作不当,搜索效率也会大打折扣。因此,想要在网上快速、有效地获取信息,就一定要充分地了解和利用搜索引擎提供的检索方法与技巧。

1. 使用高级搜索和类别搜索

当用户对搜索引擎的各种查询语法不熟悉时,建议使用搜索引擎的高级搜索和类别搜索功能。如百度的高级搜索功能可以便利地进行各种搜索查询,包括设置关键词、限定要搜索的网页的时间、搜索网页的格式、关键词的位置等,如图 8-4 所示。采用高级检索功能能够使检索目标更加清晰,检索结果更符合用户要求。

图 8-4　百度高级搜索界面

除了高级搜索功能,许多搜索引擎都提供类别搜索功能,该功能一般都列在搜索框的上方或者下方,单击搜索引擎主页中搜索类别后的"更多"按钮,就可以查看到非常多的类别,如单击百度的"更多"按钮,显示的类别如图 8-5 所示。通常情况下,在某个特定类别下进行主题词搜索,不仅使得耗费的时间较少,而且能够避免大量无关 Web 站点出现在检索结果中。

图 8-5　百度类别搜索界面

2. 检索策略的使用

由于搜索引擎本质上是一种数据库检索，因此针对数据库的检索策略，如逻辑组配、条件限制、精确匹配、通配符等，对搜索引擎几乎都可以使用，如表 8-1 所示。

表 8-1　搜索引擎检索策略常用组配方式

要求	策略	实现方式
组配关系	逻辑与	AND、加号（＋）或空格，告诉搜索引擎该关键词必须出现在搜索结果的网页上。例如，在搜索引擎中输入"＋邮箱＋电话＋传真"就表示要查找的内容必须要同时包含"邮箱、电话、传真"这三个关键词
	逻辑或	OR 或者"|"，表示所连接的两个词至少有一个出现在查询结果中，例如，在搜索引擎中输入"计算机 OR 图书"，表示要求查询结果中可以只有"计算机"，或只有"图书"，或同时包含"计算机"和"图书"
	逻辑非	NOT 或者减号（—），表示所连接的两个关键词中应从第一个关键词概念中排除第二个关键词，例如在搜索引擎中输入"汽车 NOT 小汽车"，表示要求查询的结果中包含"汽车"，但同时不能包含"小汽车"
	精确匹配	双引号（""），表示可以实现精确的查询，不包括演变形式。例如，在搜索引擎的文本框中输入"传真"，则结果会返回网页中有"传真"这个关键字的网址，而不会返回诸如"电话传真"之类的网页
文件限制	文件类型	"filetype:"文件类型，表示可以查到类型的文件，例如在搜索引擎中输入"filetype：pdf"，表示结果返回类型为 pdf 的文件
词的位置	标题搜索	"title:"标题，表示可以查到含有某标题的网页文件，例如在搜索引擎中输入"title：北京邮电大学"，就可以查到网页标题中带有北京邮电大学的网页
	网站搜索	"site:"或者"link:"，表示用于检索链接到某个选定网站的所有页面，例如在搜索引擎中输入"site：blog.sina.com.cn"表示搜索指定的域名 blog.sina.com.cn 之下的所有文件
	网页搜索	"url:"关键词，表示检索地址中带有某个关键词的网页
词的变化	通配符	"＊"和"？"，"＊"表示可以代替任意合法字符，即匹配的数量不受限制；而"？"表示可以代替任意一个字符，例如输入"computer＊"就可以找到"computer，computers，computerized"等单词，而输入"comp？ter"则能找到"computer，compater，competer"等单词

3. 注意检索词的选用

目前，搜索引擎仍然不具备智能识别的能力，只能针对查询词在现成的数据库中机械地搜寻与之相匹配的搜索词。因此，为了准确、高效地查询信息，除了使用高级搜索、分类搜索、检索策略等方法以外，最关键的还是要选择合适的检索词。而检索词的选择在一定程度上也是有章可循的。

选择检索词，首先要保证选词的准确性，要确定自己所要达到的目标，在头脑中要有一个比较清晰的概念，一般选取各学科在国际上通用的、国内外文献中出现过的术语作为检索词；选取检索词既不能概念过宽，又不能概念太窄，既要分析要查询信息与其他同类信息之间的共性，又要区别其与其他同类信息之间的内涵特征差别，以此提炼出要查询信息最具代表性的关键词。

除了考虑关键词的准确性之外，还要考虑检索词的全面性。全面性指选取的检索词能够覆盖信息需求主题内容的词汇，需要找出课题涉及的隐性主题概念，对于英文来说，还需要注意检索词的缩写词、词性变化以及英美的不同拼法。

规范性也是关键词选择的重要因素,关键词要与检索系统的要求保持一致,例如,化学结构式、反应式、数学式原则上不用作检索词;冠词、介词、连词、感叹词、代词等不可作为关键词;某些不能表示所属学科专用概念的名词,如理论、报告、试验、学习、方法、问题、对策、途径、概念、发展、检验等不应作为检索关键词;非公知公用的专业术语及其缩写不得用作检索关键词。

【小知识】

(1) 在检索英文文献时,英文检索关键词的选取准确度将直接影响查准率和查全率。为此,可以首先从检出中文文献的英文标题、关键词、摘要、文后的英文参考文献中选词;如果知道中文关键词,则可以利用百度翻译或利用一些专门的翻译工具如有道词典等进行翻译;最后也可以利用维基百科或百度百科查找英文检索关键词。需要注意的是,中英文翻译时不一定都能够按照字面对译,在选择检索词时有些词中英文之间并非一一对应,要注意英文表达习惯。

(2) 面对一些重要搜索,或者当一个搜索对象在一个搜索引擎没有出现相关结果时,可以采用多个搜索引擎进行搜索。因为每一个搜索引擎只能搜到其网页索引数据库里存储的内容,而各个搜索引擎的能力和偏好不同,所以抓取的网页和排序算法都各不相同。与此同时,不是互联网上所有的信息都能被搜索引擎搜集,搜索引擎对动态内容,如论坛、数据库内容,以及带框架结构(Frame)的网页检索能力较弱,所以这类信息也不适合用搜索引擎搜索,而是应该去相关的网站选择,当然,可以用搜索引擎寻找相关网站。

8.2.4 国内主要搜索引擎介绍

1. 百度

百度(http://www.baidu.com)既是全球最大的中文搜索引擎,又是中国最大的以信息和知识为核心的互联网综合服务公司,还是全球领先的人工智能平台型公司。2000年1月该公司由李彦宏、徐勇两人创立于北京市中关村。公司创始人李彦宏拥有"超链分析"的技术专利,使得中国成为美国、俄罗斯和韩国之外,全球仅有的4个拥有搜索引擎核心技术的国家之一。

作为全球最大的中文搜索引擎,百度每天响应来自100多个国家和地区的几十亿次搜索请求,是互联网用户获取中文信息的最主要的入口。随着移动互联网的发展,百度网页搜索完成了由PC向移动的转型,由连接人与信息扩展到连接人与服务,互联网用户可以在PC、PAD、手机上访问百度主页,通过文字、语音、图像多种交互方式瞬间找到所需要的信息和服务。2019年,百度用户规模突破10亿,百度App日活跃用户数超过2亿,信息流位居中国第一,而其旗下的百度知道、百度百科、百度文库等六大知识类产品累计生产超10亿条高质量内容,构建了中国最大的知识内容体系。

百度部分产品功能简介如表8-2所示。

表8-2 百度部分产品功能简介

百度产品	简介
网页搜索	全球最大的中文搜索引擎,致力于让网民更平等地获取信息,找到所求
百度地图	为用户提供包括智能路线规划、智能导航、实时路况等出行相关服务,作为"新一代人工智能地图",百度地图实现了语音交互覆盖用户操控全流程,并且上线了AR步导、AR导游等实用功能
百度贴吧	全球最大的中文社区,是一种基于关键词的、涵盖社会、地区、生活、教育、游戏、体育、企业等方方面面的主题交流社区

百度产品	简介
百度百科	一个内容开放、自由的网络百科全书平台,旨在创造涵盖各个领域知识的中文信息收集平台。在这个平台中,互联网用户可以参与词条编辑,分享贡献自己的知识
百度文库	中文领先的在线互动式文档与知识分享服务平台,坚持以"让每个人平等地提升自我"为目标,努力将知识尽可能地分享到每一个需要的人
百度知道	互动式知识问答分享平台,也是全球最大的中文问答平台。互联网用户可以根据实际需求在百度知道上进行提问,立即可获得数亿网友的在线解答
百度学术	一个提供海量中英文文献检索的学术资源搜索平台,涵盖了各类学术期刊、学位、会议论文,旨在为国内外学者提供最好的科研体验
百度翻译	提供了即时免费的多语种文本翻译和网页翻译服务,支持中、英、日、韩、泰、法等 28 种热门语言互译,覆盖了 756 个翻译方向

百度主页界面如图 8-6 所示。

图 8-6　百度主页界面

2. 搜狗搜索

搜狗搜索(www.sogou.com)是搜狐公司于 2004 年 8 月 3 日推出的全球首个第三代互动式中文搜索引擎,其致力于中文互联网信息的深度挖掘,帮助中国上亿网民加快信息获取速度。作为全球首个百亿规模的中文搜索引擎,搜狗搜索收录了 100 亿网页,创全球中文网页收录量新高,其导航型和信息型的两种查询结果分别以 94% 和 67% 的准确度领先业界,且搜狗搜索每日网页更新达到 5 亿,用户可以直接通过网页搜索而非新闻搜索,获得最新新闻资讯。除此之外,搜狗搜索还支持微信公众号和文章搜索、知乎搜索、英文搜索及翻译等,通过自主研发的人工智能算法为用户提供专业、精准、便捷的搜索服务。

搜狗搜索部分产品功能简介如表 8-3 所示。

表 8-3　搜狗搜索部分产品功能简介

搜狗产品	简介
网页搜索	通过独有的 SogouRank 技术及人工智能算法为用户提供最快、最准、最全的网页搜索服务
搜狗百科	基于海量的互联网数据和深厚的技术积累,搜狗百科融合了搜狗知立方结构化知识库和"语义理解"技术,可为用户提供更直观、更全面的百科知识查询服务,是新一代互联网百科大全
搜狗问问	搜狗问问为广大用户提供了问答互动平台,是一个类似于新浪爱问、百度知道的产品。通过该平台,用户可以提出问题、解决问题,或者搜索其他用户沉淀的精彩内容,结交更多有共同爱好的朋友共同探讨知识等

搜狗产品	简介
英文搜索	引入微软必应的搜索技术,对接了全球范围内多达万亿的英文信息。英文搜索不仅为用户查找最精准、最全面的英文网页信息及英文学术数据提供了支持,而且其提供的自动翻译功能还使得用户可以直接输入中文词语而检索出英文结果
识图搜索	能实现以图搜图,即通过上传图片、鼠标拖拽、鼠标选图、输入图片 URL 地址等多种方式搜索,找到互联网上与这张图片相似的其他图片,并且利用图片识别技术,进一步分析图片内容的主题,如识别图中人物、分析剧照出自哪部电影或电视剧、辨别网络中流传的图片的真伪等
微信搜索	支持搜索微信公众号和微信文章,可以通过关键词搜索相关的微信公众号,或者是微信公众号推送的文章,从而让喜欢关注公众平台账号的用户快速找到自己喜欢的内容。相比于自动抓取微信公众号文章的导航站,搜狗微信搜索更加权威
购物搜索	购物搜索平台不仅提供了百家电商商品价格横向比较功能,而且基于关键词和图片智能识别功能,该平台还能对商品进行归类。此外,购物搜索的检索结果中还列出了商品的品牌、优缺点以及评论等内容

图 8-7 所示为搜狗购物搜索中针对同一款商品的比价界面。

图 8-7　搜狗购物搜索中针对同一款商品的比价界面

3. 必应

微软必应搜索(http://cn.bing.com)是微软公司 2009 年 5 月 28 日推出的,用以取代 Live Search 的全新搜索引擎服务。为了符合中国用户的使用习惯,Bing 中文品牌名为"必应"。作为国际领先的搜索引擎之一,必应集成了多个独特的功能,包括每日首页美图,与 Windows 8.1 深度融合的全新沉浸式搜索体验——必应超级搜索功能(Bing Smart Search),以及崭新的搜索结果导航模式等。目前,必应已经成为继 Windows、Office 和 Xbox 后微软品牌的第四个重要的产品线,也标志着必应已经不仅仅是一个搜索引擎,更将深度融入微软几乎所有的服务与产品中。

必应部分产品功能简介如表 8-4 所示。

表 8-4　必应部分产品功能简介

百度产品	简介
网页搜索	必应的超级搜索功能为中国用户提供了"国内版"和"国际版"两个网页搜索入口,满足了中国用户对全球网页信息的搜索,特别是英文搜索的刚性需求,使中国用户实现了稳定、愉悦、安全的国际互联网搜索结果体验
必应图片	必应图片搜索一直是用户使用率最高的垂直搜索产品之一,该产品率先实现了中文输入、全球搜图,即用户不需要用英文进行搜索,而只需输入中文,必应将自动为用户匹配英文,帮助用户发现来自全球的合适图片
必应视频	必应视频(Bing Videos)是一个视频搜索服务和微软必应搜索引擎的一部分,该搜索服务允许用户搜索和查看包括电视节目、音乐视频、网络上最受关注的视频内容,以及最近的新闻和体育视频信息等内容
必应学术	也称为微软学术,是由微软必应团队联合研究院打造的免费学术搜索产品,旨在为广大研究人员提供海量的学术资源,并提供智能的语义搜索服务,目前已涵盖多学科学术论文、国际会议、权威期刊、知名学者等方面的信息
必应词典	必应词典是由微软亚洲研究院研发的新一代在线词典,该产品不仅可以提供中英文单词和短语查询,而且它还具有划词翻译、单词本、近义词比较、词性百搭、拼音搜索、搭配建议、曲线记忆等功能。必应词典结合互联网"在线词典"及"桌面词典"的优势,依托了必应搜索引擎技术,能够及时发现并收录网络新兴词汇,而其最具特色的功能则是真人模拟朗读功能,即美女口模教用户说英语
必应地图	必应地图(Bing Maps,以前又名 Live Search 地图)为用户提供了包括鸟瞰地图、三维地图、街景地图、卫星图片等多彩、成熟的网络服务

必应主页界面如图 8-8 所示。

图 8-8　必应主页界面

动手练习:搜索引擎的使用

综合性搜索引擎是涵盖面最广、人们最常用的搜索引擎。网络用户熟悉的搜索引擎有百度、搜狗、必应等,而学术搜索引擎是专门搜索学术资源的搜索引擎,具有信息涵盖广、重复率低、相关性好、学术性强等特点。本练习以百度为例,练习使用综合性搜索引擎的基本搜索和高级搜索功能,并使用百度学术搜索引擎来完成学术信息的查找。

步骤 1:打开浏览器,在地址栏输入网址"www.baidu.com",即进入百度搜索引擎主页,在搜索栏中输入检索词"人工智能",单击"百度一下"按钮,百度搜索引擎就能搜索到与"人工智能"相关的网页 8 870 万个,如图 8-9 所示。

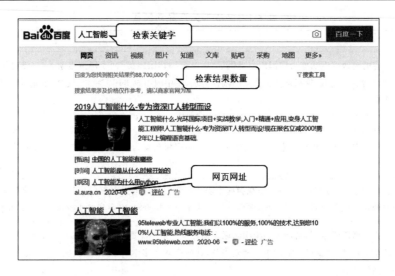

图 8-9　百度关键词检索结果界面

步骤 2：在使用综合性搜索引擎的基本检索功能时，除了在搜索栏中输入任意关键字之外，还可以使用语法来限定查询内容。在搜索栏中输入"人工智能 site：www.jd.com"，以将搜索范围限定在"京东商城"的这个特定站点中，如图 8-10 所示。

图 8-10　使用语法限定查询内容

步骤 3：除了使用语法来进行精确的检索外，也可以直接利用百度的高级检索功能。在浏览器中直接输入网址 http://www.baidu.com/gaoji/advanced.html 即可进入百度高级检索页面。除此之外，还可以利用百度检索页面右上角"设置"中的"高级搜索"使用百度的高级检索功能，如图 8-11 所示。

图 8-11　百度"高级搜索"功能

步骤 4：进入百度高级搜索后，即可以在限定时间、关键词、文档位置等基础上进行检索了。在高级检索界面中，设置"搜索结果：包含全部关键词"为"人工智能"，设置"时间"为"最近一周"，设置"文档格式"为"Adobe Acrobat PDF（.pdf）"，如图 8-12 所示，检索结果如图 8-13 所示。

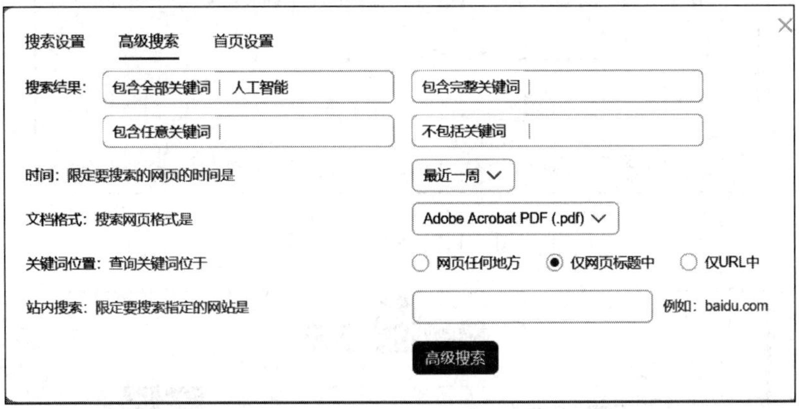

图 8-12　百度"高级搜索"界面

图 8-13　百度"高级搜索"结果

步骤 5：百度学术是一个提供海量中英文文献检索的学术资源搜索平台，涵盖了各类学术期刊、学位论文、会议论文等。打开浏览器，在地址栏输入网址"xueshu.baidu.com/"，或在百度首页中单击左上角的"学术"，即可进入百度学术主页，如图 8-14 所示。

步骤 6：在百度学术的检索框中输入"data"和空格，在下拉列表中则会出现如下词组："data mining""data analysis""data processing"等，如图 8-15 所示。在搜索框下拉列表中选择"data mining"，百度学术即会检索出与"data mining"相关的 59.8 万条结果，如图 8-16 所示。

步骤 7：默认情况下，百度学术按照相关性的大小对搜索结果进行排序，将鼠标指针放在界面右上角的"按相关性"上，则显示出百度学术提供的其他排序方式，包括"按被引量"和"按时间降序"，如图 8-17 所示。

图 8-14　百度学术首页

图 8-15　百度学术检索框下拉列表

图 8-16　百度学术关键词检索结果界面

步骤 8：单击"按被引量"对检索结果进行排序，并通过检索界面左侧标签栏中的"时间""领域""核心""获取方式""关键词""作者""期刊""结构"等几个方面进行进一步的筛选。其中，当"时间"设置为"2018 以来"、"领域"设置为"计算机科学与技术"、"获取方式"为"免费获取"时，百度学术则会检索出图 8-18 所示的学术资料。

步骤 9：选择"按被引量"排序的第一篇文献"Data Mining in Social Network"，单击文献右下角的"免费下载"按钮，在弹出的对话框中选择某一种来源，单击"点击下载"，即可下载相应资料，如图 8-20 所示。

图 8-17　百度学术结果排序方式选择

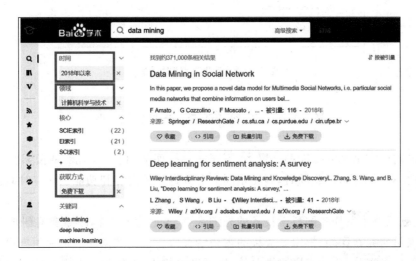

图 8-18　设置标签栏进行进一步筛选

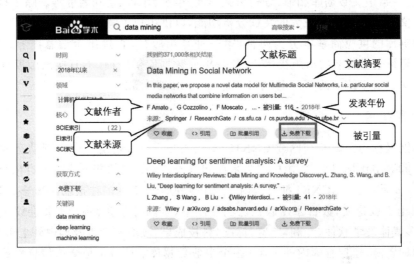

图 8-19　检索结果

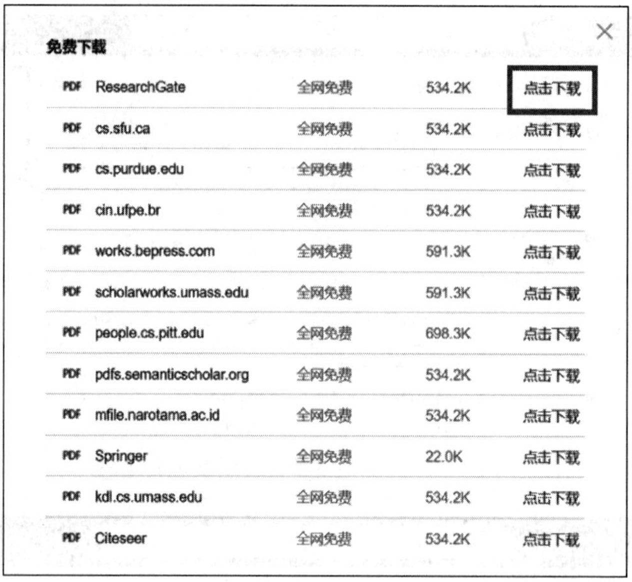

图 8-20 "免费下载"对话框

8.3 国内外主要数据库

目前,国内中文全文数据库种类繁多,不同的数据库从内容到功能,从搜索界面到结果输出都或多或少有所不同,与此同时,即便是同一个数据库的内容和功能也随着时间而不断地发展和变化。

外文文献反映了世界各国科学技术的先进水平,及时报道了国际重要科研成果和科研动向,是科研人员研究新课题、推出新成果的重要情报源。外文数据库通常为用户提供不同的浏览方式,包括作者浏览、连续出版物浏览等,以及基本检索、高级检索和专家检索等多种检索方式,其检索途径与中文数据库相似,分别为关键词、类别、作者、期刊名称等。除了检索功能,越来越多的外文数据库增设了强大的文献分析功能,以供用户了解科研动向。

外文数据库的供应商基本分为两种,第一种是出版社,直接出版信息内容,如 Elsevier、Springer 等都是全球著名的出版社;第二种是集成数据库供应商,不直接出版期刊,而是将不同的内容搜集到一个统一的平台上,如 ProQuest、EBSCO 等。

8.3.1 中国知网

中国知网又称为中国期刊网或 CNKI(www.cnki.net),它是一个大型动态的知识库、知识服务平台和数字化学习平台,由中国学术期刊电子杂志社和清华同方技术有限公司提供,始建于 1999 年 6 月。目前,CNKI 拥有国内 8 200 多种期刊,700 多种报纸,600 多家博士培养单位优秀博硕士学位论文,数百家出版社已出版图书,全国各学会、协会重要会议论文,百科全书,中小学多媒体教学软件,专利,年鉴,标准,科技成果,政府文件以及国内外上千个各类加盟数据库等知识资源,还拥有国内外 1 100 多个专业数据库。CNKI 是全球信息量最大、最具价值的中文网站。据统计,CNKI 的内容数量大于目前全世界所有中文网页内容的数量总和,可谓世界第一中文网。

第一次使用 CNKI 的产品服务,需要下载并安装 CAJ 阅览器,才能看到文献全文。其所有文献都提供 CAJ 文献格式,其中期刊、报纸、会议论文等文献同时还提供 PDF 文件格式。CNKI 内容覆盖理工、社会科学、电子信息技术、农业、医学等。绝大部分数据库为日更新。表 8-5 为 CNKI 主要全文数据库列表。

表 8-5　CNKI 主要全文数据库列表

全文数据库	介绍
《中国学术期刊（网络版）》	该库是目前世界上最大的连续动态更新的中国学术期刊全文数据库,以学术、技术、政策指导、高等科普及教育类期刊为主,内容覆盖自然科学、工程技术、农业、哲学、医学、人文社会科学等各个领域。收录国内学术期刊 8 000 多种,全文文献总量 5 700 万篇,收录年限从 1915 年至今
《国家标准全文数据库》	该库收录了 1950 年至今由中国标准出版社出版的、国家标准化管理委员会发布的所有国家标准,占国家标准总量的 90%,标准的内容来源于中国标准出版社,相关的文献、专利、成果等信息来源于 CNKI 各大数据库
《中国专利全文数据库(知网版)》	该库收录了 1985 年至今的所有中国专利,包含发明专利、实用新型专利、外观设计专利三个子库,准确地反映中国最新的专利发明
《中国重要会议论文全文数据库》	该库重点收录了 1999 年以来,中国科协及国家二级以上的学会、协会、高校、科研机构、政府机关等举办的重要会议以及在国内召开的国际会议上发表的文献,其中,国际会议文献占全部文献的 20% 以上,全国性会议文献超过总量的 70%,部分重点会议文献回溯至 1953 年
《中国优秀博硕士学位论文全文数据库》	该库是目前国内相关资源最完备、高质量、连续动态更新的中国优秀博硕士学位论文全文数据库,目前,累计博硕学位论文全文文献 400 万篇,来源于全国 488 家培养单位的博士学位论文和 769 家硕士培养单位的优秀硕士学位论文,收录年限从 1984 年至今
《中国年鉴网络出版总库》	中国年鉴全文数据库是目前国内最大的连续更新的动态年鉴资源全文数据库,内容覆盖基本国情、地理历史、政治军事外交、法律、经济、科学技术、教育、文化体育事业、医疗卫生、社会生活等各个领域,收录年限从 1949 年至今
《中国重要报纸全文数据库》	该库是国内少有的以重要报纸刊载的学术性、资料性文献为收录对象的连续动态更新的数据库,其收录了 2000 年以来中国国内重要报纸刊载的文献,文献来源于国内公开发行的近 600 种重要报纸
《中国工具书网络出版总库》	该库是精准、权威、可信且持续更新的百科知识库,简称《知网工具书库》或者《CNKI 工具书库》,涵盖了科技、社会、文化、法律等领域的专业权威词汇解释,既可以多方位查询词汇的中英文释义,也可学习相关学科知识

在中国知网的检索平台上,用户可以在其系列数据库中的任一单独的库内检索,也可同时选择多个数据库的资源进行检索。在同一个检索界面下完成对期刊、学位论文、会议论文、报纸、年鉴等各类型数据库的统一跨库检索,可省去原来需要在不同的数据库中逐一检索的麻烦。

CNKI 提供了简单检索和高级检索两种类型的检索方式。其中,简单检索即一框式检索,适用于不熟悉多条件组合查询的用户。该检索执行效率较高,但查询结果会有很大冗余。

8.3.2　万方数据资源系统

万方数据资源系统(http://www.wanfangdata.com.cn)是万方数据股份有限公司面向

互联网推出的网络信息服务网站,也是一个综合性的科技、商务信息平台。该平台由以下多个子库构成,包括学术期刊、学位论文、会议论文、专利、中外标准、科技成果、政策法规等子库,内容涉及自然科学和社会科学各个专业领域。万方数据资源系统自开通以来已经产生广泛的影响,系统平台用户群体遍布全球 100 多个国家和地区,其上千万的海量信息资源可以为广大科研单位、公共图书馆、科技工作者、高校师生提供丰富、权威的科技信息。表 8-6 给出了万方数据资源系统的主要资源列表。

表 8-6　万方数据资源系统的主要资源列表

资源名称	介绍
学术期刊	收录了国内出版的各类期刊 8 000 余种和国外 40 000 余种重要学术期刊,其中国内期刊涵盖自然科学、工程技术、医药卫生、农业科学、哲学政法、社会科学等多个学科,国外期刊来源于 NSTL 外文文献数据库和数十家著名学术出版机构,以及 DOAJ、PubMed 等知名开放获取平台
学位论文	收录了自 1980 年以来国内自然科学领域各高等院校、研究生院以及研究所的硕士、博士以及博士后论文,涵盖了基础科学、理学、工业技术、人文科学、社会科学、医药卫生、农业科学、交通运输、航空航天等各学科领域,年增 30 余万篇
会议论文	收录了中文会议和外文会议,其中中文会议收录于 1982 年,年收集 3 000 多个重要学术会议,年增约 20 万篇论文;外文会议收录了 1985 年以来世界各主要协会、出版机构出版的学术会议论文共计 760 余万篇
中外标准	收录了中国标准、国际标准以及各国标准等在内的 200 余万条记录,其中中国标准综合了由浙江省标准化研究院、中国质检出版社等单位提供的标准数据,国际标准来源于科睿唯安 Techstreet 国际标准数据库,包含超过 55 万件标准的相关文档
专利	收录始于 1985 年,来源于中外专利数据库,目前收录了中国专利 2 200 余万条,外国专利 8 000 余万条
科技报告	收录了中文和外文科技报告,其中中文科技报告收录始于 1966 年,源于中华人民共和国科学技术部,共计 2.6 万余份,而外文科技报告则收录于 1958 年,源于美国政府 AD、DE、NASA 和 PB 等四大科技报告,共计 110 万余份
政策法规	收录了自 1949 年新中国成立以来全国各种法律法规全文资源约 40 万条,内容包括国家法律法规、行政法规、地方法规,还包括国际条约及惯例、司法解释、案例分析等

万方数据资源系统首页如图 8-21 所示。

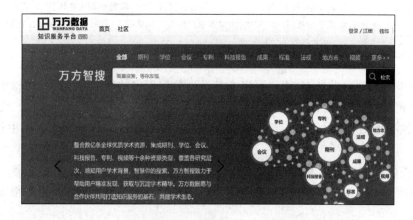

图 8-21　万方数据资源系统首页

8.3.3　维普信息资源系统

维普信息资源系统由重庆维普资讯有限公司开发推广,从 1989 年发展至今,已经收录了中文期刊 15 000 余种、外文期刊 11 300 余种、中文报纸 1 000 多种,目前覆盖了自然科学、社会科学、工程技术、医药卫生、教育研究、农业科学等各个研究领域。在 30 多年的应用中,维普数据库已经成为我国科技查新、高等教育、科学研究等单位重要的基本工具和资料来源。

重庆维普资讯有限公司营运网站——维普资讯网于 2000 年建立,经过多年的商业运营,已经成为全球著名的中文信息服务网站与综合性文献服务网站。2007 年,全新改版的维普资讯网以打造"全球最大的中文知识社区"为网站目标,以更倾向大众阅读的方式为广大用户提供服务,从而改变了专业数据库网站面向用户群狭窄的形象。表 8-7 给出了维普信息资源系统包含的主要数据库。

表 8-7　维普信息资源系统的主要数据库

数据库	介绍
中文科技期刊数据库(全文版)	该数据库源于 1989 年创建的中文科技期刊篇名数据库,其全文和题录文摘版一一对应,目前,全文版已经全面解决了文摘版收录量巨大但是索取原文烦琐的问题,其收录了国内公开出版的 15 000 余种期刊,现刊 9 000 余种,文献总量 7 000 余万篇,是我国数字图书馆建设的核心资源之一,是高校图书馆文献保障系统的重要组成部分,也是科研工作者进行科技查证和科技查新的必备数据库
中文科技期刊数据库(文摘版)	该数据库源自中文科技期刊篇名数据库,是中文科技期刊数据库(全文版)的索引,能独立工作也可以建立本地或远程全文下载链接,该库的时间跨度、收录期刊种类及文献量在国内同类产品中都是首屈一指的
中文科技期刊数据库(引文版)	该数据库是维普在 2010 年全新推出的期刊资源整合服务平台的重要组成部分,是目前国内规模最大的文摘和引文索引型数据库。其采用科学计量学中的引文分析方法,对文献之间的引证关系进行深度数据挖掘,除提供基本的引文检索功能外,还提供基于作者、机构、期刊的引用统计分析功能。目前,该数据库收录文摘覆盖 8 000 多种中文科技期刊,引文数据加工可追溯至 2000 年
外文科技期刊数据库(文摘版)	该数据库是维普资讯有限公司联合国内数十家著名图书馆,以各自订购和收藏的外文期刊为依托,于 1999 年成功开发的。该库文献以英文为主,满足了国内科研人员对国外科技文献的检索需求,同时还提供文献的全文服务。其内容包括 1992 年至今约 30 个国家的 11 300 余种外文期刊,800 余万条外文期刊数据
中国科技经济新闻数据库	该数据库是维普在 1992 年开发成功的又一大型科技类数据库,它是国内第一家电子全文剪报,提供了最新的行业动态和科研动态以及发展历程,成为课题查新、科研教学、企业决策和获取竞争信息的重要工具。该数据库包含了 420 多种中国重要报纸和 9 000 多种科技期刊,文献总量达 305 万余条,并以每年 15 万条的速度递增

维普网首页如图 8-22 所示。

图 8-22　维普网首页

8.3.4　Web of Science

Web of Science(http://www.webofknowledge.com)是 Thomson Reuters 公司开发的信息检索平台,也是获取全球学术信息的重要收据库,其收录了全球 13 000 多种权威的、高影响力的学术期刊,内容涵盖自然科学、工程技术、生物医学、社会科学、艺术与人文等领域。Web of Science 主要由美国科技信息研究所(Institute for Scientific Information,ISI,1958 年由尤金·加菲尔德创建)的三大著名的引文数据库(SCIE、SSCI 和 A&HCI)和两大会议录索引(CPCI-S 和 CPCI-SSH)组成。其中 SCIE(Science Citation Index Expanded)涵盖了 1899 年至今的 150 个学科的 7 100 多种主要期刊;SSCI(Social Sciences Citation Index)涵盖了 1998 年至今的 50 个社会科学学科的 2 100 多种期刊,以及 3 500 种世界领先的科学和技术期刊;A&HCI(Arts & Humanities Citation Index)涵盖了 1998 年至今的包括 1 200 种艺术与人文期刊,以及来自 6 000 多种自然和社会科学期刊的精选内容;CPCI-S(Conference Proceedings Citation Index-Science)即原 ISTP,专门收录 1998 年至今世界各种重要的自然科学及技术方面的会议,包括一般性会议、座谈会、研究会、讨论会、发表会等的会议文献,涉及学科基本与 SCI 相同;CPCI-SSH(Conference Proceedings Citation Index-Social Science & Humanities)即 ISSHP,专门收录 1998 年至今世界各种重要的社会科学及人文科学会议。凭借 Web of Science 强大的交叉检索功能,Web of Science 为不同来源学术信息资源的整合提供了一个统一、开放的平台,实现了不同时间、不同类型、不同来源信息资源之间的整合与沟通,而其独特的引文检索机制也最大限度地保持了引文体系的完整性,用户可以用一篇文章、一篇会议文献、一本期刊或者一本书作为检索词,检索它们被引用的情况,轻松回溯某一研究文献的起源与历史,或者追踪其最新进展,可以越查越广、越查越新、越查越深。

Web of Science 首页如图 8-23 所示。

【小知识】

科学引文索引(Science Citation Index,SCI)、工程索引(The Engineering Index,EI)和科技会议录索引(Index to Scientific & Technical Proceedings,ISTP)是世界著名的三大科技文献检索系统,也是国际公认的进行科学统计与科学评价的主要检索工具。其中,SCI 是由美国科学信息研究所(ISI)于 1961 年创办出版的引文数据库;EI 是由美国工程师学会联合会于

1884 年创办的历史上最悠久的大型综合性检索工具，在全球的学术界、工程界、信息界中享有
盛誉，1998 年被 Elsevier 购买；ISTP 是 1978 年由美国科学情报学会编辑出版的用来收录检
索会议文章的数据库，包括一般性会议、座谈会、研究会、讨论会、发表会等。

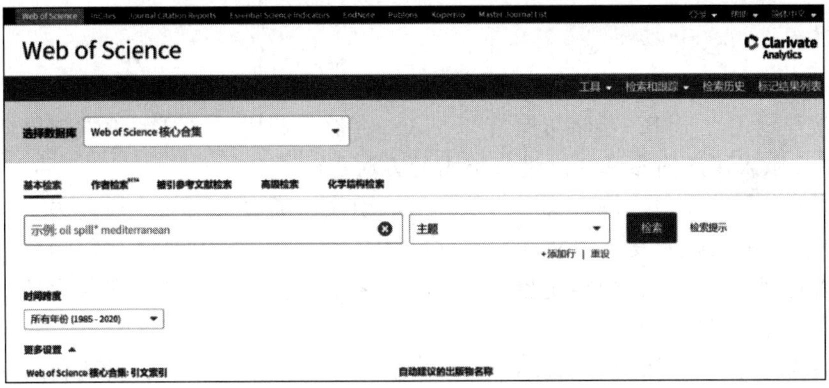

图 8-23　Web of Science 首页

8.3.5　SpringerLink

德国 Springer 出版社是世界上最大的科技出版社之一，它有着 170 多年的发展历史，以
出版学术性出版物而闻名于世。Springer 每年出版 8 000 余种科技图书和 2 200 余种领先的
科技期刊，且已出版超过 150 位诺贝尔奖得主的著作，它也是最早将纸本期刊做成电子版发行
的出版商。Springer 发行的电子全文期刊检索系统 SpringerLink（https://link.springer.
com）是全球最大的在线科学、技术和医学领域学术资源平台，首页如图 8-14 所示。凭借着弹
性的订阅模式、可靠的网络基础以及便捷的管理系统，SpringerLink 已经成为各家图书馆最受
欢迎的产品之一。通过 SpringerLink 的 IP 网关，读者可以快速地获取重要的在线研究资料。
SpringerLink 更提供多种远端存取方式，包括通过 IP 认证等认证方式。SpringerLink 正为全
世界 600 家企业客户、超过 35 000 个机构提供服务。SpringerLink 的服务范围涵盖各个研究
领域，提供超过 1 900 种同行评议的学术期刊，不断扩展的电子参考工具书、电子图书、实验室
指南、在线回溯数据库以及更多内容。

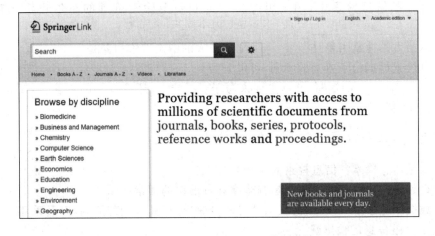

图 8-24　Springer Link 首页

练 习 题

一、选择题

1. 广义的信息检索包含两个过程,即( )。
A. 检索与利用　　B. 存储与检索　　C. 存储与利用　　D. 检索与报道

2. 利用文献末尾所附参考文献进行检索的方法是( )。
A. 倒查法　　　　B. 顺查法　　　　C. 引文追溯法　　D. 抽查法

3. 要查找张平老师所发表的文章,首选途径为( )。
A. 著者途径　　　B. 分类途径　　　C. 主题途径　　　D. 刊名途径

4. 使用逻辑"或"是为了( )。
A. 提高查全率　　B. 提高查准率　　C. 缩小检索范围　D. 提高利用率

5. 下列搜索引擎中,( )是微软公司开发的搜索引擎。
A. 雅虎　　　　　B. 搜狗　　　　　C. 百度　　　　　D. 必应

6. 信息检索根据检索对象不同,一般分为( )。
A. 二次检索、高级检索　　　　　　B. 分类检索、主题检索
C. 数据检索、事实检索、文献检索　D. 计算机检索、手工检索

7. EBSCO 数据库中,输入检索词"Chin＊"表示要求查出含有( )变化的单词的文献。
A. Chin 词干后允许有一个字母　　　B. Chin 词干后允许有任意多个字母
C. Chin 词干后允许有一个单词　　　D. Chin 词干后允许有任意多个单词

8. 通过搜索引擎在中国教育网内检索"信息检索"方面的幻灯片文件,比较合适的检索表达式是( )。
A. 信息检索课件教育网　　　　　　B. 信息检索幻灯片教育网
C. 信息检索 filetype:ppt 教育网　　D. 信息检索 filetype:ppt site:edu.cn

二、填空题

1. 信息检索常用的方法有_____、_____和_____。

2. 在计算机信息检索中,用于组配检索词和限定检索范围的布尔逻辑运算符包括_____、_____和_____三种。

3. 全球最大的搜索引擎是_____,全球最大的中文搜索引擎是_____。

4. 信息检索根据检索方式的不同,可以分为_____和_____。

5. SCI 是_____的缩写,文献主要来源于_____,还有少量的专著、会议录、书评、科技报告和专利文献。

三、简答题

1. 什么是信息检索?信息检索的原理是什么?

2. 什么是查全率和查准率?影响查全率和查准率的因素有哪些?

3. 在数据库检索中,当检出的文献数量较少时,分析其可能的原因,以及采用何种对应措施,才能增大文献信息的检出量。

4. 网络搜索引擎的主要任务包括哪些?